红地球

阳光玫瑰

巨峰

天宫墨玉

彩图 1-6　4 种不同颜色葡萄的代表品种

彩图 1-14　'黑比诺'葡萄染色体图（裴丹提供）

（a）
高蓓蕾－欧亚种－纵裂

（b）
高妻－欧美杂种－纵裂

（c）
奥古斯特－欧亚种－纵裂

（d）
牛奶－欧亚种－纵裂

（e）
黑鸡心－欧亚种－纵裂

（f）
黑汉－欧亚种－环裂

（g）
里扎马特－欧亚种－
角质层裂

（h）
绯红－欧亚种－
环裂＋纵裂

彩图 2-7　葡萄成熟期果实浸泡后不同裂果类型（张川提供）

（a）叶片　　　　　　　　　　　　　（b）果穗

（c）嫩枝　　　　　　　（d）花穗　　　　　　　（e）果实

彩图 4-1　葡萄霜霉病的症状

（a）卷须　　　　　　　（b）嫩茎　　　　　　　（c）老茎

（d）叶片　　　　　　　（e）叶柄　　　　　　　（f）果实

彩图 4-2　葡萄白粉病症状

（a）叶片　　　　　　　　　　　　　　　　（b）花穗

（c）果实　　　　　　　　（d）未采摘果穗　　　　（e）采摘后果穗

彩图 4-3　葡萄灰霉病的症状

彩图 4-4
葡萄炭疽病在果实上呈现的症状

（a）果实　　　　　　　　　（b）新梢　　　　　　　　　（c）叶片

彩图 4-5　葡萄黑痘病症状

彩图 4-6
葡萄根癌病症状

彩图 4-7　葡萄枝干病在主干、叶片上的症状

彩图 4-8　葡萄酸腐病在果穗、果粒上的症状（李民提供）

彩图 4-9　葡萄根瘤蚜

彩图 4-10　金龟子对葡萄的危害

彩图 4-11　斑衣蜡蝉对葡萄的危害

（a）绿盲蝽成虫　　　　　（b）绿盲蝽危害葡萄叶片　　　　　（c）绿盲蝽危害葡萄幼叶

彩图 4-12　绿盲蝽及其危害（李民提供）

彩图 4-13　葡萄缺钾在叶片上呈现的症状

彩图 4-14　葡萄缺镁在叶片上呈现的症状

彩图 4-15　葡萄缺钙在叶片上呈现的症状

彩图 4-16
葡萄果锈在果实上呈现的症状

彩图 4-17　葡萄日灼病在果实、叶片上呈现的症状

彩图 4-18　葡萄烂果呈现的症状

彩图 4-19 法国波尔多地区葡萄园中的玫瑰花

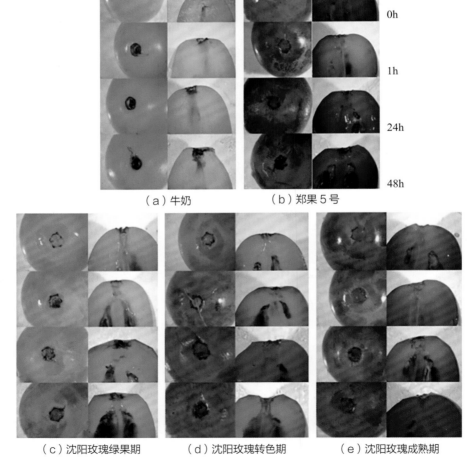

（a）牛奶　　　　　　　（b）郑果 5 号

0h

1h

24h

48h

（c）沈阳玫瑰绿果期　　　（d）沈阳玫瑰转色期　　　（e）沈阳玫瑰成熟期

彩图 5-2　不同品种及同品种不同成熟度间拔掉果刷后的褐化差异
（每个分图中左侧为果蒂处俯拍，右侧为果粒纵切面）

葡萄

科学与实践

300问

房经贵　王　军　主编

化学工业出版社

·北京·

内容简介

本书共分为6章，通过一问一答的形式，分别就葡萄遗传育种与基因组学，葡萄的植物与生物学性状及生长发育，葡萄的种植模式及栽培管理技术，葡萄的病虫害及其防治措施，葡萄采后生理与贮藏加工等方面的有关理论与技术知识进行了介绍。本书适用于园艺专业、葡萄酒专业、植物生产类专业的学生，也适合葡萄生产一线的技术人员等参考阅读。

图书在版编目（CIP）数据

葡萄科学与实践 300 问/房经贵，王军主编. —北京：化学工业出版社，2021.1
ISBN 978-7-122-37895-8

Ⅰ.①葡…　Ⅱ.①房…②王…　Ⅲ.①葡萄栽培-问题解答　Ⅳ.①S663.1-44

中国版本图书馆 CIP 数据核字（2020）第 194366 号

责任编辑：李　丽　刘　军　　　　　　加工编辑：陈小滔　温月仙
责任校对：李雨晴　　　　　　　　　　装帧设计：关　飞

出版发行：化学工业出版社（北京市东城区青年湖南街 13 号　邮政编码 100011）
印　　装：三河市延风印装有限公司
710mm×1000mm　1/16　印张 15　插页：4　字数 265 千字　2021 年 1 月北京第 1 版第 1 次印刷

购书咨询：010-64518888　　　　　　　　售后服务：010-64518899
网　　址：http://www.cip.com.cn

凡购买本书，如有缺损质量问题，本社销售中心负责调换。

定　　价：59.00 元

编写人员名单

主　　编：房经贵　王　军
副 主 编：刘更森　郑先波　亓桂梅　毛　娟
　　　　　巩培杰　纪　薇　管 乐　王　晨
　　　　　徐伟荣　郑　婷

编写人员（按姓氏笔画排序）：
　　　　　上官凌飞　马　超　王　军　王　晨
　　　　　王立新　王西成　亓桂梅　毛　娟
　　　　　卢亚萍　卢素文　纠松涛　巩培杰
　　　　　师守国　朱旭东　刘更森　许延帅
　　　　　纪　薇　李　勃　李晓鹏　吴伟民
　　　　　冷翔鹏　张　川　张志昌　张克坤
　　　　　郑　婷　郑先波　房经贵　姚玉新
　　　　　贾海锋　徐伟荣　郭大龙　唐计刚
　　　　　谢兆森　解振强　管　乐　樊秀彩

序

　　庚子年秋，经过全国军民鏖战疫病、顽强抗涝抗灾之后，全国葡萄又进入一个欣欣向荣的采收销售季节，此时又读到房经贵教授等同志编写的新作《葡萄科学与实践300问》一书的文稿，内容丰富、文字流畅、资料新颖、实用性强。确为近年葡萄科技图书中的翘楚。我反复阅读，受益匪浅，令人无比欣慰。近年来，我国葡萄产业迅猛发展，基础理论研究不断深化，具有中国特色的葡萄新品种不断推出，栽培管理新技术迅速推广，有力地促进了全国葡萄产业的迅速发展，使我国葡萄产业在世界葡萄栽培领域的地位愈来愈引人注目。在葡萄产业的发展过程中，基础科学研究和传统栽培技术的更新提高发挥着至关重要的作用。先进的科学技术是第一生产力，其必要性、重要性和紧迫性决定着葡萄产业的发展方向、质量和速度。房经贵教授、王军教授等一批中青年葡萄科技工作者结合多年工作实践，并根据当前我国葡萄产业实际和科研、教学需要，查阅大量国内外最新资料和文献，并且结合我国实际，从葡萄遗传育种、生长发育、生产管理、病虫害防治以及产后贮藏加工等方面进行系统的归纳整理，精心撰写了该书。我深感本书是当前我国葡萄领域教学、科研、学习和生产上一本很有参考价值的好书，也可以称为是我国葡萄业界的一本小百科全书，我相信该书的出版将对我国葡萄科学研究和产业的发展起到良好的促进作用。

　　社会在发展，科技在进步，我更希望以房经贵、王军、亓桂梅等同志为代表的一大批中青年葡萄科技工作者，能再接再厉、精益求精、继续努力，为把我国建成世界葡萄强国，为推动我国葡萄产业健康可持续发展做出更新、更大的贡献。

晁无疾

中国农学会葡萄分会名誉会长
2020 年 9 月 9 日于陕西富平

前 言

葡萄（*Vitis*）是世界性重要果树，我国葡萄产业快速发展，种植区域遍布全国，葡萄已成为我国六大水果之一。中国是世界葡萄起源中心之一，栽培历史悠久，种质资源丰富。《诗经》载"六月食郁及薁"，这是我国最早关于"葡萄"的文字记载。2018 年，我国葡萄栽培面积达 $7.25 \times 10^5 \, hm^2$（$1 hm^2 = 10^4 \, m^2$），连续 3 年位居世界第二位，产量为 $1.37 \times 10^4 \, t$，居世界第一位，同期，我国也发展成为葡萄酒的生产和消费大国。

葡萄科学知识的传播和新技术的推广是葡萄产业持续发展的动力。葡萄的科学研究一直受到世界科研工作者的重视，其研究的深度和领域不断加深和拓宽，新技术、新模式、新理论层出不穷。迄今，已有近 15 万篇相关论文和 200 本葡萄及其加工相关的专业书籍发表和出版，这些都成为世界葡萄产业发展的助推剂。在教学和科研的过程中，我们意识到有必要对其中的研究成果进行整理，以便于读者更快地掌握相关领域前沿的科学知识，了解高效的生产技术，学习创新的农业理念。为此，我们撰写了这本与葡萄产业相关、涵盖面较广、知识点丰富的专业书籍。

葡萄学是一门实践性科学。为了介绍国内外应用性和基础性研究等方面的重要成果和生产实践经验，促进葡萄产业持续发展，我们计划并完成了《葡萄科学与实践300 问》的编写，整理了关于葡萄产业发展中遗传育种、生长发育、生产实践、贮藏加工等方面的 302 个问题，并以一问一答的形式进行介绍。

葡萄果实不仅是营养丰富、多汁味美的鲜食水果，而且还可加工成葡萄酒、葡萄干、葡萄汁等高附加值的产品。为了更好地服务葡萄产业发展以及葡萄学相关的教学与实践，由南京农业大学、中国农业大学、上海交通大学、河南农业大学、青岛农业大学、山东省葡萄研究院、江苏省农业科学院、宁夏大学、山西农业大学、甘肃农业大学、扬州大学、河北农业大学、运城学院等单位的专家，合作编写了《葡萄科学与实践 300 问》一书。该书共分为 6 章，包括：第一章葡萄遗传与育种、第二章葡萄生长发育、第三章葡萄生产实践、第四章葡萄病虫害防治、第五章葡萄贮藏与加工、第六章其他问答。本书在编写过程中参考了《葡萄学》《中国葡萄志》《葡萄学：解剖学与生理学》《实用葡萄设施栽培》《葡萄分子生物学》等大量的学术著作，以及国内外葡萄科研领域的科研成果，为此向相关成果的贡献者表示感谢。本书主要适用于园艺专业、葡萄酒专业、植物生产类专业的学生，也适合葡萄一线生产人员作为参考书来阅读。在撰写过程中，各位撰写者虽力求精益求精，但因水平所限，加之收集的资料有限，难免有疏漏和不足之处，敬请读者不吝指教。文中有些技术描述是来自不同葡萄栽培地区的经验，所以也有一定的地区限制和适用性，有不足之处，也请读者多提宝贵意见。

《葡萄科学与实践300问》一书是在国家重点研发基金项目2019YFD1002500、2018YFD1000200、2019YFD1000100、2019YFD1001405，江苏省农业科技自主创新项目CX（18）2008、CX（19）3042，江苏现代农业产业技术体系建设项目JATS[2019] 422等项目的资助下完成的，在此一并表示感谢。

感谢江苏省农业科学院孙洪武研究员、中国农学会葡萄分会刘俊会长以及江苏省农业推广总站陆爱华研究员对本书的指导和建议。感谢南京农业大学葡萄遗传育种与基因组学实验室的老师、博士研究生及硕士研究生为本书完成所做出的贡献与努力。最后感谢化工出版社对本书编著过程中给予的支持和帮助。

编者

2020 年 11 月

目录

第一章　葡萄遗传与育种　/ 1

第二章　葡萄生长发育 / 41

第三章　葡萄生产实践 / 60

第四章　葡萄病虫害防治 / 133

第五章　葡萄贮藏与加工 / 169

第六章　其他问答 / 210

第一章
葡萄遗传与育种

1. 世界葡萄的起源中心在哪？ 其地理分布如何？

葡萄属于葡萄科（Vitaceae），葡萄属（Vitis L.）。 葡萄属又分为圆叶葡萄亚属（Muscadinia Planch）和真葡萄亚属（Euvitis Planch）。 不同属种的葡萄其起源中心不同。 真葡萄亚属植物有欧亚、北美和东亚三个起源中心，即"欧洲-西亚中心"，"北美中心"和"东亚中心"。 圆叶葡萄亚属植物起源于美国东南部、墨西哥南部和巴哈马群岛。

葡萄属植物主要分布在欧洲-西亚地区、东亚地区和北美地区。 在亚洲的分布范围是以俄罗斯远东为起点，直到印度北部；美洲分布区的范围是北起加拿大南部，南至委内瑞拉北部。

2. 葡萄在植物学如何分类？

葡萄，为被子植物门的双子叶植物，属鼠李目（Rhamnales），该目包括2个科，即鼠李科（Rhamnaceae）和葡萄科（Vitaceae）。 另外，一些分类学家将葡萄科从鼠李目中分出，将其单独归于葡萄目（Vitales）。 葡萄科植物为灌木或木质藤本，借助于其叶片对面的卷须攀缘，此科约包括 1000 个种，分属于 17 个属。

葡萄属分为圆叶葡萄亚属和真葡萄亚属，前者包括圆叶葡萄（V. rotundifolia）、鸟葡萄（V. munsoniana）和墨西哥葡萄（V. popenoei）3个种，后者包括 70 多个种。

3. 真葡萄亚属分为哪几个种群?

根据地理分布不同,真葡萄亚属可以分为欧亚种群、北美种群和东亚种群三个种群,此外还衍生出一个杂交种群,如欧美杂种、欧山杂种和东欧杂种(图1-1)。

(1)欧亚种群。仅有1个种,即欧洲种或欧亚种(V. vinifera L.),该种的品种极多,栽培价值最高,按地理起源又分为东方品种群、西欧品种群和黑海品种群。

① 黑海品种群:起源于爱琴海和黑海沿岸,遍布东欧和南欧,如'福明特''克莱雷''黑柯林斯'和'白羽'。

② 西欧品种群:西欧的酿酒葡萄品种,果穗和果粒小,如'雷司令''霞多丽''赛美蓉''长相思''琼瑶浆''比诺'系和'解百纳'系。

③ 东方品种群:大部分为鲜食品种,果穗和果粒大,果粒长,起源于近东、伊朗、阿富汗和中亚,如'无核白''玫瑰香'。

(2)北美种群。28~30个种,作为果实利用的主要是美洲种,用作砧木的有河岸葡萄(V. riparia Michx)、沙地葡萄(V. rupestris Scheele)、冬葡萄(V. berlandieri Planch)等。

(3)东亚种群。40多个种,多为野生葡萄类型,山葡萄(V. amurensis Rupr.)、刺葡萄(V. davidii Foex)、秋葡萄(V. romanetii Romen)和毛葡萄(V. quinquangularis Rehdr.)等都属于东亚种群。

(4)杂交种群。葡萄种间杂交培育成的杂交后代,主要包括欧美杂交种、欧山杂交种和东欧杂交种等重要的种。

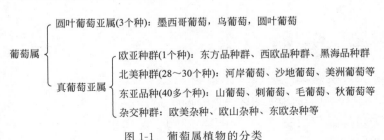

图1-1 葡萄属植物的分类

4. 葡萄种质资源可分为哪些类型?

葡萄种质资源按常规种质资源分类分为6大类型(图1-2)。

（1）**野生资源**。通常指在自然界处于野生状态、未经人类驯化改良的葡萄种质资源，例如山葡萄、毛葡萄、秋葡萄等。

（2）**地方品种**。指从野生种质资源中选出，经过长时间的遗传改良（驯化）后具有优良品质性状的葡萄植株。地方品种通常不受现代育种实践的影响。

（3）**选育品种**。指经过人工培育、选育，具备优良品质性状的葡萄植株。这些葡萄植株通常需要经过系统的品质鉴定和正式命名后，才可以称为品种。例如'巨峰''夏黑''阳光玫瑰'等。

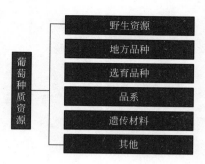

图1-2　葡萄种质资源类型

（4）**品系**。指葡萄品种选育过程中，表现良好的葡萄类型。通常指在未经鉴定和正式命名之前，又可称为优良单株或优良株系（优系）。

（5）**遗传材料**。通常指在育种过程中发现的一些携带有优异基因或优异性状的单株，常以代码的形式命名；

（6）**其他**。不能被归纳进前面5类的葡萄种质资源，例如圆叶葡萄、孟松葡萄、墨西哥葡萄等。

5. 中国野生葡萄如何分类？

中国具有极为丰富的葡萄属植物资源。野生葡萄在中国的地理分布范围广，地理跨度大，东起台湾，西到西藏，北至黑龙江，南达南海地区。由于地势地貌和环境条件的影响，中国野生葡萄的种类和数量在地理上的分布并不均衡，刘崇怀对《中国葡萄志》中描述的原产我国的38个葡萄野生种本种和1个栽培种——欧亚种进行了分组（图1-3）。

（1）**分布广的种、变种或亚种**。毛葡萄、葛藟葡萄、山葡萄、蘡薁等。

（2）**分布较广的种、变种或亚种**。变叶葡萄、刺葡萄、网脉葡萄、华东葡萄、桑叶葡萄、秋葡萄、桦叶葡萄、东南葡萄、小叶葡萄、少毛变叶葡萄、瘤枝葡萄、美丽葡萄、绵毛葡萄、鸡足葡萄、腺枝葡萄、小果葡萄、锈毛刺葡萄、闽赣葡萄、狭叶葡萄、湖北葡萄、菱叶葡萄、云南葡萄、秦岭葡萄等。

（3）**狭域分布的种、变种或亚种**。有庐山葡萄、温州葡萄、红叶葡萄、龙泉葡萄、深裂山葡萄、河口葡萄、毛脉葡萄、武汉葡萄、三出蘡薁、陕西葡萄、凤庆葡萄、井冈葡萄和浙江蘡薁等。

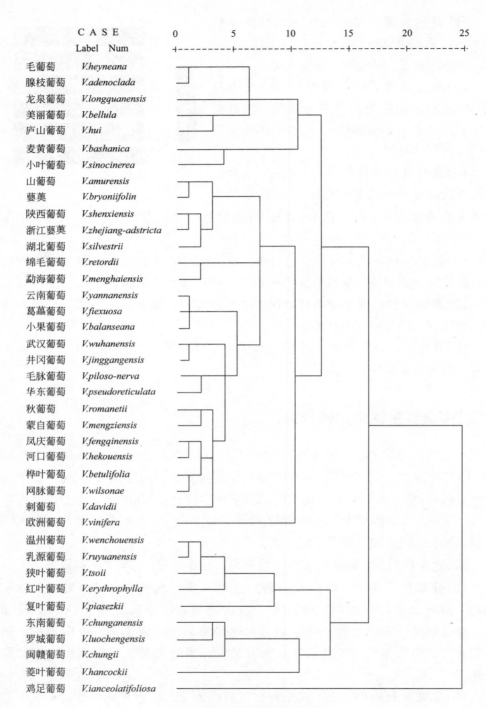

CASE							
Label	Num	0	5	10	15	20	25

毛葡萄　V.heyneana
腺枝葡萄　V.adenoclada
龙泉葡萄　V.longquanensis
美丽葡萄　V.bellula
庐山葡萄　V.hui
麦黄葡萄　V.bashanica
小叶葡萄　V.sinocinerea
山葡萄　V.amurensis
蘡薁　V.bryoniifolin
陕西葡萄　V.shenxiensis
浙江蘡薁　V.zhejiang-adstricta
湖北葡萄　V.silvestrii
绵毛葡萄　V.retordii
勐海葡萄　V.menghaiensis
云南葡萄　V.yannanensis
葛藟葡萄　V.fiexuosa
小果葡萄　V.balanseana
武汉葡萄　V.wuhanensis
井冈葡萄　V.jinggangensis
毛脉葡萄　V.piloso-nerva
华东葡萄　V.pseudoreticulata
秋葡萄　V.romanetii
蒙自葡萄　V.mengziensis
凤庆葡萄　V.fengqinensis
河口葡萄　V.hekouensis
桦叶葡萄　V.betulifolia
网脉葡萄　V.wilsonae
刺葡萄　V.davidii
欧洲葡萄　V.vinifera
温州葡萄　V.wenchouensis
乳源葡萄　V.ruyuanensis
狭叶葡萄　V.tsoii
红叶葡萄　V.erythrophylla
复叶葡萄　V.piasezkii
东南葡萄　V.chunganensis
罗城葡萄　V.luochengensis
闽赣葡萄　V.chungii
菱叶葡萄　V.hancockii
鸡足葡萄　V.ianceolatifoliosa

图 1-3　中国野生葡萄资源分组

（4）点状分布的种、变种或亚种。有勐海葡萄、连山葡萄、罗城葡萄、麦黄葡萄、毛叶武汉葡萄、蒙自葡萄、米葡萄、绒毛秋葡萄、乳源葡萄、伏牛山葡萄、龙州葡萄、裂叶刺葡萄、绒毛小果葡萄、文县婆奥、沅陵葡萄等。

6. 世界上有哪些重要的酿酒葡萄品种？ 各有什么特点？

世界上重要的酿酒葡萄品种有：'美乐''黑比诺''蛇龙珠''白诗南''赤霞珠''西拉''赛美蓉''雷司令''马贝克''意斯林'和'霞多丽'等。

(1) 红葡萄酒品种

① 美乐（Merlot）：欧亚种，早熟，果穗中等大小，呈圆锥形，紫黑色，果粉厚，果皮中厚，果肉多汁，味酸甜，有浓郁青草味，并带有欧洲草莓独特香味。

② 黑比诺（Pinot Noir）：欧亚种，中早熟，果穗小，呈圆锥形，果粒紧密或极紧密，果粒中等大，近圆形，紫黑色，果粉中厚，果皮薄，味酸甜。

③ 蛇龙珠（Cabernet Gernischt）：欧亚种，中晚熟品种，果穗中等大小，圆锥形，果粒中等大小，圆形，紫黑色，汁多，味酸甜，具"解百纳"香型。

④ 赤霞珠（Cabernet Sauvignon）：欧亚种，晚熟品种，果穗小，圆锥形，果粒着生中等密度，圆形，紫黑色，果味丰富，高单宁，高酸，有烟熏、香草、咖啡的香气。

⑤ 西拉（Syrah）：欧亚种，中熟品种，果穗中等大，圆锥或圆柱形，带歧肩，有副穗，果粒小，着生紧密，圆形，蓝黑色；果皮色素丰富，具有独特香气。

⑥ 马贝克（Malbec）：欧亚种，早熟品种，果穗较大，一般有副穗，果粒大小中等，蓝黑色，圆形，果皮薄，有辛香，泥土味。

(2) 白葡萄酒品种

① 白诗南（Chenin blanc）：欧亚种，中晚熟品种，果穗中等大，圆锥形或圆柱形，有歧肩、副穗，果粒小，果粒着生紧密，近圆形或卵圆形，黄绿色，果皮较厚，果肉多汁，有蜂蜜和花香，口味浓，酸度强。

② 赛美蓉（Semillon）：欧亚种，早熟品种，果粒小，皮薄，含糖量高，容易氧化，主要用来酿造贵腐酒，圆润顺滑，具有非常复杂的香气。

③ 雷司令（Riesling）：欧亚种，晚熟品种，果穗小，圆柱形或圆锥形，带副穗，穗梗短，果粒长，着生紧密，圆形，黄绿色，果皮薄，果香独特，果肉多汁。

④ 霞多丽（Chardonnay）：欧亚种，中熟品种，果穗小，圆柱形，有副穗和歧肩，果粒小，着生较紧密，近圆形，绿黄色，果皮薄，果肉多汁，味清香。

7. 世界上葡萄种质资源保存的主要国家有哪些？

世界上很多国家都重视葡萄种质资源的保存，其中以美国、法国、意大利等国家保存最多。法国蒙彼利埃设有葡萄品种改良中心，是法国唯一从事酿酒葡萄品种研究的改良中心，先后收集、观察和评价了 17500 个葡萄品种（系），现保存在资源圃的品种（系）有 3500 个，其中用于酿酒的加工品种（系）2700 个，鲜食品种（系）400 个，葡萄砧木品种（系）350 个。意大利没有统一的葡萄品种资源系统，主要由葡萄酒庄园保存自己的特色品种资源，统计表明，意大利当前至少有 1000 个葡萄品种。美国主要由美国农业部和加州大学戴维斯分校建立葡萄种质资源库，保存有 54 个种 2499 份葡萄种质，并对所保存的种质资源的产量、物候期、抗性、形态等性状进行了综合评价和分类研究。

我国的 3 个国家级葡萄种质资源圃建立于 20 世纪 70~80 年代。其中，国家种质资源郑州葡萄圃和国家种质资源太谷葡萄圃均为综合型资源圃，而中国农业科学院特产研究所吉林左家山葡萄圃则保存了世界上最多的山葡萄种质。除上述 3 个国家级葡萄种质资源圃外，在近 50 年里国内其他科研单位和葡萄生产企业也建有一定规模的葡萄种质资源圃，见表 1-1。

表 1-1　各省、区、市科研单位葡萄种质资源保存情况

各省、区、市科研单位	保存资源情况
中国科学院植物研究所	抗旱抗寒野生葡萄种 13 个，种内不同生态型资源 100 余份，原产于北美的野生种 12 个，葡萄品种（含种间杂种品种）450 个
北京市农林科学院林业果树研究所	250 余份葡萄种质
辽宁省农业科学院果树研究所	鲜食、酿造品种资源 200 余份，优良砧木品种资源 40 余份
上海马陆葡萄科普园	100 余份葡萄种质
江苏省农业科学院果树研究所	南方特色的葡萄种质资源圃，收集保存各类葡萄资源 210 余份
山西省农业科学院果树研究所	北方特色葡萄种质资源圃，收集保存各类葡萄资源 17 个种 600 余份

各省、区、市科研单位	保存资源情况
广西农业科学院南方葡萄研究中心	葡萄品种 200 多份、野生资源 30 多份、葡萄杂交后代 100 多份
新疆农业科学院吐鲁番长绒棉研究所	保存葡萄种质资源 100 余份

8. 世界上关于葡萄种质的网络数据库有哪些?

世界上有很多葡萄与葡萄酒产业发达的国家，这些国家同样非常重视对本国所选育或者主栽的葡萄种质数据库的建设（表 1-2）。

德国 Geilweilerhof 葡萄育种研究所（Institute for Grapevine Breeding Geilweilerhof, Germany）于 1983 年开始从事葡萄种质资源收集工作，同时建立国际葡萄品种目录（Vitis International Variety Catalogue, VIVC），该数据库是目前世界上收录葡萄种质资源信息相对较全、数据更新频率较高的葡萄种质资源数据库，此数据库可以在线查询种质信息，并不断更新和补充数据。该数据库收集了来自 45 个国家的 140 个研究机构所保存的种质信息，共计收录 24400 余份次各国种质信息。

欧洲葡萄数据库（the European Vitis Database）是由德国 Julius Kuehn Institute 研究所，联邦栽培作物研究中心（Federal Research Centre for Cultivated Plants）和德国 Geilweilerhof 葡萄育种研究所于 2007 年联合创建，收集了来自世界 25 个保存单位的约 28135 份次的种质信息，其中酿酒葡萄种质 17817 份次、鲜食种质 6954 份次、野生种质 1171 份次、制干的种质 73 份次、砧木的种质 2114 份次、观赏型种质 6 份。 德国联邦栽培作物研究中心于 2010 年创办了德国 Reben 基因库（Deutsche Genbank Reben）。 该国保存了来自不同国家的约 4536 份次葡萄种质资源并将种质信息收录入该数据库。

意大利是世界上主要葡萄品种资源原产国之一。 意大利葡萄数据库（Italian Vitis Database）建成于 2009 年，共收录有 828 份该国保存的葡萄种质信息。 法国农业科学研究院（Institut National de la Recherche Agronomique Domaine de vassal, INRA）收录了该国保存的来自 40 多个国家的 7217 份次种质信息，包括 2300 份次欧亚种、800 份次种间杂种、230 份次砧木、28 份次野生种质和 1000 份次正在确定的种质等。 西班牙葡萄数据库（Spanish Vitis Database）共采集有 3535 份次本国种质的信息。

表 1-2　世界各国主要葡萄种质资源数据库

创办国家	英文名称	收录资源数	主要收录信息
德国	Vitis International Variety Catalogue（VIVC）	24400	原产地、育种信息、外观性状、用途、SSR 信息、抗性信息、保存机构、图片、参考文献
捷克	Information System on Plant Genetic Resources	797	原产地、育种信息
欧洲	The European Vitis Database	28135	原产地、果皮色泽、育种信息、图片、SSR 信息、采集信息
意大利	Italian Vitis National Register	516	原产地、色泽、用途、基因克隆、图片
意大利	Italian Vitis Database	828	原产地、形态描述、栽培特点、用途
斯洛文尼亚	Slovenian Vitis Database	163	SSR 信息
西班牙	Spanish Vitis Database	3535	原产地、果皮色泽
德国	Deutsche Genbank Reben	4536	与 VIVC 同属一个研究所，内容相近
美国	US National Grape Registry	1043	原产地、育种信息、果皮色泽、用途、抗病性
保加利亚	Bulgarian Vitis Database（BVD）	255	SSR 信息
法国	Plant grape	391	原产地、亲本、用途、形态描述、SSR 信息、种植面积、抗病性、技术指标、克隆选择、参考文献
法国	French Network of Grapevine Repositories	7217	原产地、性状描述、物候期、图片、文献、相关链接
全球	Genesys	15401	原产地、保存机构、质量指标
美国	Germplasm Resources Information Network（GRIN）	500	原产地、亲本、外观描述、甜度、形态学数据、物候期、SSR 信息
中国	Chinese crop germplasm resources information system（CGRIS）	525	原产地、种属、成熟期、形态学数据、可溶性固形物、用途
日本	National Agriculture and Food Research Organization（ZARO）	338	原产地

　　注：Genesys、GRIN、CGRIS、NARO 为综合性种质数据库，表中收录资源份数为数据库中与葡萄相关信息。

9. 我国葡萄主要产区是如何划分的?

根据我国葡萄栽培现状、适栽葡萄种群、品种的生态表现，以及不同葡萄品种对温度、降水等的需求特点，可划分为 7 个葡萄主产区。

① 东北中北部葡萄产区：吉林、黑龙江。

② 西北部葡萄产区：新疆、甘肃、青海、宁夏、内蒙古。

③ 环渤海湾葡萄产区：北京、天津、河北、山东、辽宁。

④ 黄土高原葡萄产区：山西、陕西。

⑤ 云、贵、川高原葡萄产区：云南、贵州、四川。

⑥ 黄河故道葡萄产区：河南、山东西南地区、江苏北部和安徽北部。

⑦ 南方葡萄产区：安徽、江苏、浙江、上海、重庆、湖北、湖南、江西、福建、广西。

随着葡萄栽培技术的发展与新品种的推广利用，华南地区葡萄种植面积也在不断扩大。

10. 新中国成立 70 年来，我国葡萄品种选育取得的成果如何?

我国从 20 世纪 50 年代开始葡萄育种研究工作，伴随着消费需求的变化，育种目标不断发生变化。截至 2019 年，全国累计育成 349 个品种，且各用途品种所占比例不一，鲜食品种 257 个，占主导地位，其次是酿酒、加工和砧木品种，育种成果显著（表 1-3）。尽管这些年选育出了许多果实形状奇特且具有特殊风味的新品种，如'玉手指''紫甜无核'和'紫脆无核'等葡萄新品种，但色泽仍然以红色至紫红色为主。

表 1-3　1950~2019 年我国育成的葡萄品种数量

项目		育成年代							合计
		1950~1959 年	1960~1969 年	1970~1979 年	1980~1989 年	1990~1999 年	2000~2009 年	2010~2019 年	
品种用途	鲜食	1	1	10	29	29	62	125	257
	酿酒	4	2	1	19	9	15	14	64
	加工	3	1	3	2	2	5	2	18
	砧木	0	1	2	0	0	5	2	10
总计		8	5	16	50	40	87	143	349

项目		育成年代							
		1950～ 1959 年	1960～ 1969 年	1970～ 1979 年	1980～ 1989 年	1990～ 1999 年	2000～ 2009 年	2010～ 2019 年	合计
育种 方法	杂交育种	5	3	12	31	35	67	81	234
	芽变选种	4	0	3	6	6	14	44	77
	实生选种	0	1	0	9	6	9	9	34
	诱变育种	0	0	0	0	0	1	3	4
总计		9	4	15	46	47	91	137	349

11. 什么是葡萄地方品种？

地方品种亦称农家品种、传统品种、地区性品种。它是在当地自然或栽培条件下，经长期自然或人为选择形成的品种，对当地自然或栽培环境具有较好的适应性。在我国，葡萄地方品种可分为两大类，一类是西北干旱、半干旱类型，种质类型属于欧亚种，多由中亚传入我国，主要分布于我国西北干旱、半干旱地区，如新疆、内蒙古、甘肃、山西、河北等地，代表品种有'无核白''牛奶''大青''龙眼'等，该类群品种多以果实奇特、品质优良著称。另一类则是南方高温高湿类型，多由中国野生种直接驯化而成，少部分由国外传教士带入，该类型农家品种主要分布于我国的江苏、福建、湖南、江西、云南等地，代表品种有塘尾葡萄、高山葡萄、小黑葡萄和水晶葡萄。该类群品种虽然果实性状不如栽培品种，但因其具有超强的抗逆性和适应性而受人关注。

12. 什么是新品种登记？葡萄新品种登记的流程是什么？

新品种登记（又称新品种审定或登记）是指农业农村部规定对新育成或新引进的品种即将进入生产环节时所采取的强制管理措施（即通过新品种申请，获得对新育成或新引进品种知识产权的保护）。其登记的流程如下。

(1)材料准备、网上注册和申请材料提交。申报材料包括《请求书》《说明书》（包括对应属种的技术问卷信息）《照片及简要说明》以及其他应该提交的附件。

(2)申请、受理及系统填报。申报者在农业品种权申请系统上进行葡萄新品种权的在线申报。

(3)品种登记、标准样品提交。申请者登记申请数据在部级审批成功，样品入库合格的情况下，农业农村部会对新品种进行公告。

（4）**登记公告、领取证书**。证书领取后，新品种登记结束，可对新品种进行扩繁并销售。

13. 什么是 MCID 品种鉴定技术及 CID 绘制过程？

人工绘制品种鉴定简图（Manual Cultivar Identification Diagram，MCID）是基于 DNA 标记快速鉴定品种的方法。该方法将经某一引物扩增、电泳后具有相同谱带的归纳为一组，具有唯一特异性谱带的被鉴别区分出来，并在品种鉴定简图（CID）上标记相应引物和谱带，充分、直观地反映出不同品种区分所用的引物及多态性带。

（1）MCID 绘制过程（图 1-4）

针对葡萄的基因序列设计一组随机引物，再选择几个遗传差异较大的葡萄 DNA 样品对设计好的引物进行筛选，通过连续两次梯度 PCR 选择条带一致的温度作为退火温度。筛选出扩增 DNA 指纹条带清晰、稳定性和多态性好的引物。以 5 个品种为例介绍绘制过程。

① 首先根据引物 VvMD27 扩增的电泳图上大小为 250bp、310bp 和 370bp 的 3 条特征性条带的有无将 5 个品种分成 2 组，将有特征性谱带的用（＋）表示，没有特征性谱带的表示为（－）。第 1 组是 250bp（－）、310bp（＋）和 370bp（－），包括'北植 102'和'列昂蜜乐'2 个品种；第 2 组是 250bp（－）、310bp（－）和 370bp（－），包括'烟 73'、'品丽珠'和'郑果 11 号'3 个品种。

② 然后继续利用 VvMD28 扩增的电泳图上大小为 250bp 和 330bp 的 2 条特征性条带的有无分别对第 1 组和第 2 组进行鉴定。第 1 组的'北植 102'具有 330bp 条带、缺失 250bp 条带，而'列昂蜜乐'同时具有 250bp 和 330bp 两条谱带，从而将它们区分开来。第 2 组首先鉴定出表现为 250bp（＋）、330bp（－）的'郑果 11 号'；剩余 2 个品种'烟 73'和'品丽珠'均表现为 250bp（－）、330bp（－），需进一步鉴定。

③ 最后，利用 VvMD32 扩增的电泳图上大小为 240bp 和 350bp 的 2 条特征性条带的有无将表现为 240bp（－）、350bp（＋）的'烟 73'和表现为 240bp（＋）、350bp（－）的'品丽珠'区分开来。

④ 对比谱带后获得的分组信息，人工绘制直观的品种鉴别图谱，在树形鉴别图上将每一次筛选用的引物以及多态性谱带大小逐一进行标记。

（2）品种鉴定图应用。若需要对 CID 图上的某些品种进行区分，可以很容易地找到所需的引物及需要参考的特征性谱带。利用这些引物进行 PCR

扩增，对 PCR 扩增的多态性条带进行分析观察，逐步将待鉴定品种区分出来。

　　例如：随机选择 CID 图上'烟 73'和'郑果 11 号'两个品种进行验证，首先在 CID 图上找到两个品种最后分支所用的引物 VvMD28 以及扩增的多态性带（250bp），利用该引物进行 PCR 扩增，根据特异性条带的有无进行判断，若有则为'郑果 11 号'，若缺失则为'烟 73'，从而快速区分两个品种。

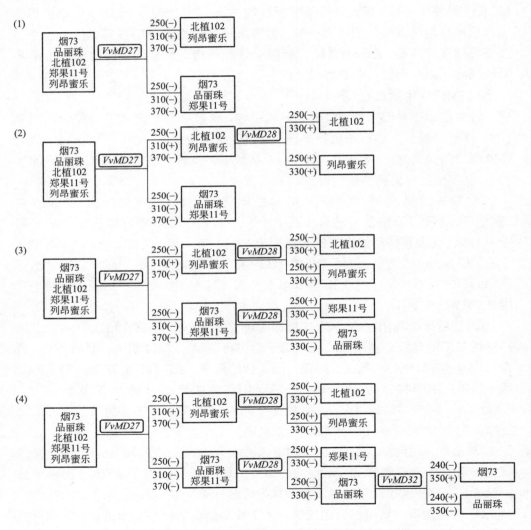

图 1-4　3 对引物鉴别区分 5 个酿酒葡萄品种的 MCID 法流程

14. 酿酒葡萄和鲜食葡萄的主要区别是什么？

曾经有人形容："酿酒葡萄是大叔，经岁月陈酿后越来越有味道，而鲜食葡萄为小鲜肉，让人忍不住想尝口鲜。"因两者对果实品质要求不同，其外在、内在都存在一定区别。

酿酒葡萄通常果穗较紧凑、果粒较小、果皮厚、果肉少、种子多、单宁含量高，酸度通常为 6～9g/L，糖度较高；而鲜食葡萄通常果穗较疏松、果粒较大、果皮薄、果肉多、种子偏少、单宁含量低，酸度仅为 3～5g/L。且鲜食葡萄浆果大小通常是酿酒葡萄的 2 倍以上。

酿酒葡萄一般一年结果一次，果实不做处理，保持露地自然生长，成熟期一般在 8 月中旬至 10 月上旬；而鲜食葡萄通常可采用露地栽培和设施栽培等方式，生产上可结果 1～2 次，果实一般采用套袋处理，成熟期一般在 7～9 月份，有些地方通过设施促成栽培和延后栽培，可实现周年成熟，此外，还可以进行果实膨大、无核化处理，以提高果实品质。

单宁类物质是鲜食葡萄和酿酒葡萄的主要差异之一，单宁影响葡萄酒的结构感和成熟特性，以及生物化学稳定性。鲜食葡萄的单宁含量较低，而酿酒葡萄的单宁含量较高，所酿成的葡萄酒风味物质含量也相对较高。

另外，值得一提的是，酿酒葡萄吃起来有酸涩感，不如鲜食葡萄脆甜，这主要是由于酿酒葡萄的酸度较高，掩盖了部分甜味，同时酿酒葡萄果皮的单宁含量较高，口感的苦涩味较重，从而也掩盖了部分甜味。

15. 如何利用中心法则解释葡萄的生长发育？

中心法则（central dogma）是指遗传信息从 DNA 传递给 RNA，再从 RNA 传递给蛋白质，即完成遗传信息的转录和翻译的过程。也可以从 DNA 传递给 DNA，即完成 DNA 的复制过程。这是所有具有细胞结构的生物所遵循的法则。在某些病毒中的 RNA 自我复制（如烟草花叶病毒等）和在某些病毒中能以 RNA 为模板逆转录成 DNA 的过程（某些致癌病毒）是对中心法则的补充。

植物（葡萄）生长发育的性状归根到底是由基因决定的，是基因与环境共同作用的结果。这一过程决定了生长发育性状的出现，调控代谢产物的形成及相关生理生化过程的机制。以葡萄生长发育所需激素合成为例，首先控制激素合成途径的相关基因（DNA）通过转录形成 mRNA，mRNA 在 tRNA 和 rRNA 的参与下，在核糖体合成具有催化功能的激素合成途径相关蛋白，在一系列蛋白的催化作用下，合成调节葡萄生长发育的激素。葡萄品质性状形成等过程亦遵循中心法则（图 1-5）。

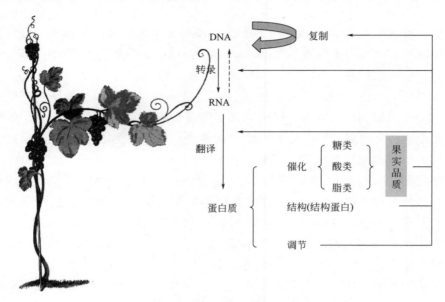

图 1-5　葡萄生长发育遵循中心法则

16. 葡萄的重要性状在杂交后代群体中的分离特征有哪些？

葡萄的重要性状有很多，如成熟期、果穗重、果粒重、含糖量、含酸量、色泽、果实香气、抗性等，这些性状往往是育种中考虑的重要目标性状，了解这些性状的遗传特点，对制订育种计划有重要的作用。这些重要的农艺性状多数为数量性状，其遗传特点符合数量性状连续变异的特点，表现出正态分布趋势。

(1)成熟期。果实成熟期有极早熟、早熟、中晚熟以及极晚熟之分，不同杂交组合，表现出的差异较大，成熟期分布各有特点，大多数杂交后代的成熟期分布倾向较早熟的亲本。

(2)果穗重。中国野生葡萄与栽培品种杂交，野生种的小穗性、小果粒性极易遗传，后代的果穗、果粒重倾向于野生种，且无一株是超大粒亲本的，仅在野生种之间和种内杂交时，才出现高亲和植株。

(3)果粒重。杂交后代的果粒重多数居中分布，有小果粒的遗传趋势。

(4)含糖量。含糖量遗传表现出明显的杂种优势。

(5)色泽。亲本花色苷含量的多少对后代的影响较大，要想得到高花色苷含量的单株，应选择花色苷含量高的亲本。

（6）抗性。杂交（自交）后代产生抗性类型（或感病类型）比例高低与亲本的抗性水平（或感病水平）相关，抗性出现分离，呈连续分布，表现出数量性状遗传的特征。

17. 葡萄颜色可分为哪几种类型？ 市场上常见的鲜食葡萄有哪些颜色类型？

（1）葡萄果实颜色。葡萄果实果皮的颜色（也常称之为色泽）可分为 7 种：绿黄色、黄绿色、粉红色、鲜红色、紫红色、紫黑色和蓝黑色。 绿黄色和黄绿葡萄称为非着色品种，粉红色、鲜红色、紫红色、紫黑色和蓝黑色葡萄称为着色品种。

（2）鲜食葡萄颜色。市场上常见的鲜食葡萄大致有以下几种颜色（图 1-6，彩图）。

① 红葡萄：'红地球''水晶红''佳美''美人指'。
② 绿葡萄：'阳光玫瑰''醉金香''金手指''维多利亚'。
③ 紫葡萄：'巨峰''玫瑰香''京亚''夕阳红''藤稔'。
④ 黑葡萄：'秋黑''金星无核''天工墨玉''夏黑'。

红地球　　　　　　阳光玫瑰　　　　　　巨峰　　　　　　天工墨玉

图 1-6　4 种不同颜色葡萄的代表品种

18. 葡萄的色泽主要由哪些成分决定的？

葡萄色泽主要是由花色苷、类胡萝卜素、叶绿素的组分及其含量决定的，其中花色苷为葡萄果皮的主要呈色物质，如'巨峰''藤稔''红地球'等着色品种，其果实在成熟期因积累花色苷的种类和含量不同而呈现出红色、紫色或黑色。 还有一些非着色品种，如'金手指''维多利亚''阳光玫瑰'，其果实在成熟期基本不积累花色苷，因而呈现出叶绿素和类胡萝卜素的色泽，即黄绿色或绿黄色。

19. 什么是花色苷？ 葡萄花色苷的主要成分有哪些？

目前已知结构的花色苷约有 250 余种。 花色苷是广泛存在于自然界植物中的一类水溶性天然色素，属类黄酮化合物。 花色苷是花色素与单糖分子经糖苷键缩合而成的天然化合物，广泛存在于植物的花、果实、茎、叶和根器官细胞的液泡中，使其呈现红、紫红、蓝等不同颜色。 花色素本身因吸收 500nm 左右的光而呈现特定颜色，成为花色苷的"发色团"，其中的成分如矢车菊色素呈紫红色，翠雀素呈蓝紫色，天竺葵色素呈砖红色，它们在自然界中的分布最广，存在于 80% 的叶、69% 的果及 50% 的花中。 3 种花色素进一步衍生出其他 3 种花色素：翠雀素不同程度地甲基化形成紫红色的锦葵色素和矮牵牛色素，矢车菊色素甲基化形成紫红色的芍药色素。 因此，花色苷使植物器官呈现出众多的色彩，如红、蓝和紫等各种颜色。

葡萄中的花色苷种类较多，通常有芍药素糖苷、矮牵牛色素糖苷和锦葵素糖苷，以锦葵素糖苷为主。 葡萄花色苷中的糖分子通常为葡萄糖，糖分子可以在酰基转移酶的作用下生成酰化花色苷。 不同葡萄品种的花色苷组成有所不同，如在'黑比诺'葡萄中不存在酰基化糖苷类花色苷，在'西拉'葡萄中发现 17 种花色苷，其中，以锦葵素-3-葡萄糖苷、锦葵素-3-乙酰葡萄糖苷和锦葵素-3-p-香豆酰葡萄糖苷含量最多，其次是芍药素-3-葡萄糖苷、飞燕草素-3-葡萄糖苷和矮牵牛色素-3-葡萄糖苷等。

20. 什么是葡萄色泽性状遗传的单基因假说和双基因假说？

葡萄果实的色泽不仅是其外观的重要表现，也是葡萄的一个重要经济性状，更是葡萄育种中的一个重要选择指标。 研究者采用孟德尔经典遗传学的研究方法，基于杂交 F_1 代群体果皮色泽分离规律分别提出了果实色泽的"单基因控制"与"双基因控制"两种遗传模型。

Barrit 和 Einset 于 1969 年最先发表了有关果实色泽的"双基因控制"遗传模型。 他们根据对 27 个亲本进行 43 个杂交组合所得的大量资料认为，葡萄果实颜色的遗传受 2 对基因控制。 B 为黑色显性基因，R 为红色显性基因，B 对 R 为上位显性，黑色和红色对白色为显性，白色葡萄的 2 对基因均为隐性。

"单基因控制"假说由 Vuksanovic 在 1989 年发表，是指葡萄果皮颜色的遗传受 1 对基因控制，有色对白色为显性，白色属于隐性同质结合。

后来，众多研究发现，葡萄杂交育种中，其杂种后代的果实颜色，往往可能会出现颜色从深到浅的颜色连续变化，又呈现数量性状遗传的特点。 但是，当白色葡萄品种（绿、黄绿、黄、金黄）自交或互交时，其后代均为白色。 可见葡萄果色遗传有质量性状遗传的特点，只是由于控制该性状的基因不止 1 对，又使葡萄果色的遗传带有某些数量性状遗传特点。 推测葡萄果色的遗传可能为主基因和微效多基因共同控制的质量-数量性状遗传。

21. 葡萄果皮色泽性状的遗传基础是什么？

越来越多的研究发现表明，不同葡萄品种的果实着色与否主要取决于 2 号染色体上 2 个相邻的控制着色的 MYB 基因位点的基因型及其组成的单倍型。 因此，葡萄果皮着色与否是受寡基因调控的质量性状。 这一发现从基因水平上很好地解释了前人有关葡萄色泽遗传规律的假说。 应该说，2 号染色体上 MYBA1 和 MYBA2 两个基因位点的高度连锁以及在同源染色体间的交换与分离情况分别与"单基因模型"和"双基因模型"相符。 由于 MYBA1 和 MYBA2 在遗传过程中呈现出高度连锁的现象，因此这两个基因位点常以单基因的方式遗传，当这个着色基因位点存在有功能的基因类型时，则葡萄果皮着色（黑色、红色等各种色泽），且着色为显性性状。 这与"单基因模型"相吻合。 相反，虽然 MYBA1 和 MYBA2 高度连锁，但是这两个基因位点在长期的遗传进化过程中也发生了一定频率的交换。 例如，迄今为止在两个 MYB 着色位点上共发现了 9 种单倍型组合，分别代表了这两个位点交换后的 9 种不同组合方式。 因此，当将 MYBA1 和 MYBA2 看作是两个控制着色的基因位点时，不同的组合方式即不同的单倍型决定了着色的类型与深浅，这又与"双基因模型"相吻合。

22. 葡萄 2 号染色体上与着色相关的 MYB 基因位点的单倍型有哪些？

单倍型（Haplotype）是单倍体基因型的简称，在遗传学中是指同一染色体上可进行共同遗传的多个基因位点等位基因的组合。 葡萄 2 号染色体 MYBA1 和 MYBA2 位点上的基因型组成决定着果皮颜色。 研究发现具有不同单倍型的葡萄品种果皮中的花色苷含量及组成也不同。 这说明 MYBA1 和 MYBA2 基因位点上的基因类型构成的单倍型多样性决定着葡萄果皮色泽的不同。迄今发现的单倍型有 9 种，如图 1-7 所示。

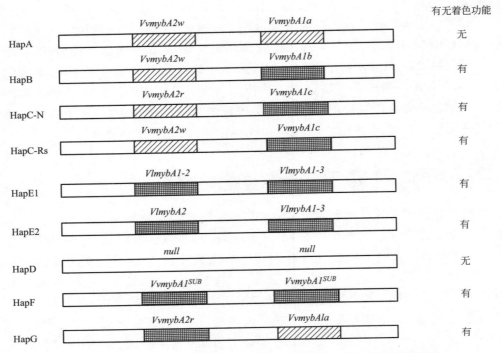

図 1-7 葡萄 2 号染色体上与着色相关的 *MYB* 基因位点的单倍型类型

当 MYBA1 和 MYBA2 基因位点的等位基因全是杂合时，可能存在"相引相"抑或"相斥相"的情况。当有功能的 MYB 基因在同一条染色体上，而对应的无功能的 MYB 基因在另一条染色体上，则是"相引相"，反之则为"相斥相"。

23. 葡萄主要色素的合成路径是什么？

(1) 花色苷合成路径。 花色苷的生物合成可以分为两个阶段，第一阶段由苯丙氨酸先转化为 4-香豆酰辅酶 A，这一阶段称为苯丙烷类代谢途径；第二阶段为类黄酮途径，由 4-香豆酰辅酶 A 转化为各种黄酮类化合物（如图 1-8 所示）。

(2) 类胡萝卜素合成路径。 类胡萝卜素合成前体为 2-C-甲基-D-赤藓糖醇-4-磷酸（MEP）途径产生的牻牛儿基牻牛儿基焦磷酸（GGPP）。首先，两分子的 GGPP 在八氢番茄红素合成酶（PSY）的作用下，缩合产生无色八氢番茄红素。然后，八氢番茄红素在八氢番茄红素脱氢酶（PDS）、ζ-胡萝卜素异构酶（ZISO）、ζ-胡萝卜素脱氢酶（ZDS）和胡萝卜素异构酶（CRTISO）的

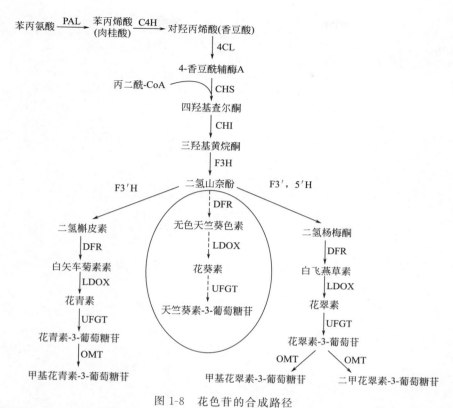

图 1-8　花色苷的合成路径

圆圈所示虚线箭头处表示葡萄花色苷生物合成途径中有别于其他物种而不具有的代谢过程

连续脱氢和异构化作用下，依次生成六氢番茄红素、ζ-胡萝卜素、链孢红素和原番茄红素，最后生成番茄红素。番茄红素环化是类胡萝卜素合成途径的重要分支点，由番茄红素 ε-环化酶（LCYe）和番茄红素 β-环化酶（LCYb）催化完成。番茄红素在 LCYe 和 LCYb 共同作用下，两端分别产生一个 ε 环和一个 β 环，形成 α-胡萝卜素；番茄红素仅在 LCYb 作用下，产生两个 β 环的 β-胡萝卜素。α-胡萝卜素在 β-胡萝卜素羟化酶（BCH）和 ε-胡萝卜素羟化酶（ECH）作用下，生成叶黄素；而 β-胡萝卜素在 BCH 作用下，先生成 β-隐黄质，再生成玉米黄质。玉米黄质进一步在玉米黄质环氧化酶（ZEP）作用下，先生成花药黄质，再生成紫黄质。紫黄质可以在紫黄质脱环氧化酶（VDE）作用下，又重新转化成玉米黄质；或者是在新黄质合成酶（NXS）作用下，最后生成新黄质（图 1-9）。

　　（3）叶绿素合成路径。 叶绿素生物合成从 L-谷氨酰 tRNA 到叶绿素 a，叶绿素 a 再经叶绿素酸酯 a 加氧酶氧化即形成叶绿素 b。整个生物合成过程需要 15 步反应，涉及 15 种酶。主要分为两个部分，第一部分为从 L-谷氨酰 tR-

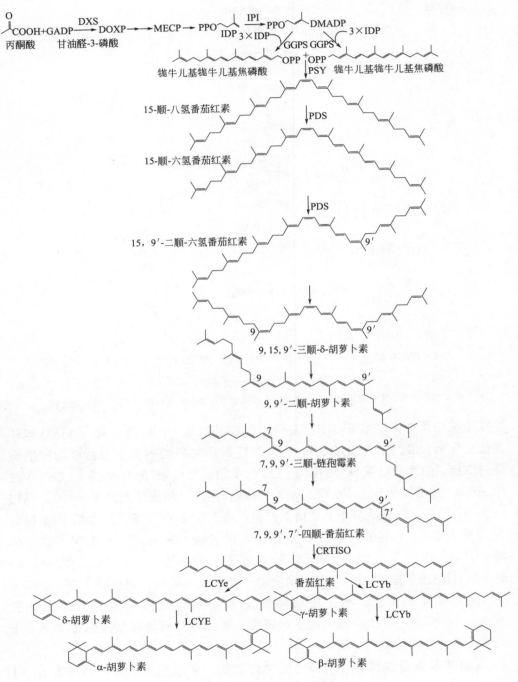

图 1-9　类胡萝卜素的合成路径(侯耀兵,2009)

NA 到原卟啉 IX（proto IX）的生物合成；第二部分为从原卟啉 IX 到叶绿素的生物合成。

24. 葡萄中的糖成分主要有哪些？

葡萄中的糖有单糖、双糖、多糖及糖苷类物质等组分。单糖包括葡萄糖、果糖、阿拉伯糖、鼠李糖和木糖；双糖是蔗糖；多糖包括果胶、树胶、淀粉、纤维素和半纤维素。糖苷类物质有花色苷、内酯苷等。葡萄浆果以甜著称，主要是由于其果实中葡萄糖和果糖糖分积累高于其他很多水果，蔗糖在葡萄果实中含量低。蔗糖也可以作为信号调控成分，通过信号转导途径来参与葡萄生长发育的调控及葡萄响应逆境胁迫信号。

25. 什么是单宁？ 葡萄中的单宁主要由哪些成分组成？

单宁又名单宁酸，在药典上又称鞣质、鞣酸，是一类由一些非常活跃的基本分子通过缩合或聚合作用形成的复杂高分子多元酚类化合物。

葡萄果实中，单宁的主要成分为黄烷-3-醇聚合物，通常是由一类黄烷-3-醇及黄烷-3,4-二醇结构单元通过 $C_4 \rightarrow C_8$ 或 $C_4 \rightarrow C_6$ 键缩合而形成的寡聚物或多聚物。它包括儿茶素、表梧儿茶素、表儿茶素或连接在黄烷醇 C_4-C_8 键的表儿茶素没食子酸。在葡萄浆果中，构成单宁的聚合多酚主要分为儿茶素和原花色素两类。单宁主要存在于葡萄的果皮、种子和果梗中，果皮中单宁含量低于种子，其组成也有所不同。

26. 葡萄中的芳香类物质有哪些？

香气是葡萄的重要感官指标，葡萄中芳香物质如酯、醛、酮、醇、挥发性酸类、萜烯类等以一定比例存在，从而决定了葡萄的香气特征，也称香气成分。

葡萄芳香物质多种多样，只有游离态的芳香物质具有气味。葡萄中芳香物质以具有挥发性的游离态和不具有挥发性的结合态两种形态存在，其中结合态的芳香物质可被转化为具有挥发性的游离态。游离态芳香物质主要由具有芳香环的化合物、酯类、醛类、萜烯类化合物组成，这些物质能同时引起嗅觉和味觉反应。在葡萄中由这些芳香环的化合物引起的比较常见的气味有香草味、玫瑰味、苹果味、香蕉味等。

27. 无核葡萄有哪些类型？ 有哪些代表性品种？

无核葡萄包括单性结实型、种子败育型和三倍体类型。

单性结实类型的品种未经过授粉受精，不形成合子胚，但由于内部促进果实生长的激素含量较高使得果实发育正常，例如'康可无核''黑珍珠''白科林斯''红科林斯''苏丹娜'等品种。

种子败育型品种经过授粉受精，形成合子胚，但胚内部抑制胚生长的激素含量高，合子胚早期败育，最终形成无籽果实，如'无核白''无核早红''克瑞森无核''无核紫''苏丹娜玫瑰''底来特''火焰无核''爱莫无核'等品种。

三倍体葡萄品种因其不能形成正常的配子体，从而具有高度不育性形成无核果实。常见的三倍体无核品种有'夏黑''尾玲''戴拉王''蜜无核''美镇''无核早红''马加拉奇'等。

28. 什么是葡萄无核化生产技术？ 常用技术有哪些？

葡萄无核化的生产技术是指通过适宜的栽培管理，并结合无核剂处理，使有籽葡萄的籽软化或败育，使其转化为无籽葡萄（常称为无核葡萄），并形成商品生产的栽培技术。无核化处理效果与葡萄本身的特性关系密切，有些品种对赤霉素（GA_3）等敏感，很容易获得无核果，如'阳光玫瑰'；有些品种不容易获得无核果，如'红地球'。因此，生产中要想获得无核果，必须选择容易处理的品种。另外，不同品种的处理时间和药物浓度差异很大，在大面积使用之前需要进行小规模试验，这样比较稳妥。与未处理的有籽葡萄相比，无核葡萄易食用，口感好，并具备了耐贮运、货架时间长和不易落粒等特点，具有更高的商品性及更长的市场供应期。

目前在无核化生产实践中使用的药物有赤霉素（GA_3）、4-氯苯氧乙酸（4-CPA）、细胞分裂素等植物生长调节剂，以及其衍生物消籽灵、九二〇、优果剂、杀雄剂等。无核化处理的主要技术有：

(1)花期和坐果后两次 GA_3 处理。始花前 2~3d 至花期，以 10~25mg/L 的 GA_3 浸蘸花序，10~15d 后再用 25~50mg/L 的 GA_3 处理一次。

(2)花前和坐果后两次 GA_3 处理。花前 14d 以及盛花后 10d 用浓度为 100mg/L 的 GA_3 处理花序。

(3)花后 GA_3 处理。花冠裂开、子房露出后 3~5d，用 50~100mg/L 的 GA_3 处理一次。

(4)链霉素(SM)和 GA₃ 共用。可多重搭配使用，常用的 SM 浓度为 100mg/L，GA₃ 花前使用 20～100mg/L，花后为 50～200mg/L（链霉素目前在我国禁用）。

(5)其他药物与 GA₃ 共用。目前使用较多的是 BA、KT-30 和 4-PCA 等。

无核葡萄食用方便，风味好，经济效益高，为生产无核葡萄干提供了充足的原料。 另外，有籽葡萄无核化后，一般成熟期会提早。 虽然目前葡萄无核化的生产中药剂处理是最常用的方法，但也应合理规划，尽量少用药剂，保证绿色环保的葡萄生产。

29. 葡萄胚挽救的流程是怎样的?

胚挽救技术是针对发育早期败育或退化的胚，以及由于营养或生理因素影响而形成的难以播种成苗的胚，从胚珠中分离该合子胚后在培养基中使其继续发育至成熟，达到防止幼胚败育的效果。 胚挽救技术于 20 世纪 80 年代初应用于无核葡萄的选育，另外还可用于早熟葡萄育种、远源杂交、三倍体育种等。

技术流程：

(1)培养基准备。包括胚珠内胚发育、胚萌发和成苗培养基。

(2)胚珠培养。根据各品种胚败育的时间，取幼果，灭菌剖开果粒，取出胚珠，接种至胚珠发育液体培养基上。

(3)幼胚培养至成苗。胚珠暗培养 10 周后，在解剖镜下剖开胚珠，取出胚，接种在固体胚萌发培养基上；胚萌发长成正常苗后，接至继代培育基上继代扩繁。

(4)试管苗移栽及定植大田。选择生长旺盛的继代苗，用镊子将幼苗从培养基中取出，清水洗去基质后植入装有基质的塑料花盆中，用透明塑料杯遮盖幼苗。 置于适宜光照温度下炼苗，逐步揭开塑料杯，使幼苗适应外界环境。炼苗 2～3 月后，选择生长旺盛、茎秆粗壮、叶片大的移栽苗定植大田。

30. 影响无核葡萄胚挽救的主要因素有哪些?

(1)幼胚材料的准备。胚挽救效率与幼胚发育程度相关，取样太早，胚发育程度低，胚挽救效果差，成苗率低；取样太晚，胚已经败育，同样造成成苗率低。 因此，需要在合子胚发育至最大程度尚未开始败育时进行取样。

(2)培养基的类型。胚挽救可分为胚珠内胚发育、胚萌发和成苗三个阶段。 在胚发育阶段，常用培养基有 White 培养基、MS 培养基、 Nistch 培养基和 ER 培养基；胚萌发和成苗阶段，应用比较广泛的是 MS 和 WPM 培养基。在胚挽救过程中，对于不同亲本基因型，需要进行多次重复试验以确定适合的基础培养基，提高胚挽救成苗率。

(3)培养方式。无核葡萄胚珠培养的处理方式三种：完整胚珠、胚珠切口以及先完整胚珠培养一段时间后再剥取胚珠。目前主要采用第三种，它可使胚萌发提前，提高成苗质量。

(4)幼苗移栽及炼苗。在胚挽救幼苗移栽、炼苗以及定植大田过程中，还需设定适宜的温度、湿度、光照强度和光照时间，同时要注意浇水，及时清除死亡植株，并定时喷施多菌灵，降低幼苗因病菌侵染造成的死亡率。

31. 葡萄花有什么类型？ 具有怎样的结构？

根据雌蕊和雄蕊发育的情况，葡萄的花可分为两性花（完全花♂♀）、雌能花（♀）和雄花（♂）（图 1-10）。葡萄的花很小，完全花由花梗、花托、花萼、花冠、雄蕊、雌蕊组成。葡萄的花萼不发达，5 个萼片合生，包围在花的基部。5 个绿色的花瓣自顶部合生在一起，形成帽状的花冠。葡萄开花时花瓣自基部与子房分离，向上、向外翻卷，花帽在雄蕊的作用下从上方脱落，即为"脱帽状"开花。

完全花具有正常的雌雄蕊，花粉具有发芽能力，能自花授粉结实，绝大多数品种均为两性花。雌能花除有发育正常的雌蕊外，也有雄蕊，只是其花丝比柱头短或向外弯曲，花粉无发芽能力，表现为雄性不育，如'黑鸡心''安吉文'等品种以及部分野生种，它必须配置授粉品种才能结实。雄花仅有雄蕊而无雌蕊或雌蕊不完全，不能结实，此类花仅见于野生种，如'多裂叶蘡薁''刺葡萄'等。

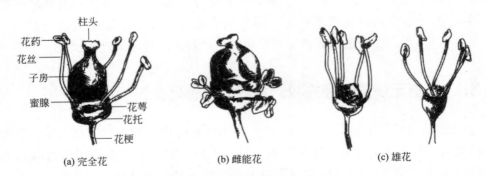

图 1-10　不同类型的葡萄花及其结构

32. 葡萄花授粉有哪几种类型？

按授粉方式可分成自花授粉、异花授粉和常异花授粉三类。葡萄大多数栽培品种是两性花，自花授粉可以正常结果。少数雌能花、雄花品种需要异花授粉才能结果。

不同的葡萄品种开花授粉类型也不尽相同，可以分为：

(1)自花授粉型。花冠脱落前花药就完全开裂，花粉散出，完成闭花受精的品种，如'巨峰''莎巴珍珠'，葡萄两性花品种普遍存在着"闭花受精"现象。

(2)异花授粉型。少数雌能花、雄花及雌雄异株品种，如'山葡萄''刺葡萄''毛葡萄'等。

(3)常异花授粉型。花冠脱落后花药才开裂的品种，如'玫瑰香''马奶子'等；还有花冠刚开始脱落或花冠脱落前 0.5~2 h 花药部分开裂的品种，如'京早晶''无核紫'等。

33. 葡萄花的大小差异大吗？

许瀛之等（2017）在中国农业科学院郑州果树研究所对 205 份葡萄种质材料的调查发现，盛花期的葡萄花序中，单朵花从花柄到柱头的长度分布在 0.42~1.05cm 之间，单朵花的直径分布在 0.15~1.25cm 之间。在欧美杂种葡萄中，单朵花从花柄到柱头的长度分布在 0.43~1.25cm 之间，单朵花的直径分布在 0.36~1.25cm 之间。单朵花从花柄到柱头的长度最大的品种是'爱欧娜'，长度最小的品种是'摩尔多瓦'；单朵花的直径最大的品种是'爱欧娜'，最小的品种是'碧绿珠'。

欧亚种中，单朵花从花柄到柱头的长度分布在 0.31~1.04cm 之间，单朵花的直径分布在 0.27~0.81cm 之间。单朵花从花柄到柱头的长度最大的品种是'绯红（美）'，长度最小的品种是'布拉金涅'；单朵花的直径最大的品种是'莱考德'，最小的品种是'布拉金涅'。

野生材料中，单朵花从花柄到柱头的长度分布在 0.42~0.93cm 之间，单朵花的直径分布在 0.15~0.62cm 之间。野生材料中单朵花从花柄到柱头的长度最大的品种是'塘尾葡萄'，长度最小的品种是'灵宝复叶'；单朵花的直径最大的种是毛葡萄，最小的种是山葡萄。

34. 葡萄花期的长短如何?

一般情况下,葡萄花序肩部、小穗花的顶部或中部先开放,渐及花序的中部和穗尖。每日上午 7~9 时为开放盛期,单个花序的开花期多为 4~6d,一株葡萄的花期一般为 5~8d,如遇阴雨和低温天气,可延长到 15d 左右。

不同葡萄品种花序开放时间有早有晚,开花持续时间长短不同。如果按开花时期早晚分,葡萄花序类型分为早开花型和晚开花型。 2017 年在中国农业科学院郑州果树研究所对 205 个葡萄品种的开花期进行调查发现,其开花期分布在 4 月 21 日至 5 月 16 日之间,每个品种从始花期到盛花期约为 2d,从盛花期到谢花期则为 4d,整个花期为 6~8d。 其中,野生材料开花最早,平均开花日期为 5 月 1 日,90%的野生材料为早开花型。 欧美种开花较早,开花期分布在 4 月 27 日至 5 月 10 日之间,79.3% 的品种盛花期集中在 5 月 4~7日之间,89.7%的品种为早开花型,10.3%为晚开花型。 欧亚种开花较晚,不同品种的开花期分布在 5 月 4~13 日之间,86.1%的品种盛花期集中在 5 月7~11 日之间,26.9%的品种为早开花型,73.1%为晚开花型。

35. 鲜食葡萄果实主要性状的变异范围如何?

随机对《中国葡萄志》中的 405 个鲜食葡萄品种的主要果实性状数据进行分析,结果显示,鲜食葡萄品种的果穗平均质量、果粒平均质量、可溶性固形物含量、可滴定酸含量均呈正态分布,具体的分布情况见表 1-4。

表 1-4 鲜食葡萄品种主要果实性状的变异性

果实性状	平均值	标准差	最小值	最大值	变异系数
果穗重/g	911.30	703.16	110.00	7350.00	77.16
果粒重/g	9.84	4.84	2.00	29.00	49.15
可溶性固形物含量/%	16.53	2.41	12.00	23.00	14.56
可滴定酸含量/%	0.63	0.22	0.23	1.50	35.46

根据葡萄果实香气的有无可将其分为无香、草莓香和玫瑰香三种,其中,无香味的比例最大,其次是草莓香味和玫瑰香味。

葡萄果粒形状各种各样,椭圆形和近圆形的鲜食葡萄品种数最多,占71.2%,扁圆形和束腰形的品种数最少。

葡萄果实颜色表现为浅颜色的品种数大于深颜色的品种数,数量顺序为无色品种 > 红色品种 > 黑色品种。

36. 常见的葡萄育种方法有哪些？ 不同育种方法选育的品种所占比重有多少？

葡萄育种方法主要有实生选种、杂交育种、芽变选种、倍性育种、诱变育种、生物技术育种（胚挽救育种、分子标记辅助育种和转基因育种）等 6 类方法。 根据郑州果树研究所统计的 1993~2010 年的育种数据发现，国外共培育了 173 个鲜食品种，其中通过杂交育种培育了 137 个鲜食品种，占 79.2%，该育种途径是国外主要的葡萄育种方法；芽变选种共 9 个，占 5.2%；胚挽救技术培育了 27 个，占 15.6%。 自新中国成立后至 2019 年，我国选育了 349 个品种，其中杂交育种选育出的品种数量为 234 个，占 67.0%，该育种方式仍为我国主要的葡萄育种途径；芽变选种次之，为 77 个，占 22.1%；实生选种为 34 个，占 9.7%；诱变育种最少，占 1.1%。

37. 什么是分子标记辅助育种？ 在葡萄育种中有什么应用？

分子标记辅助育种是 DNA 标记在实际育种和选择中的应用，是一种新型高效的植物改良方法。 与常规育种方法相比，它具有明显的优势，包括标记辅助选择（MAS）、标记辅助回交（MABC）、标记辅助基因聚集（MAGP）、标记辅助循环选择（MARS）和全基因组选择（GWS）等方面。 进行分子标记辅助育种的先决条件是：①获得充分饱和的遗传连锁图谱；②目标基因与相邻标记之间紧密连接；③标记与基因组其余部分之间可充分重组。

分子标记辅助育种具有广阔的前景，在葡萄中也已经进行了大量的 QTL 定位，但葡萄分子辅助育种计划也如同其他果树中的情况一样，多停留在理论层面。 这是因为葡萄属于典型的多年生果树，具有许多限制遗传研究分析与分子辅助育种实施的因素：①树体大，童期长，建立群体需要消耗大量的时间、人力以及空间成本；②遗传杂合度高，难以获得理想群体；③表型性状多为复杂的数量性状，有限的基因定位信息难以有效解释性状的遗传变异；④常规杂交育种亲本间的遗传差异小，性状相关 QTL 位点多样性低，利用常规杂交群体检测到的位点数量有限；⑤所定位到的 QTL 通常只局限在特定的杂交群体或少数种质中，在自然群体中的可重复性不强。

38. 如何缩短育种周期、提高葡萄育种效率？

（1）制订清晰的育种计划。确定育种目标、亲本品种、杂交组合和方式、杂交群体数量、不同品种的花期、实验地点、去雄和授粉时间及人工费用等。

（2）**确定亲本**。按杂交育种亲本选择的原则，筛选出具有独特香味、高糖、丰产、抗寒、抗病等优良性状的种质资源作为杂交育种的亲本材料。 有条件的情况下，可选择利用分子标记辅助的亲本。

（3）**后代群体提早鉴定**。通过对目标性状进行筛选或利用性状关联分析等方式对杂交后代提早鉴定。 随着分子技术的发展，可以根据分子标记更有效地筛选部分单株，淘汰不满足育种要求的后代。

（4）**提早结果**。通过高接、合理利用各种设施条件（如日光温室、塑料大棚、连栋大棚、塑料拱棚、避雨设施等）以及有效的生产管理措施等，加快育种后代的快速健壮生长。

（5）**后代群体结果后的进一步鉴定评价**。对葡萄杂交后代单株的果穗（形状、大小、松紧度）、果粒（形状、大小、肉质、果皮颜色）、风味（固形物含量、固酸比、香气）、生物学特性（产量、成熟期、长势、抗逆性）等性状进行综合鉴定评价，筛选出符合目标性状的葡萄优系。

39. 葡萄育种亲本选择选配有哪些原则？

在葡萄育种过程中，根据葡萄育种目标，以及结合育种的条件，做到近期需要与长远利益兼顾，同时处理好目标性状与非目标性状之间的关系，具体亲本选择遵循如下原则（表 1-5）。

表 1-5　亲本选择、选配原则

亲本选择原则	亲本选配原则
广：从大量种质资源中精选亲本	补：父母本性状互补
精：亲本应尽可能具有较多的优良性状	态：选用不同生态类型的亲本配组
明：明确亲本的目标性状，突出重点	优母：以具有较多优良性状的种质作母本
土：重视选用地方品种	符：亲本之一的性状应符合育种目的
高：亲本的一般配合力要高	高：用一般配合力高的亲本配组
多：先考虑数量性状，再考虑质量性状	期：注意父母本的开花期和雌蕊的育性
贵：优先用稀有可贵性状作亲本	

40. 我国主栽的一些优良鲜食葡萄品种的杂交育种亲本组合是什么？

对我国栽培的 20 个常见品种的亲本组合统计见表 1-6。

表 1-6　我国主栽的优良鲜食葡萄品种的育种亲本组合

序号	品种	种群	育种国家	亲本组合	育成年份
1	巨峰(Kyoho)	欧美杂种	日本	石原早生×森田尼	1945
2	夏黑(Summer Black)	欧美杂种	日本	巨峰×无核白	1968
3	红地球(Red Globe)	欧亚种	美国	$C_{12\sim80}×S_{45\sim48}$	1982
4	藤稔(Fujiminori)	欧美杂种	日本	红蜜×先锋	1978
5	阳光玫瑰（Shine Muscat)	欧美杂种	日本	安芸津21号×白南	2006
6	玫瑰香(Muscat)	欧亚种	英国	黑罕×白玫瑰香	1860
7	白罗莎里奥(Barosario)	欧亚种	日本	罗莎基×亚历山大玫瑰	1976
8	美人指(Manicure Finger)	欧亚种	日本	优尼坤×芭拉蒂	1984
9	魏可(Weike)	欧亚种	日本	库贝尔麝香×甲斐露	1998
10	醉金香(Marinated)	欧美杂种	中国	玫瑰香芽变×巨峰	1997
11	维多利亚(Victoria)	欧亚种	罗马尼亚	绯红×保尔加尔	1978
12	意大利(Italia)	欧亚种	意大利	比坎×玫瑰香	1911
13	里扎马特(Rizamat)	欧亚种	苏联	可口甘×帕尔肯特	不详
14	无核白鸡心(Centennial Seedless)	欧亚种	美国	Gold×Q25-6	1981
15	巨玫瑰(Muscat Kyoho)	欧美杂种	中国	沈阳玫瑰×巨峰	2000
16	葡萄园皇后(Queen Vineyard)	欧亚种	匈牙利	伊丽莎白×莎巴珍珠	1925
17	莎巴珍珠(Sabah Pearl)	欧亚种	匈牙利	匈牙利玫瑰×奥托捏玫瑰	1904
18	京蜜(Kyungmee)	欧亚种	中国	京秀×香妃	2008
19	京香玉(Jingxiangyu)	欧亚种	中国	京秀×香妃	2008
20	瑰宝(Treasure)	欧亚种	中国	依斯比沙里×维拉玫瑰	1988

41．什么叫系谱？ 葡萄系谱有什么重要作用?

　　植物系谱分析就是对亲缘关系较近的同家族植物后代的遗传关系进行研究。 分析葡萄系谱可以反映葡萄遗传关系的远近，也可以为葡萄育种中杂交亲本选用提供参考依据。

　　例如，'巨峰'和'玫瑰香'不仅是我国重要的栽培品种，也是我国葡萄育种体系中主要的骨干亲本，其系谱较大（图 1-11 和图 1-12）：

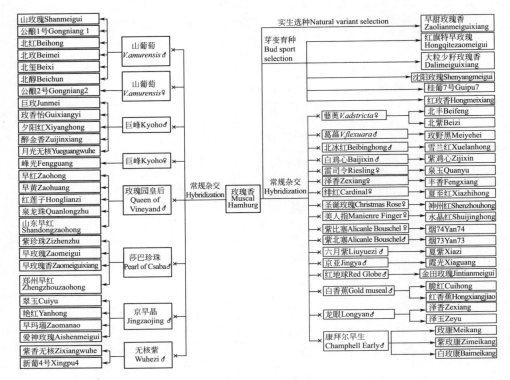

图 1-11 '玫瑰香'及其育成品种的系谱

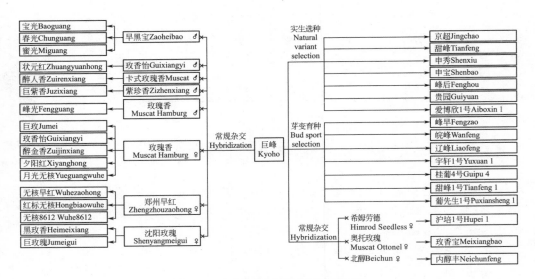

图 1-12 '巨峰'及其育成品种的系谱

42. 在葡萄杂交育种中，田间授粉的流程是怎样的？

(1)花粉的收集。花前3~4d采集父本较为成熟的葡萄花序，放在冰盒中带回实验室。去掉已经开放的花朵，再摘除剩余花蕾的花冠，放到28℃左右的大灯下晾晒12~24h，使其散粉到平展、清洁的白纸或玻璃板上，收集花粉并存于4℃冰箱备用。

(2)去雄套袋。花前3~4d用镊子轻轻摘掉母本每个花蕾的花冠，去掉雄蕊和花药。在去雄过程中要进行适当的疏花和整序，注意不要损伤柱头，且应仔细检查有无未去雄的花冠，去雄完全后套上纸袋扎紧。

(3)授粉。待柱头上开始分泌水滴状黏液时进行授粉。一般在无风的早晨用毛笔蘸取花粉到柱头上，授粉结束后再次把纸袋套回去。为增加授粉成功率，可以连续3d进行授粉。

43. 在构建葡萄杂交遗传群体时，如何降低葡萄自交率？

杂交群体不仅是育种材料，也是遗传研究的重要对象。由于葡萄品种花器小、花期短，绝大多数品种自花可育，且普遍存在"闭花受精"现象，故去雄时期对杂交效果影响很大。过早，花蕾太小不易去雄，易创伤柱头及子房，且发育不充分，杂交结实率低；过晚，易自花授粉结实，影响遗传群体创建的质量以及杂交育种的效果。

① 前期我们在'阳光玫瑰'花前4d、3d、2d和1d进行去雄套袋处理，分别有3.7%、6.5%、13.6%和21.1%的自交果实。因此最佳的去雄日期是开花前3~4d。

② 去雄时应把花药完全去净，同时避免花药开裂，花粉遗落在柱头上，操作要快。去雄结束后仔细检查有无未去雄的花冠，及时套袋并扎牢。

③ 早期鉴定与选择，可利用亲本的特异性分子标记，或双亲的 *MYB* 单倍型的特点，对后代群体进行鉴定与筛选。

44. 什么是葡萄诱变育种？具有什么特点？常见的葡萄诱变育种的品种有哪些？

(1)诱变育种。人为地利用物理和化学因素诱导植物的遗传物质发生变异，经过人工选择、鉴定，培育出新品种的方法。

(2)诱变育种的特点。突变率高，变异谱广；育种程序简单，变异稳定快，育种年限短；可有效改良品种的单一性状，保持其他优良特性；打破原有的基因连锁，有利于基因重组；克服远缘杂交不亲和性，改变植物育性；诱发突变的方向和性质难以掌握，有利突变频率较低；诱变往往是点突变，改良的性状有限；变异性状具不稳定性。

(3)**葡萄诱变育种的常见品种**。'长无核白''激早丰''牛辐 1 号''玫辐4 号''牛辐 2 号''玫辐 3 号''地辐一号'和四倍体'玫瑰香'等。

45. 什么是倍性育种？ 葡萄倍性育种有哪些类型？ 多倍体葡萄有什么特点？

(1)**倍性育种**。是通过人工诱发植物染色体数目发生变异，产生不同变异个体，并通过人工选择获得优良变异个体来培育新品种的育种技术。

(2)**葡萄倍性育种的类型**。一种是染色体数加倍的多倍体育种；另一种是利用染色体数减半的单倍体育种。 20 世纪 70 年代，开发了花药体细胞胚胎发生途径再生体系用于葡萄单倍体育种，但并未成功获得植株。 葡萄常用多倍体育种方法，包括三倍体育种和四倍体育种。

(3)**多倍体葡萄的特点**。生长旺盛、果实大且少籽或无籽、产量高、适应性和抗逆性强。

46. 葡萄染色体倍性鉴定的常用技术有哪些？

染色体倍性鉴定是葡萄育种的重要手段之一。 当前葡萄染色体倍性鉴定的方法可以分为直接鉴定法和间接鉴定法。

(1)**直接鉴定法**。染色体直接鉴定法又称染色体计数法，可准确、直观地鉴定染色体倍性，是目前进行染色体倍性鉴定使用最多的方法之一。 主要包括染色体常规压片法、染色体去壁低渗压片法。

(2)**间接鉴定法**。间接鉴定法不能直接进行染色体计数，是通过观察植株形态、细胞形态，进行杂交试验，或采用微观分子技术来间接进行染色体倍性鉴定。 主要包括植物形态学鉴定法、细胞形态学鉴定法、梢端组织鉴定法、生理生化鉴定法、杂交后代鉴定法、流式细胞仪分析法、同工酶电泳鉴定法以及分子标记技术。

47. 什么是芽变选种？ 目前有哪些优良的葡萄芽变品种？

(1)**芽变及芽变选种**。芽变是体细胞突变的一种，即芽的分生组织细胞自然发生的遗传物质的突变，当突变芽萌发成枝条或繁殖成植株，并在性状上表现出与原类型不同时，即为芽变。芽变选种是指对芽变发生的变异进行选择，从而育成新品种的选择育种法。芽变往往是从优良品种中发现的品种类型，具有成熟期更早、品质性状更优良或抗性更强等特点。

（2）优良的芽变品种

① 鲜食葡萄品种。'早夏香''早夏无核''绍兴一号'（'夏黑'芽变）'百瑞早'（'8611'芽变）'甬优 1 号'（'藤稔'芽变）'大无核白''长穗无核白'（'无核白'芽变）'户太 8 号'（'奥林匹亚'芽变）'紫玉'（'高墨'芽变）'大玫瑰香'（'玫瑰香'四倍体芽变）'黑王'（'巨峰'芽变）'粉玫瑰'（'白玫瑰香'红色芽变）'红高'（'意大利'着色芽变）。

② 酿酒葡萄品种。'灰比诺''早比诺''比诺努阿里安'（'黑比诺'芽变），'比诺沙尔得涅''玫瑰沙斯拉''粉红沙斯拉'（'白比诺'芽变）。

48. 如何提高葡萄种子发芽率？

种植葡萄之前要对其种子进行催芽处理，这样能减少它的生长时间。催芽的方法有温水催芽、变温催芽、沙藏催芽以及药物催芽等 4 种方式。

（1）温水催芽。将新鲜种子放在温度 40～45℃水中不断搅拌，水温低于室温时停止，可以促进葡萄种子发芽。

（2）变温催芽。变温催芽就是把新鲜种子放在热水中不断搅拌 5min 之后，再放到冷水中浸泡，持续 2～3d，即可催芽。水的温度要求最好在 10～60℃ 之间，温度太高会烫熟种子。

（3）沙藏催芽。在每年 3～4 月份进行沙藏催芽，具体方法是将葡萄种子和湿沙充分混匀后置于 1～10℃温度中，经 2 个月左右的低温处理可以有效地解除休眠。注意沙的湿度以手握能成团但不滴水，一触即散为准。

（4）药物催芽。新鲜葡萄种子以 2000～2500mg/L 赤霉素（GA_3）浸泡处理 24h，其发芽率可显著提高。

49. 什么是实生选种？葡萄实生选种是否等同于自交选种？

实生选种是从自然授粉产生的种子播种后形成的实生植株群体中，采用混合选择或单株选择获得新品种的方法。

葡萄实生选种不等同于自交选种。这是由于实生选种既可能是自花授粉，又可能是异花授粉，或两者相结合，后代有一定程度的杂交个体。在自由授粉情况下，葡萄两性花品种既能自花授粉，又能异品种授粉，雌能花品种仅能异品种授粉。 而葡萄自交选种指的是从同一品种、同一植株或同一花朵的授粉所获得的后代中进行品种选择的方法。

50. 什么是分子设计育种？ 怎样进行分子设计育种？

分子设计育种是通过各种技术的整合与集成，对作物从基因（分子）到整体（系统）不同层次进行设计和操作，在实验室和田间反复对育种程序中的各种因素进行模拟、筛选和优化，实现从传统的"经验育种"到定向、高效的"精准育种"的转化，大幅度提高育种效率，全面提升育种水平，培育突破性新品种（图 1-13）。

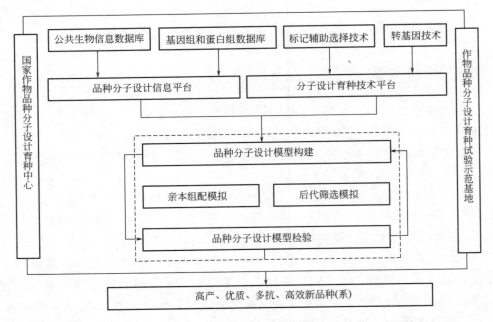

图 1-13　分子设计育种流程

分子设计育种的概念最早是由荷兰科学家 Peleman 和 Van der Voort 于 2003 年提出的，他们申请了"Breeding by design"的商标，并指出分子设计育种的理论基础在于对作物中控制目标性状的 QTLs 位点的定位与分析，以及各个基因座的等位变异对表型的效应值。

51. 世界上第一次成功获得葡萄转基因苗是哪一年？

1996 年，以色列农业部 Volcani 中心果树育种与分子遗传研究所的 Perl

等（1996）学者获得首株转基因葡萄植株。

52. 葡萄的倍性及染色体的数量是多少？

葡萄多为二倍体，共有 19 对 38 条染色体（图 1-14，彩图），但是在进化和选育过程中亦有四倍体和三倍体存在，且葡萄大多为无性繁殖，因此可以稳定地保存不同的倍性遗传物质。多倍体葡萄具有生长旺盛、产量高、种子数量少的特点，在生产上被广泛推广。

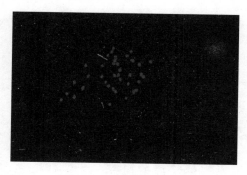

图 1-14 ‘黑比诺’葡萄染色体图（裴丹提供）

裴丹等（2019）通过流式细胞仪测定了 208 个品种的染色体倍性，发现其中二倍体品种 138 个，三倍体品种 11 个，四倍体品种 59 个。

53. 葡萄是第一种全基因组测序的果树吗？

葡萄是第一种全基因组测序的果树。2007 年 7 月，法国 Genoscope 国家基因测序中心的遗传学家 Patrick Wincker 领导的由法国和意大利组成的科学家团队首次报道了‘黑比诺’自交近纯合系 PN40024 的基因序列。同年 12 月，意大利科学家 Velasco 等所组成的另一个团队也对杂合‘黑比诺’EN-TAV 115 的测序结果进行了报道。虽然测序用的材料不同，但两个团队所得到的预测基因数、基因组大小都比较相似。其后又有美国、乌拉圭、智利、澳大利亚和加拿大等国使用新的方法对不同的葡萄材料进行了全基因组测序（表1-7）。

表 1-7 不同时期的葡萄测序及其主要信息

测序材料	时间	国家	测序方法	预测基因数	基因组大小/Mb
Pinot Noir/PN40024	2007	法国/意大利	一代 Sanger 技术	30434	487

测序材料	时间	国家	测序方法	预测基因数	基因组大小/Mb
Pinot Noir/ENTAV 115	2007	意大利	一代 Sanger 测序	29585	504.6
Tannat	2013	乌拉圭	二代测序技术	29971	482
Sultanina	2014	智利	二代测序技术	30674	466.7
Cabernet Sauvignon	2016	美国/意大利	PacBioSMRT	17946	590 重叠群+368 单倍体
Chardonnay/I10V1	2018	澳大利亚/加拿大	PacBio SMRT	29675	490 重叠群+378 单倍体
Carménère	2019	美国	PacBio SMRT 和二代测序技术	40684	500

54. 葡萄全基因组测序的意义是什么？

(1)有利于推动葡萄物种起源的研究。大多数植物在进化过程中都可能会经历全基因组复制事件，这也同样推动了葡萄的进化。 Jaillon 等（2007）根据葡萄全基因组测序结果进行了系统进化分析，结果表明葡萄在进化早期发生了古六倍体化复制事件，在近代未发生全基因组复制事件。 在全基因组测序结果的基础上，又有研究选择不同品种、品系或个体进行全基因组重测序，进一步探索葡萄的起源与驯化历程，从而为葡萄育种鉴定有价值的遗传资源提供重要的科学参考。

(2)有利于葡萄重要基因的挖掘。全基因组序列有助于对葡萄花、果、叶等生长发育、代谢过程以及抗生物与非生物逆境相关的基因进行挖掘；并可以进行重要基因家族的比较基因组学的分析，验证基因的功能，进而提高对葡萄生长发育的认知水平，加快优良品种的选育，并有助于制订科学的栽培管理措施。

(3)推动高精度图谱的构建及 QTL 定位。葡萄全基因组序列对于遗传图谱以及物理图谱的构建具有重要参考价值。 利用葡萄基因组中的 SNP（Single Nucleotide Polymorphism）标记或多态性 SSR（Simple Sequence Repeat）标记构建高精度遗传图谱及物理图谱已成为葡萄全基因组测序后续研究的重要内容。 如 Vezzulli 利用来自 3 个葡萄栽培种的 283 个 SSR 标记以及501 个 SNP 标记构建了综合遗传图谱。 结合全基因组测序信息可促进葡萄重要数量性状位点（QTL）的定位，有助于葡萄新品种的选育及果实品质的改良。

（4）推进多组学研究。 在全基因组测序基础上，可以对葡萄不同时期、不同组织材料，野生型与突变体材料，未胁迫处理与各种胁迫处理（低温、干旱、高盐和 ABA）材料之间的转录组学（Transcriptomics）、代谢物组学（Metabolomics）、蛋白质组学（Proteomics）和降解物组学（Degradomics）进行比较研究。

（5）推进葡萄基因信息数据库的构建。 随着葡萄研究的不断发展，包括葡萄全基因组序列、转录组、蛋白质组和代谢组数据、基因型和表型数据、遗传图谱与物理图谱等在内的大量生物学信息需要利用生物信息学工具和数据库进行分析、贮存、整合以及传播。目前已经构建了葡萄基因组学和生物信息学数据库，在该网站可以搜索及下载全基因组序列、代谢数据等。该数据库可为深入开展葡萄基因组学以及分子生物学等研究提供丰富的资源。

55. 什么是遗传图谱？ 其具有什么意义？ 葡萄的第一个遗传图谱是哪一年发表的？

遗传图谱（Genetic Map）也被称为连锁图谱，是以基因连锁、重组交换值构建的图谱，图距为 cM（厘摩）。在全基因组序列首次发布之前，遗传图谱可作为标记和基因定位的参考，有助于结合物理图谱对分子标记进行物理锚定，同时可以测量不同标记或基因间的重组率。

Lodhi 等人 1995 年报道了葡萄的第一个遗传图谱。该群体使用 Cayuga White × Aurore 及其 60 个杂交后代，主要基于 422 个 RAPD、16 个 RFLP 和同工酶标记，使用双假测交策略构建了遗传图谱，标记间的平均距离为 6.1 cM，'Cayuga White' 图有 214 个标记，覆盖 1196 cM，'Aurore' 图则覆盖 1477 cM，有 225 个标记。'Cayuga White' 图由 20 个连锁群组成，而 'Aurore' 图由 22 个链接组构成。每个连锁群的大小在 'Aurore' 中为 14~135 cM，在 'Cayuga White' 中为 14~124 cM。

56. 葡萄第一个定位的 QTL 是什么，目前已经定位了多少个 QTL 基因？

Doligez 于 2002 年通过连锁图谱（包括 250 个 AFLP 标记，44 个 SSR 标记，3 个同工酶标记，2 个 RAPD 标记，1 个 SCAR 标记和 1 个果实颜色表型标记），检测出与果实相关性状的第一个 QTL。截至 2019 年，已有超过 70 篇文献介绍了超过 150 个 QTL 及基因定位研究，涉及葡萄果实、叶片、抗病性、抗逆性等多个方面近 50 种性状，定位所利用标记类型包括 RAPD、AFLP、SSR 以及 SNP。

57. 什么是基因表达？ 研究葡萄基因表达常用的方法及其意义

基因表达（Gene Expression）是在一定遗传背景的调控和适宜的细胞内环境条件下，生物体内贮存遗传信息的基因通过转录为 mRNA，编译为蛋白质而得到表现的过程。 即遗传信息从核酸（主要是 DNA）到蛋白质的传递过程。 产物通常是蛋白质，但对于非蛋白质编码基因，如转运 RNA（tRNA）和小核 RNA（snRNA），产物则是 RNA。 所有已知生物都通过基因表达来形成生命所需的高分子物质。

基因转录是基因表达的第一步，因此经常被用来作为研究基因表达的主要方式。 基因表达研究常见方法主要有实时荧光定量 PCR 法、半定量 RT-PCR 法、Northern 杂交印迹法、RNA 原位杂交法、基于 EST 序列的生物信息学预测法、基因芯片法以及转录组测序法等。 基因的活动反映了生物体的状态，其变化特点也是有关性状乃至生长发育走向的前期航标，因此利用基因表达信息来探究葡萄的生理与生化代谢规律越来越现实与重要。

58. 什么是转录组？ 研究转录组有何意义？ 如何对葡萄转录组进行测量？

转录组（Transcriptome）广义上指某一生理条件下，细胞内所有转录产物的集合，包括信使 RNA、核糖体 RNA、转运 RNA 及非编码 RNA；狭义上指所有 mRNA 的集合。

转录组学研究描述了发育过程中全基因组表达和共表达的动态变化（这些变化是对环境的反应），以及这些过程在样品之间的变化，这有助于确定这些反应中涉及的代谢和信号传导途径。 研究转录组还可通过解析全长及单个转录用于改善参考基因组的注释，并有可能了解与转录相关的基因亚型。

在过去的几十年中，用于测量转录组的方法已经发生了变化和改进。 早期的转录组研究是使用 Sanger 测序或基于凝胶的分析方法来表征基因表达差异，实验相对复杂且昂贵。 而现如今常用的 RNA 测序（RNA-seq）和同种型测序（Iso-Seq）不需要预定义转录本特异性探针，能够以更高的灵敏度测量表达并注释新的转录本。

59. 什么是 EST？葡萄 EST 有多少？

EST 是 Expressed Sequence Tag 的缩写，意思是表达序列标签，指从一个随机选择的 cDNA 克隆，使用低通量 Sanger 测序进行 5' 端和 3' 端单一次测序获得的短 cDNA 部分序列（图 1-15）。

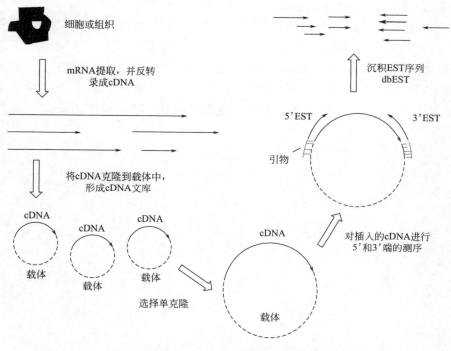

图 1-15 EST 形成的示意图

EST 作为表达基因所在区域的分子标签，因编码 DNA 序列高度保守而具有自身的特殊性质，与来自非表达序列的标记（如 AFLP、RAPD、SSR 等）相比不受家系与种的限制，因此 EST 标记在亲缘关系较远的物种间比较基因组连锁图和比较质量性状信息特别有用。同样地，由于不同物种间的 EST 序列具有一定的保守性，因此对于一个 DNA 序列缺乏的目标物种，来源于其他物种的 EST 也能用于该物种有益基因的遗传作图，加速物种间相关信息的迅速转化。

EST 的用途主要有以下几方面：①用于构建基因组的遗传图谱与物理图谱；②作为探针用于放射性杂交；③用于定位克隆；④借以寻找新的基因；⑤作为分子标记；⑥用于研究生物群体多态性；⑦用于研究基因的功能；⑧有助于品种的改良；⑨促进基因芯片的开发等。

Parkinson 和 Blaxter 于 2009 年首次利用 EST 研究了葡萄中大量的基因表达。 目前在 Genebank 中共贮存了葡萄 446623 条 EST 序列，可通过 NCBI Blast 功能进行比对及提交新的 EST。

60. 什么是 RNA-seq?

基于 NGS（Next Generation Sequencing，下一代测序技术）测序技术直接对葡萄中所有的 cDNA 进行测序，将测序结果与参考序列进行比对并统计测序片段的数量，对葡萄基因的表达进行绝对定量，这种技术被称为 RNA-seq。 其是目前葡萄转录组分析的最主流方式，此外该技术还用于检测新的转录本、单核苷酸多态性和剪接变体。 RNA-seq 在葡萄研究中的首次应用是 2010 年对'Corvina'葡萄浆果的三个发育阶段基因表达进行的研究。

第二章
葡萄生长发育

61. 葡萄果实结构与组成？

葡萄的果粒是浆果，所以葡萄果实又常称为葡萄浆果。 葡萄的果实是由子房发育而成，子房壁形成果皮，共分三层，分别为外果皮、中果皮和内果皮。 心室位于果实中心，一至数个，每室有一至多个胚珠，发育形成种子。 葡萄外果皮较薄，与中果皮有明显的界线，由表皮或与其邻近的某些组织构成，外被果粉。 葡萄中果皮与内果皮无明显界限，成熟时内果皮细胞分离成浆状。

葡萄果实由果梗（果柄）、果蒂、果刷、果肉、果心、果皮和种子等组成（图 2-1）。 不同品种的果粒形状、大小、果皮颜色、果粉厚薄、皮肉分离难易、果核分离难易以及肉质软硬和风味品质差别很大，这些都是区分品种的重要特征。

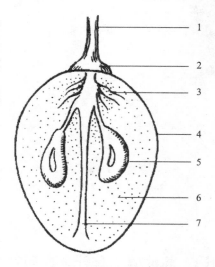

图 2-1 葡萄果实的结构

1—果柄；2—果蒂；3—果刷；4—果皮；
5—种子；6—果肉；7—维管束

62. 什么是葡萄果刷？ 葡萄果刷有什么类型？

葡萄果粒维管束由周缘维管束、中心维管束和胚珠维管束组成。 果柄内部的维管束在果蒂与果粒连接处分离，一部分沿靠近外果皮的果肉内分布，在果粒外围延伸形成周缘维管束。 其余的维管束沿果粒纵向中轴向果顶延伸，一部分分离出来与果粒种子相连称为胚珠维管束；另一部分一直延伸至果顶处形成中心维管束。 断裂后的果粒维管束就是果刷，这几类维管束的断裂情况决定了果刷的形态。

葡萄的果刷类型根据果粒维管束的断裂情况分为两大类 7 种类型（图 2-2）：完整型果刷（粗长型、细长型、粗短型、细短型）；不完整型果刷（胚珠维管束断裂型、无果刷或果刷极短型、无周缘维管束型）。

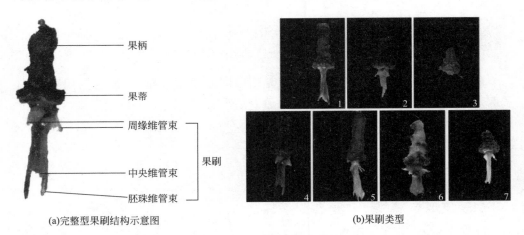

(a)完整型果刷结构示意图　　　　　　(b)果刷类型

图 2-2　果刷结构及果刷类型

1～3—不完整型果刷；4～7—完整型果刷；1—'高砂'-无周缘维管束型；2—'NY14528'-
胚珠维管束断裂型；3—'早熟黑虎香'-无果刷或果刷极短型；4—黑×国-粗长型；
5—'康能无核'-细长型；6—'巧吾什'（'白玉'）-粗短型；7—'斯蒂本'-细短型

63. 葡萄果刷有什么作用？

果柄果刷是连接穗梗和果粒的重要部位，具有以下两方面的作用：

① 起到运输水分和营养物质的关键作用。

② 具有固定作用。 果刷与果粒分离的难易程度（耐拉力）影响着果实采后贮藏特性，果柄脱落一般伴随着果刷的脱落，果刷与果肉粘连的紧密程度在一定程度上影响了果实的耐贮性。 而耐贮性是评价葡萄品种特性的一个重要

指标，果粒脱落明显降低了果实的贮藏价值。

64. 葡萄花序、果穗形状特征

葡萄花序数量直接制约产量，花序类型决定果穗的类型。了解花序果穗的形状特点，对于生长发育进程的判断、果穗质量的评估有重要参考价值。现针对葡萄花序、果穗的不同形态特征进行如下分类。

自然生长条件下葡萄花序类型按紧凑程度分为紧凑花序和松散花序两大类。欧亚种与欧美杂种葡萄中紧凑花序和松散花序所占比例不同。欧亚种中，花序松散的类型占 60.3%，花序紧凑的类型占 39.7%。欧美杂种中，花序松散的类型占 48.8%，花序紧凑的类型占 51.2%。花序形状决定果穗形状，花序紧凑的品种成熟后果穗也紧凑，花序松散的品种果穗也松散。

根据花序与果穗形状特点，可将其分为长圆锥、短圆锥、长圆柱、短圆柱四种（图 2-3）。果穗的形成过程是动态变化的，根据田间调查可知，任何一

图 2-3　不同形状花序、果穗及其发育变化情况（黄雨晴提供）

1—紧凑型花序，'达米娜'；2—松散型花序，'北红'；3—短圆柱花序，'赤霞珠'；4—长圆柱花序，
'白玉'；5—短圆锥花序，'红地球'；6—长圆锥花序，'比塞尔'；7—短圆柱果穗，'香槟'；
8—长圆柱果穗，'天秀'；9—短圆锥果穗，'赤霞珠'；10—长圆锥果穗，'红地球'；
11—不同形状花序的发育变化及不同形状果穗的来源情况,红色代表形状不变的比例

种形状的花序都有可能发育为这 4 种形状的果穗。 通过对中国农业科学院郑州果树研究所 256 份葡萄种质资源花序发育情况的跟踪调查,发现其中 123 个品种的花序与果穗的形状是一致的,占总比例的 48.05%,其余的 133 个品种的形状在发育过程中都发生了变化。 从花序发育的变化情况来看,短圆锥花序有 68% 形状不变,是 4 种花序类型中形状最稳定的;其次是长圆锥花序,有 49.62% 形状不变;与之相对的是 74.19% 的长圆柱花序的形状发生了变化。从不同形状果穗的发育来源来看,长圆锥果穗有 77.38% 来自相同形状的花序,在长圆柱果穗中有 79.49% 来自其他形状的花序。

65. 葡萄花序着生初节位有什么特点?

花序着生的节位影响枝条的修剪长度以及树体大小,尤其是影响生长季修剪方式。 了解葡萄花序着生位置,对葡萄开花习性有较全面认识,便于修剪时进行低、中、高节位的分类管理。 田间调查发现,鲜食品种中,第 1 花序着生节位分布在 1~8 之间(图 2-4),在第 4 节位的品种占 38.4%,分布最少的初节位为第 7 节,欧亚种花序着生初节位比欧美杂种高 0.8 个。 欧美杂种花序着生平均初节位为 3.6,初节位大部分分布在第 3 或第 4 节,占 80.2%。欧亚种着生平均初节位为 4.38,初节位大部分分布在第 4 或 5 节,占 72.4%,且第 4 和 5 节的比例相近,分别为 36.4% 和 36.0%。 野生种质花序着生平均初节位为 3.6,主要分布在第 2、第 3 节位,占 79.1%,初节位分布在第 3 节的最多。

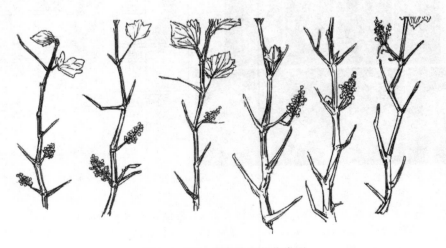

图 2-4　第一花序着生节位类型

66. 葡萄花序着生节位有什么特点？

葡萄一根枝条上着生的花序数量分布在 1~4 个之间，每个品种单根枝条上平均有 1.35 个花序，有 68.99% 的葡萄品种每根枝条上的花序数量为 1 个，29.70% 为 2 个，仅有 1.31% 为 3 个及以上。葡萄花序着生的节位为第 1~7 节，平均节位为第 3.65 节，其中，分布最多的是第 3、第 4 节，分别占 32.01%、34.53%；分布最少的是第 1 节和第 7 节，分别占 1.22% 和 0.08%。欧美杂种一根枝条着生花序数量主要为 1 或 2，平均为 1.22 个，且 80.12% 的品种的花序数量仅有 1 个。其中，'早康可'着生花序数量最多，平均为 2.67 个。欧美杂种平均节位为第 3.25 节，分布最多的为第 3 节，占 41.60%。其中节位最高的是'金手指'，平均节位为第 5 节；最低的是'爱欧娜'，平均节位为第 1.33 节。欧亚种一根枝条着生的花序数量平均为 1.37，高于欧美杂种，且着生花序数量为 1 和 2 的品种分别占 64.50% 和 34.57%。其中，'贝加干'着生花序数量最多，平均为 3 个。欧亚种平均节位为第 3.79 节，同样高于欧美杂种，分布最多的为第 4 节，占 36.96%。其中节位最高的是'阿马斯'，平均节位为第 6 节；最低的是'米勒吐尔高'，平均节位为第 1.83 节。

67. 葡萄不同节位都能成花吗？

从前人的大量研究中发现，很多葡萄品种的一年生枝蔓从基部节位到顶端节位上的冬芽都可能进行花芽分化，并在翌年开花结果。葡萄是光照长短不敏感型果树，在温度与光照满足的情况下，任何时间都有成花的可能。有报道指出，在以'藤稔'葡萄为材料进行不同节位花芽发育进程的实验中，对葡萄一年生枝条不同节位（第 2、5、8、11、15、22、28、33 节位）进行短截处理（下部的芽均抹掉，只保留顶部两个芽），发现保留的顶部芽第二年都能抽生花序。这表明'藤稔'葡萄新梢不同节位的冬芽从下往上逐渐分化，由于基部的冬芽发育时间早于上部冬芽，所以从冬芽发育时间长短来看，基部节位花芽发育的时间长于上部节位的芽，基部节位花芽发育的时间长达一年或一年以上。尽管葡萄不同节位的芽发育时间长短不一致，但次年均能成花，花期基本一致，说明不同节位花芽发育进程存在"渐趋同步"现象。

68. 花芽分化分为哪两个时期?

葡萄的花具有独特的结构和发育过程。葡萄的花芽分化可以分为花序分化和花器官分化两个阶段。

(1)花序分化阶段。此阶段形成圆锥花序,分化时间长,从5月初开始,持续到第二年萌芽前。花序分化可分为6个时期:①未分化时期。芽生长点狭窄,呈高圆丘形。②花序分化时期。也称苞叶分化期,该期生长点体积横向扩大,顶端变平产生突起,呈"元宝"状,这是花序开始分化的标志。终花后2周第一花序原始体形成。③二级轴分化期(第二次花序原始体形成)。花序开始分化后,迅速进入二级轴分化期。④三级轴分化期(第三次花序原始体形成)。二级轴分化后20~30d进入三级轴分化期。⑤四级轴分化期(第四次花序原始体形成)。一般前4个时期经历2个月左右,三级轴分化完成后不再分化,进入四级轴分化期。此阶段时间最长,次年树液流动后才开始四级轴分化。⑥五级轴分化期。也叫小花原始体形成期,大约在第四次花序原始体分化后10d左右开始。

(2)花器官分化阶段。该阶段时间较短,大约在第二年春萌芽前后完成。从伤流开始至萌芽、展叶到十叶期。可分为4个时期:①花萼分化期。展叶后1周,花序先端小花首先进入萼片分化,小花原始体迅速扩大,四周出现突起。②花冠分化期。展叶后第2周便进入花冠分化期,此阶段小花原始体迅速膨大。③雄蕊分化期。花冠分化后,展叶后第3周进入雄蕊分化期,比花萼分化到花冠用时短,雄蕊分化前期只在花冠原始体内侧见一点小突起,雄蕊分化后期突起明显增大。④雌蕊分化期。展叶后第4周,随着雄蕊原始体的发育,在雄蕊原始体内侧产生1个小点突起,继续增大分化形成子房,接着很快形成胚珠,花器官分化完毕。

69. 影响葡萄花芽分化的主要因素有哪些?

影响葡萄花芽分化的因素主要有树体营养、养分管理、内源激素水平、环境条件以及器官效应等。同一品种花序的大小与新梢粗壮程度呈极显著正相关,新梢越粗壮,成熟度越高,花芽分化越好,果枝率越高,花序越大,花朵数越多;矿物营养素能维持葡萄开花过程中细胞液的正常状态,有机营养是葡萄花芽分化和花器官形成的物质基础,糖类对花蕾的形成尤为重要;赤霉素、细胞分裂素、生长素、脱落酸、乙烯等内源激素的含量及其相对比值,也影响葡萄花芽的持续分化;强光有利于花芽的形成和持续分化,弱光下葡萄芽的形成和分化会受到不利影响；25～30 ℃最适合葡萄的花序分化和花器官分化，温度过低（低于 20 ℃）或过高（高于 35 ℃）时，均不利于花芽分化；适当的水分胁迫可以减缓植株生长，促进光合产物的积累，有利于花的形成，但过度干旱胁迫抑制花的形成。芽在枝条上的位置不同，其成花能力也不同；叶片和分枝也影响葡萄的花芽分化。

70. 葡萄卷须怎样分类？

葡萄的卷须属于茎卷须，与花序同源。根据卷须形态，葡萄卷须分为分叉、不分叉型，欧亚种葡萄的卷须多为二分叉或三分叉型（图 2-5）。

根据卷须存在的形式，葡萄卷须分为完全卷须和不完全卷须（基部着生卷须的花序和基部着生花序的不完全卷须）。葡萄卷须的着生位置与花序相同，均着生在叶的对面，但卷须在新梢上的着生方式随品种而异，欧亚种一般为间歇式着生（2002 年，Boss 和 Thomas 报道欧亚种酿酒葡萄品种 'Pinot Meunier' 矮化突变体的每个节位上都着生花序，没有卷须形成），美洲种卷须通常为连续式着生。

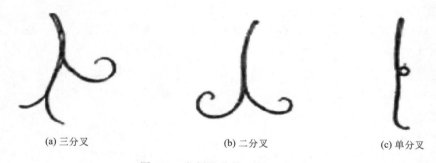

(a) 三分叉   (b) 二分叉   (c) 单分叉

图 2-5 卷须的分枝形状示意图

71. 葡萄树体结构是什么？

葡萄的树体结构是由主干、主蔓、侧蔓、结果母枝、结果枝、发育枝和副梢组成的（图 2-6）。

主干是指从植株基部（地面）至茎干上分枝处的部分。主干的有无或高低因植株整形方式的不同而不同，依据主干的有无，可分为有主干树形和无主干树形。

主蔓是着生在主干上的一级分枝，是直接由地面处主干基部长出的。主蔓数目因树形需要和品种的生长势而异。

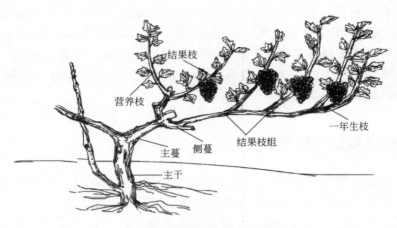

图 2-6 葡萄各部位枝蔓的称谓

侧蔓是主蔓上的分枝。 侧蔓上的分枝称为副侧蔓。 主蔓、侧蔓、副侧蔓组成植株的骨干枝。

结果母枝是指成熟后的 1 年生枝，其上芽眼中的冬芽能在翌年春季抽生结果枝。 结果母枝可着生在主蔓、各级侧蔓或多年生枝上。

将结果母枝下方成熟的 1 年生枝剪留 2~3 个芽，即可作为预备枝，翌年发生的新梢将成为结果枝。 在树体健壮、肥水管理良好的情况下，这些预备枝上的芽在修剪后的当年也可抽生花序，而成为结果母枝。

各级骨干枝、结果母枝、预备枝上的芽萌发抽生的新蔓，在落叶前称为新梢。 带有花序的新梢为结果枝，不带花序的新梢为发育枝（或生长枝）。 结果母枝抽生结果枝的比例与品种、栽培条件有关。

落叶前，从新梢叶腋间抽生的枝条称为副梢。 直接着生在新梢上的副梢称为二次梢，二次梢上的副梢称为三次梢。 在良好的条件下，许多品种的副梢也可着生花序，并能结二次果。

72. 葡萄的伤流是什么？

树液（Sap）是指树干液流，即植物体内流动的液体。 根据时期不同，树液可分为休眠期树液和生长期树液；根据位置不同分为木质部树液和韧皮部树液，分别由导管单向和筛管双向运输。 木质部树液的流动受到根压和蒸腾作用的共同调控，具有单向性。 休眠期树液的存在保证了葡萄冬季休眠期间的生命力，并为其提供了萌芽前的营养，增强了对各种生物胁迫、非生物胁迫的抵抗作用。

伤流（Bleeding Sap）是指休眠期树液从受伤的组织伤口处流出液体的现

象。 葡萄的伤流出现在春天树液开始流动至萌芽展叶的一段时间内，这一时期称为葡萄树的伤流期（Bleeding Period）。

英国传教士 Stephen Hales 首次证实了伤流在葡萄树上的存在，它一般从发芽前 20d 左右开始。 当土壤表层地温达到 8~10℃时，葡萄根系开始从土壤中吸收水分和营养物质，此时树体内液体开始流动并进行一系列的生化反应。 如果这时对葡萄进行修剪或不慎造成创伤，树液就会从剪口或伤口处大量流出（即伤流现象）。 伤流液呈弱酸性，含有可溶性糖、有机酸、皂苷、蛋白质、氨基酸、矿质元素、多酚等有效成分，其中糖主要为果糖、葡萄糖和半乳糖 3 种，含量为 420 ~ 3100 mg · L^{-1}；酸为草酸、酒石酸、苹果酸、乳酸和柠檬酸 5 种，总酸的含量在 400 ~ 1400 mg · L^{-1} 之间；氨基酸共 16 种，总量为 209.76~ 531.35 μg · mL^{-1}；主要矿质元素有 10 种，K > Ca > P > S > Mg > Na > Mn > Zn > Cu > Fe；激素共 9 种，含量在 0.2 ~ 20ng · mL^{-1}，其中 ABA > IAA > JA > ZR > IPA > GA$_4$ > DHZR > GA$_3$ > BR。 除含有大量的水分及营养物质外，伤流液中还有少量的蛋白质、RNA 等。

73. 影响伤流的主要因素是什么？

影响伤流的因素包括品种、日变化、温度、湿度、枝条长短、枝条位置等。 首先品种方面，不同品种伤流量差异非常大，据 2014~2016 年江苏省南京地区调查结果显示，'白罗莎里奥'的伤流量在常见品种中最大，'夏黑'和'巨峰'次之，'魏可'伤流量最小。 '白罗莎里奥'葡萄枝条最大日伤流量为 380~540 mL，未愈合情况下可持续发生伤流现象 35~47d，高峰期维持 10d 左右，整体呈现先上升后下降的趋势，且多年生的葡萄苗木比一年生苗木的伤流更为严重。 其次日变化方面，葡萄在伤流前期白天流量高于夜晚，而后期接近萌芽阶段夜晚流量比白天高。 另外，枝条长度和位置与伤流强度有直接联系，葡萄伤流多呈现随机性，与相对于主蔓或主干的距离无关，但长枝流量总是大于短枝，1 年生枝条的伤流切口处最为澄清，浓度低。 最后环境条件是影响伤流时空分布的重要因素，其中土壤水分含量是决定液流的决定性因素，温度次之。

造成伤流的主要原因有以下几个方面：一是葡萄根系即将萌动或已萌动时，枝蔓上有新创而未愈合的伤口；二是葡萄的根系比上部的芽萌动早，树液已开始流动而芽还未萌发；三是葡萄的根压大（根系吸水引起的液流从根部向地上部上升的压力），促使根部原来贮藏和新吸收的水分源源不断地向上输送，而芽又未萌动，无处消费和蒸腾。

74. 出现伤流对葡萄生长发育有影响吗？

伤流是植物的一种正常生理现象，其对于葡萄生长和产量有着一定的不利影响，过多的伤流对生长和花芽分化有不良作用。伤流液中含有丰富的矿物质、蛋白质、氨基酸等营养物质，由于营养物质的流失，会使花期有明显的延迟。伤流对不同品种造成的伤害程度不一样，以'白罗莎里奥'为例，伤流处理的葡萄枝条萌芽时间与正常枝条没有较大差别，但是花期较正常枝条晚 2~4d，抽生新梢的长度也比未处理枝条较短。伤流处理的枝条萌芽率和结果枝率均低于正常生长的葡萄枝条，伤流严重时结果枝率下降 40%。

在生产实践中，为降低伤流对葡萄的不利影响，要做到以下几个方面：提早冬季修剪，尽量选用短枝修剪方式，并减少冬剪枝条的留量，尽可能降低伤流的危害；减少枝蔓创伤，降低伤流程度；彻底清园，减少病虫害侵染；保护伤口，例如可在伤流发生时用油漆涂抹、用塑料膜包扎、滴蜡灼烫等。

75. 葡萄果粉是什么？

葡萄果粉是一层粉状蜡质物，由果实中脂类物质合成而来。主要成分是齐墩果酸（Oleanolic Acid），它是一种三萜烯（Triterpene），另外还包含一些酯类、醇类等物质，属于生物合成的天然物质。葡萄的果粉最早形成于幼果期，由果皮细胞合成、转运至体表，并在转色后开始大量显现出来。果粉合成的底物大部分是葡萄树体所制造的光合产物，因此影响光合效能及树势的气候与栽培管理因素均影响果粉的形成。

果粉能够对葡萄果实起到一定的保护作用，一方面可以避免果实水分过度蒸发，另一方面还具有疏水特性，可有效降低裂果情况的发生；果粉可提高葡萄的贮运性，减少采后真菌感染；果粉是葡萄外观品质的评判标准之一，如'红地球'分级标准中就有关于果粉的描述，并归到了色泽的大类中，果粉全且均匀的为一级果的特征之一。

76. 葡萄为什么会发生裂果现象？

葡萄裂果是指果实生长发育过程中果皮产生裂口，甚至果肉发生开裂的现象。降雨后或空气湿度大的情况下较易发生，这是由于过量的水分进入果实内部从而导致果实内部膨压升高，进而出现裂果现象。裂果发生以后果实品质下降，病菌容易侵入以致腐烂，导致果实市场价值下降，从而造成严重的经济损失。

77. 葡萄果实裂果有哪些类型？

在田间以及果实浸泡处理后，葡萄果实主要会发生环裂、纵裂、环裂＋纵裂和角质层裂 4 种裂果方式（图 2-7，彩图）。其中纵裂发生概率最高，角质层裂发生概率最低。环裂、环裂＋纵裂和角质层裂只在欧亚种发生；纵裂主要在欧亚种发生。

(a) 高蓓蕾-欧亚种-纵裂　(b) 高妻-欧美杂种-纵裂　(c) 奥古斯特-欧亚种-纵裂　(d) 牛奶-欧亚种-纵裂

(e) 黑鸡心-欧亚种-纵裂　(f) 黑汉-欧亚种-环裂　(g) 里扎马特-欧亚种-角质层裂　(h) 绯红-欧亚种-环裂+纵裂

图 2-7　葡萄成熟期果实浸泡后不同裂果类型（张川提供）

78. 欧美杂种和欧亚种葡萄裂果性有无差异？

欧美杂种和欧亚种葡萄裂果性存在一定的差异。一般情况下，欧亚种葡萄果实裂果率和裂果指数（是参照病情指数计算方法，全面考虑裂果发生率与严重度的综合指标）普遍高于欧美杂种。其中，欧亚种葡萄果实裂果率和裂果指数分别为 35.86% 和 19.26，欧美杂种裂果率和平均裂果指数分别为 8.70% 和 3.74；欧亚种葡萄果实裂果率和裂果指数分别是欧美杂种的 4.12 倍和 5.15 倍。

79. 葡萄果实裂果部位有无倾向性？

葡萄果实易发生裂果部位的倾向性在田间和果实浸泡处理过程中有所不同。其中田间易发生近果柄端开裂；而在果实浸泡处理过程中，远果柄端优先发生开裂。

80. 影响葡萄裂果发生的因素有哪些？

葡萄裂果的发生主要与果实特性、果园栽培管理及环境条件有关。果实形状和大小、果肉硬度、果皮厚度、果实解剖结构、矿质元素、内源激素以及可溶性固形物含量是影响葡萄裂果发生的重要因素；灌溉等栽培管理措施以及温度、湿度和光照等环境条件也会对葡萄裂果的发生产生重要影响。

一般情况下，果皮越薄，果肉质地越硬，果实可溶性固形物含量越高，钙含量越低，越易发生裂果；果园栽培管理中不规律的灌溉，特别是果实生长前期干旱，而果实成熟后期大水漫灌容易导致裂果的发生；环境条件中昼夜温差很大，高湿度以及高温高光也会导致裂果的发生。

81. 怎样减少葡萄裂果的发生？

在果实生长发育过程中保持水分的均衡供应，喷施适宜浓度的矿质营养和植物生长调节剂，搭建避雨棚设施，采用合理栽培管理措施（如合理修剪，果实套袋，合理施用有机肥和无机肥，以及果实成熟前减少灌溉）是减少裂果发生的重要举措。

82. 葡萄果实质量、体积及相关性状之间的分布与相关性如何？

酿酒品种的各个性状总变异程度要高于鲜食品种，酿酒品种的变异度为9.65%，鲜食品种变异度为8.96%；粒质量、体积呈偏正态分布，密度、硬度呈正态分布；粒质量、体积、纵横径之间存在显著的正相关关系，密度与硬度之间相关性不显著。

83. 葡萄果实大小与细胞结构有没有关系？

葡萄果实大小与细胞结构有一定的关系，其主要与果肉细胞大小有关。

大果实果肉细胞较大，小果实果肉细胞较小。 如在 40 倍物镜的视野中，绿熟期时较小果实'粉红阿里蔓登'果肉细胞横截面积约为 6898.85μm²，而较大果实'维多利亚'果肉细胞大小约为 8507.84μm²。 随着果实的发育，果肉细胞逐渐增大。 成熟期时较大果实'维多利亚'果肉细胞大小约为 14107.14μm²，而较小果实'粉红阿里蔓登'果肉细胞大小仅为 9752.64μm²。

84. 葡萄果实形状与细胞结构有没有关系？

葡萄果实形状与细胞结构存在一定的关系，即果肉细胞纵径越大，葡萄果实越长（果实纵径越大），其受表皮和亚表皮细胞影响较小。 例如，果形指数为 0.98 的扁圆形果实'凤凰 51'果肉细胞纵径约为 192.79μm；果形指数达到 2.05 的长圆形果实'牛奶'，果肉细胞纵径达到 231.54μm。

85. 葡萄果实细胞层数和不同组织细胞数

葡萄果实是由子房发育而成的浆果，其主要分为外果皮、中果皮和内果皮三层组织，共由 30~36 层大小不一的细胞组成。 外果皮是由覆盖着角质层的最外层细胞和其内侧 8~10 层沿切线方向延长的长圆形厚壁细胞，以及紧邻其内侧的 6~8 层细胞构成。 中果皮最为发达，它形成了具有浆果特性的柔软多汁的果肉部分，这部分组织由 16~18 层大型细胞构成。 在其内侧是由 1~2 层细胞构成的内果皮，内果皮与种子相连接。 相同细胞层相比，不同品种细胞数目有所不同，其中表皮细胞数量在 20~47 不等；亚表皮细胞数量在 71~185 不等；果肉细胞数量在 31~104 不等。

86. 葡萄果实发育过程中细胞变化特点是什么，如何变化？

葡萄果实外果皮最外层细胞比果肉细胞小得多。 伴随着果实生长，果皮外层细胞沿切线方向延伸伸长。 与此同时，果肉细胞则向放射线方向扩大，细胞变成球状。 最初果皮由 1 层细胞构成，果实生长初期，表皮细胞反复进行垂周分裂，花后又不断进行平周分裂。 在紧接表皮组织内侧是由 6~7 层细胞组成的亚表皮层，这部分组织在果实发育初期主要进行平周分裂，伴随着果实膨大又作垂周分裂。

随着果实的发育，果实各细胞厚度逐渐减小，细胞排列越来越疏松，果实表皮细胞横截面积越来越小，亚表皮细胞和果肉细胞横截面积逐渐增大。 其中，果肉细胞横截面积变化最大，亚表皮细胞横截面积次之，表皮细胞横截面积变化最小。另外，成熟期果实与绿熟期相比，果肉细胞横截面积变化最大的品种为'京亚'，增长幅度达到 189.83%；变化最小的品种为'郑州早红'，增长幅度仅为 84.18%。

87. 与葡萄果实质地有关的品质性状包括哪些指标？ 如何测定葡萄果实质地？

葡萄质地结构参数反映了与力学特性相关的果实物理性状，所测定的葡萄果实质地结构参数指标反映了葡萄果实相关特性和结构的变化，与果实耐贮性存在较大关系，可以用来评价葡萄的贮藏品质。

果实的质地品质具体包括果实的硬度、果皮强度、果皮弹性、回复性、凝聚性和咀嚼性等。 目前，一般通过质构分析法（Texture Profile Analysis, TPA）对葡萄样品的质地进行分析，客观地评价样品的质地。

88. TPA 法如何测定果实质地？

质构仪分析法（TPA）通过质构仪（TA. XT plus，Stable Micro Systems，UK）模拟口腔咀嚼运动，测定固体、半固体样品相关质地参数，是较为客观的评价果实质地的有效方法。

质地测定采用 P/2n（d = 2mm）针状探头，测前速度为 2mm/s，贯入速度 1mm/s，脱离速度 10mm/s，穿刺深度 7mm，最小感知力 5g。 每份样品随机取 30 粒新鲜果实，进行整果穿刺实验，避开种核，短轴测定。 探针接触果皮后感应到力值逐渐增加，果皮破裂，力值迅速下降；探针继续在果肉中感应一段距离，力值大小趋于稳定；探针退回。 感应力值的最高值代表果皮强度，破皮前力值的上升斜率为果实脆度，破皮前力值的积分面积为果实韧性，破皮之后的平均力值为果肉平均硬度。 用质构仪自带软件 Texture Exponent 32 自动完成数据分析与计算。

89. 如何利用排水法测定葡萄果实体积？

准备带刻度的量筒，装有适量水，记录量筒中水的初始体积 V_0。 将被测葡萄果实 n 粒（n 通常取 30）放入量筒中，待所有果实没入水中，记录此时量筒中水的体积 V_1，则该葡萄品种的单果体积为 $V = (V_1 - V_0)/n$。

90. 葡萄果实密度多大？ 不同类型品种之间密度有区别吗？

葡萄果实密度值为 1.09g/cm³ 左右，较水的密度略大。 不同品种的果实密度存在差异。 酿酒葡萄果实密度高于鲜食葡萄，变异系数略低于鲜食葡萄。 酿酒葡萄果实密度值为 1.11g/cm³，变异系数为 10.8%；鲜食葡萄果实密度为 1.06g/cm³，变异系数为 11.3%。 欧亚种葡萄果实密度高于欧美种葡萄，变异系数高于欧美种葡萄。 欧亚种葡萄果实密度为 1.10g/cm³，变异系数为 11.5%；欧美种葡萄果实密度为 1.09g/cm³，变异系数为 10.4%。

91. 葡萄的需冷量是多少？

作为落叶果树的一种，葡萄进入自然休眠以后，需要满足其最低需冷量后方能解除休眠，进而正常萌芽展叶。 否则即使给予其适宜的环境条件，葡萄仍无法萌芽展叶，或即使萌芽展叶，也会存在展叶不整齐的现象，并最终导致结果不良，严重影响果实的产量和品质。 用 3 种需冷量估算模型估算的 20 种设施葡萄常用品种的需冷量如表 2-1 所示。

表 2-1　不同需冷量估算模型估算的不同品种的需冷量

品种	种群	低温需求量		
		0～7.2℃模型/h	≤7.2℃模型/h	犹他模型/C.U
夏黑 (Summer Black)	欧美杂种	857	861	1090
巨玫瑰 (Muscat Kyoho)	欧美杂种	804	1102	926
红双味 (Hong Shuangwei)	欧美杂种	857	861	1092
火星无核 (Mars. Seedless)	欧美杂种	971	1005	1090
布朗无核 (Brown Seedless)	欧美杂种	573	573	917
藤稔 (Fujiminori)	欧美杂种	756	958	859
巨峰 (Kyoho)	欧美杂种	844	1246	953

品种	种群	低温需求量		
		0～7.2℃模型/h	≤7.2℃模型/h	犹他模型/C.U
无核早红 (Early Scarlet Seedless)	欧美杂种	971	1005	1090
优无核 (Superior Seedless)	欧亚种	971	1005	1090
红香妃 (Hong Xiangfei)	欧亚种	573	573	917
京秀 (Jingxiu)	欧亚种	645	645	985
奥迪亚无核 (Otilia Seedless)	欧亚种	717	717	1046
红地球 (Red Globe)	欧亚种	762	762	1036
火焰无核 (Flame Seedless)	欧亚种	781	1030	877
凤凰51 (Phoenix 51)	欧亚种	971	1005	1090
莎巴珍珠 (Sabah Pearl)	欧亚种	573	573	917
香妃 (Xiangfei)	欧亚种	645	645	985
奥古斯特 (Augusta)	欧亚种	717	717	1046
矢富罗莎 (Yatomi Rosa)	欧亚种	781	1030	877
红旗特早玫瑰 (Hongqi Tezaomeigui)	欧亚种	804	1102	926

92. 物候期是什么？ 葡萄周年物候期分为哪几个阶段？

"花木管时令，鸟鸣报农时"，这就是人们所说的物候。 植物在进化过程中，由于长期适应这种周期变化的环境，形成了与之相适应的生态和生理机能及有规律性变化的习性（即植物的生命活动能随气候变化而变化）。植物的生长、发育、活动等规律与植物的变化对气候反应的特定时期叫物候期。物候现象是过去和现在各种环境因素的综合反映。因此，物候现象可以作为环境因素影响的指标，也可以用来评价环境因素对于植物影响的总体效果。

葡萄在一年中的生长发育是有一定规律的，表现出不同的生长发育特点。葡萄的生长发育大致可以分为：新梢和花序发育期、开花期、浆果发育期和成熟期、衰老期。Eichhorn 和 Lorenz 又将其细分为：萌芽期、新梢生长期、始花期、盛花期、坐果期、膨大期、转色期、采收期、落叶期、休眠期，如表 2-2 所示。

表 2-2　葡萄物候期阶段划分

物候阶段	主要时期	全部时期
新梢和花序 发育期	萌芽期	休眠芽
		芽膨大
		绒球状芽-棕色绒毛可见
		顶尖绿色,可见第一片叶组织
		可见莲座状叶尖
	新梢生长期	第一片叶从梢尖展开
		2～3 片叶展开,新梢 2～4cm 长
		4 片叶展开
		5 片叶展开,新梢约 10cm 长,花序清晰可见
		6 片叶展开
		7 片叶展开
		8 片叶展开,新梢快速伸长,花朵紧密成簇
		10 片叶展开
		12 片叶展开,花序充分发育,单花分离
		花帽褪绿但未脱离
开花期	始花期	开始开花(第一个花帽脱落)
		10%的花帽脱落
		30%的花帽脱落
	盛花期	盛花期,50%的花帽脱落
		80%的花帽脱落
		花帽完全脱落

物候阶段	主要时期	全部时期
浆果发育期和成熟期	坐果期	坐果,幼果膨大(约 2 mm),穗与新梢成直角
		浆果约 4 mm,穗开始下垂
	膨大期	浆果约 7 mm
		开始封穗,若为紧凑品种,浆果开始相互接触
		浆果仍为绿色,坚硬
		浆果开始变软,糖度开始提高
	转色期	浆果开始变色并膨大
		浆果糖度达到中等值
		浆果未完全成熟
	采收期	浆果成熟度达到采收要求
		浆果过熟
衰老期	落叶期	采收后,枝条完全成熟
		开始落叶
		落叶结束

93. 葡萄物候期有何意义?

物候现象可以作为环境因素影响的指标,也可以用来评价环境因素对于植物影响的总体效果。 因此植物的物候期能够指导农业生产中的很多农事操作。 葡萄物候期可以为葡萄生物学观察提供一定的依据,根据物候期可以直观地观察与分析葡萄生长发育状况,区分其不同的生长阶段,认识其随着生长季节而发生的变化,同时为葡萄管理提供一定的参考,如确定杂交育种时期,确定葡萄栽植季节与先后,以及不同品种葡萄周年管理时间先后等。 利用往年的葡萄物候记录不仅可以在一些指示季节动态的指标物候期出现之后,对当年的季节状况作出判断,而且还能对季节和许多物候现象的发生日期进行预测预报,做到对当年的物候季节动态未卜先知。

94. 不同品种花果发育物候期有什么差异?

根据果实的成熟时期可将葡萄品种分为早熟、中熟和晚熟三种类型,这是基于不同品种果实发育阶段长短的差异而定的。 果实发育阶段可分为坐果期、膨大期、转色期和成熟期,以'巨峰''峰后''先锋''美人指''红提'葡萄为例（图2-8），不同成熟时期葡萄品种在花发育阶段的时间差较小，大部分只有 1d 左右；但在果实发育中，膨大期、转色期和成熟期差异较大，其中相差最大的是膨大期和成熟期，中熟品种'巨峰'膨大期为 10d，而晚熟品种'红提'膨大期为 28d，相差 18d；'巨峰'葡萄成熟期最短，'红提'葡萄成熟期最长。

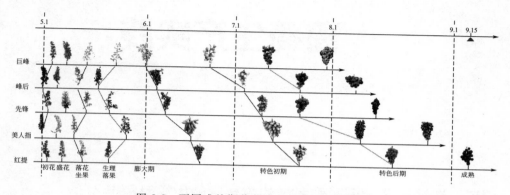

图 2-8　不同成熟期葡萄品种花果发育物候期

第三章
葡萄生产实践

95. 选择葡萄树形时要考虑的主要影响因素有哪些?

葡萄是藤本果树，枝蔓长且弯曲，这决定了葡萄树形的多样性。葡萄的树形种类很多，选用哪种树形，应根据品种生长特性、架式、栽培要求和当地自然条件等因素确定。

(1)品种特性。不同的葡萄品种，其生物学习性差异较大，在枝条硬度、萌芽和抽生分枝能力、枝条生长的快慢、坐果率高低等方面不尽相同，因此选择的树形应该考虑到葡萄品种的生长特性。

(2)葡萄栽培架式。由于各地的自然条件、气候、人文环境、栽培目的不同，不同地区、不同时期会采用不同的栽培架式，常见的有篱架、柱架和棚架。

(3)栽培要求。树形的选用还要考虑栽培的技术特点以及管理模式，例如冬季需要埋土防寒的地区常使用爬地龙树形，酿酒机械化往往采用单干双臂树形。

露地栽培的常采用宽顶龙干形、"W"形、"H"形及"X"形等树形。

设施葡萄多选用高光效省力化树形，具体因品种成花特性不同而异：如果选用葡萄品种成花节位高，需长梢或超长梢修剪的品种，则适宜树形为单层水平形；如选用葡萄品种成花节位低，需短梢或中短梢混合修剪的品种，则适宜树形为单层水平龙干形。

(4)立地条件。肥水不足或土壤瘠薄的葡萄园，树势往往偏弱，植株矮小，适宜采用小冠、矮干的树形；在土层深厚肥沃及肥水供应条件良好的情况下，植株生长旺盛，宜采用较大树形的整枝形式，使单株具有较大的负载量。

96. 生产中常见的葡萄树形有哪些?

葡萄的树形主要有多主蔓自然扇形、龙干形、"Y"字型树形、"一"字树形、"H"树形、"王"字型树形、"X"树形等。多主蔓自然扇形因主蔓较多，一般不会形成粗硬的枝干，对于冬季进行埋土的地区，较为方便，且植株更新容易，负载量容易调节，结果较早。龙干形适合于棚架，根据龙干数目的多少，可以分为独龙干树形、双龙干树形、多龙干树形等不同的形式。一般龙干的长度为 4~8m 或更长，视棚架行距的大小来确定，在干旱少雨地区多为常见。"Y"字型树形是我国南方地区目前较常见的一种树形，尤其多见于南方地区的简易避雨设施中，其主蔓或结果母蔓沿第一道铅丝水平牵引，新梢则左右交互向两侧牵引，形成 60° 左右夹角的"Y"字形叶幕，光照条件均匀，果粒上色好，糖度高。"一"字树形、"H"树形和"王"字树形等在我国南方地区应用极为广泛，其新梢水平生长，长势比较缓和，可以减少夏季修剪的工作量；同时，上述树形为宽顶水平形，属于高光照树形，利于枝条的花芽分化。

97. 葡萄栽培架式的类型有哪些? 有何优缺点?

正如我国至元十年（1273年），《农桑辑要》一书中所说："蒲萄：蔓延，性缘不能自举，作架以承之"。葡萄需要支架保持其树形以更好地满足生长对光与气等的需求。传统意义上葡萄的栽培架式主要分为篱架和棚架（表 3-1，图 3-1，图 3-2）。

表 3-1 葡萄栽培架式的类型

架式	类型	适栽地区	规格	优点	缺点
篱架	单篱架	露地或设施生产	每行一个架面,高低可调	光照和通风条件好,田间管理方便	易日灼,长势过旺,枝条密闭,土地利用率低,易染果部病害
	双篱架（"V"型架、"Y"型架）	设施栽培	两个架面,葡萄栽在中间,枝条与中柱45°	早期丰产、易于操作,光合效率高	成本高、管理不便、费工、通风差、架面内侧喷药不便
	宽顶篱架（"T"型架）	河北、广州等	行距 2.5~3.0m,架高2.0m,单篱架上加一横梁,宽 1m,横梁两端拉 2道铁丝	通风透光好,产量高,病虫害较轻,果实品质好,树势缓和,稳产性能好	管理不便

架式	类型	适栽地区	规格	优点	缺点
棚架	小棚架（小棚架和水平式棚架）	防寒栽培区,如辽宁省盘锦地区高家农场	架长多为 5～6m,架根(靠近植株处)高 1.2～1.5m,架梢高 1.8～2.2m	①适于多数品种的长势需要,有利于早期丰产。②枝蔓仅5～6m 长,操作方便。③主蔓短,易调节树势,产量较高且稳产。④架材容易选取	棚架低矮,拖拉机及配套机具等无法棚下作业,生长管理过程基本上纯人工作业,劳动强度大,效率低,工作条件艰苦,田间管理粗放
	大棚架	葡萄老产区、庭院,如辽宁、山东、河北、山西等	架长 7m 以上,近根端高 1.5～1.8m,架梢高 2.0～2.5m,架面倾斜	公共场所作乘凉荫棚或用以遮盖建筑物等	通风点少,不利于架下水分散失,管理不便
	漏斗式棚架	地形较复杂地段,河北宣化、甘肃兰州等地较普遍	直径 10～15m,每亩❶3～5 架,各枝蔓扇形分布在 30°～35°的圆架上,架根高 0.3m,周围架梢高2.0～2.5m,形成漏斗状或扇状	省土,省水,外形美观,稳产性好	古老架式,管理费工、不利机械化操作,通风透光差,病虫害滋生
	水平式棚架("X"形和"H"形)	淮河以南地区大面积平地或坡地,适宜生长期较长或生长势强的品种,如红地球、美人指等	架高 1.8～2.2m,每隔 4～5m 一支柱,支柱高 2.2～2.5m。周围边柱 12×12,45°角向外倾斜。骨干线用双股 8 号铁丝,内部骨干线用单股 8 号铁丝,其他纵横线、骨干线间支线用 12 号铁丝,支线间距 50cm	该架式牢固耐久,架面平整	一次性投资较大
	屋脊式棚架	常用于道路、走廊及观光葡萄长廊上方	架根高 1.5～1.8m,架梢高 2.5～3m,由两个倾斜式小棚架或大棚架相对头组成,形似屋脊	与大小棚架相比,可省去一排高支柱,且架式牢固	光照相对较差,易发生病害

❶ 1 亩=666.7m²。

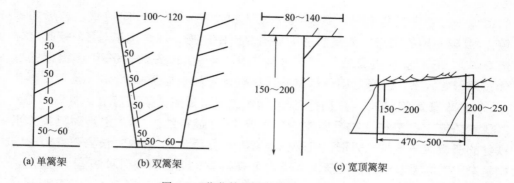

图 3-1　葡萄篱架栽培模式(单位:cm)

(a) 单篱架　　(b) 双篱架　　(c) 宽顶篱架

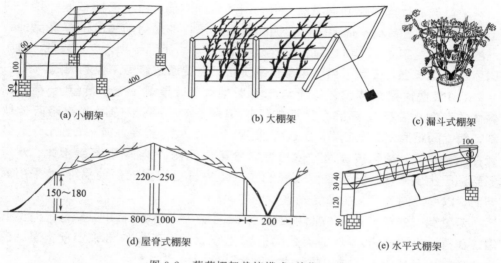

(a) 小棚架　　(b) 大棚架　　(c) 漏斗式棚架

(d) 屋脊式棚架　　(e) 水平式棚架

图 3-2　葡萄棚架栽培模式(单位:cm)

98. 酿酒葡萄常采用的树形是什么?

我国酿酒葡萄的树形主要有:直立龙干形、倾斜龙干形、多主蔓扇形和斜干水平形。 为了适应酿酒葡萄规模化、简约化和标准化管理的发展需求,将多主蔓自由扇形改造为双臂水平树形技术。

99. 什么是葡萄双壁篱架与单壁篱架?

篱架也称立架,是目前国内外密植生产上用得最广的一种架式。 其中又以葡萄双壁篱架与单壁篱架的应用更为普遍。 结构是架面与地面垂直,沿行向每隔一定距离设立支柱，在支柱上靠近树体的一侧沿行向拉铁丝，形如篱笆。篱架使用的树形主要是扇形（多主蔓自由扇形、规则扇形等），除此之外还有"V"形（包括"Y"形）、"T"字形、"干"字形、单干双臂形等。篱架的具体应用形式较多，生产上用得较多的是单壁篱架和双壁篱架。

(1)单壁篱架结构。在树行的一侧设立一道篱壁，架形直立，架高 100～200cm 左右，在支柱上靠近树体的一侧拉 1～4 道铁丝。具体应用时其架高和铁丝的道数应依品种、树形、气候、土壤等情况而定。品种生长势强、树形结构复杂、气候暖湿、土壤肥沃时，架式可较高些，铁丝道数可稍多些。反之，架式可较低些，铁丝道数可稍少些。最简单的单壁篱架高度仅 100～120cm，只拉一道铁丝。

单篱架的优点是架面通风透光好，田间管理方便，适于密植和埋土越冬时上、下架作业，有利于早期丰产和提高果实品质，也是目前生产上鲜食品种栽培的一个主要架式。其缺点是有效架面相对较小，平面结果，产量较低；对于树体极性生长强，控制不当结果部位易上移，需要通过修剪来控制树冠。

(2)双壁篱架结构。基本上与单篱架相似，只是多了一道篱壁。在葡萄树体的两侧，沿行向栽相互靠近的两排单篱架。双篱架的两壁要略向外倾斜，两壁间距离，下宽 0.5～0.6m，上宽 1～1.2m，架高 1.4～1.8m。葡萄栽在两壁中间，葡萄枝蔓通过依附均匀分布于两侧。与单壁篱架相比，双壁篱架适于土质肥沃、肥水条件较好的园地和生长势较强的葡萄品种。采用篱架时，以南北向为好，植株受光比较均匀。

双壁篱架的优点是单位面积上有效架面增大，能够容纳较多的新梢负载量、获得较高的产量。其缺点是给机械化作业和人工操作带来不便，通风透光条件较单篱架差，架材需要量大，增大了建园投资成本。

100. 葡萄"V"字树形怎么整理？其优点是什么？

"V"字形葡萄树架主干高度 0.8～1m，栽植当年，保留一根新梢，并待其生长到第一道铁丝位置（80～100cm）时摘心，然后选留两个生长健壮的分枝沿铁丝左右分开生长。其余的枝条都抹掉。留下的分枝可不绑缚，待其生长到新梢顶端向下垂时，再进行绑缚和摘心，以保证花芽发育良好。栽苗当年"V"形架的骨架就可以基本形成，次年结果。在当年冬季修剪时，对主枝上的一年生枝条保留 2～3 个芽。第二年从剪留的芽上发出的新梢结果，根据不同的品种特性决定留花芽的数量（单枝修剪）。第三年开始，每年用回缩后的枝条做结果母枝。

这种树形早成形、早结果、早丰产，"V"形架枝条分布均匀，互不遮蔽，通风透光良好，药物易喷施均匀，病虫害易防控。该树形因枝叶遮阳而很少有日灼发生，修剪简单，容易更新，便于机械和人工作业，且适用于篱架、小棚架。

101. 葡萄单干双臂树形怎么整理？ 其优缺点是什么？

该树形由 1 个主干和 2 个水平蔓及若干结果枝组组成。植株一个主干，高约 100～120cm，在主干的顶部沿铁丝方向分出两个臂，每一个臂上均匀分布 5～7 个结果枝。如果是篱架栽培，则在第一道铁丝的上部 25～30cm 处拉第二道铁丝，需要的时候可以拉第三道铁丝，一般为三道铁丝，向上引缚葡萄的新梢，最上部要进行新梢的反复摘心，以控制树势。如果采用高、宽、垂架栽培，则将结果母枝上长出的新梢分向两边，分别引缚在横梁两端的铁丝上，大部分新梢随生长而自然下垂。该树形适合于篱架和高、宽、垂架。

其优点是：

① 主蔓上的结果母枝均可采用短枝修剪，与扇形整形相比，技术操作简单，便于推广普及。

② 不会出现结果部位迅速外移现象，如果按要求选留结果母枝，不会造成架面郁闭，通风透光条件好、光合效率高、稳产优质、果实品质好。

③ 结果部位可以控制在同一个高度，有利于花果管理与病虫害防治、机械化管理等。

④ 抗晚霜能力有所提高。

其缺点是，多数情况下，结果部位较低，易发生病虫害，栽培管理较烦琐。

102. 葡萄"H"形树形的优点有哪些？ 其整形方法如何？

"H"形是近些年推出的较新的一种简易化葡萄树形。该树形源于日本，具有架面高、光照条件好、花芽分化充分、稳产性好、新梢生长缓和、葡萄成熟一致、树体结构简单、枝条分布规则、管理简便、省工省时等优点。"H"形树形主干高 1.6～2.0m，在主干的部位分生出 2 个主枝，然后每个主枝上再分生出两个副主枝，呈"H"形分布于棚面的两个方向（图 3-3），主蔓上着生结果枝组和结果枝，不设侧蔓，适用于棚架葡萄栽培。

"H"形树形整形方法：当年定植后，选留前端 3～4 个新梢，其他新梢及时抹除，增进主干生长。主干生长到达水平棚架架面时，留靠近架面的 2 个副梢，以"一"字形（垂直于行向）方式绑于架面上，并将主干摘心。保留副

图 3-3　葡萄冬季修剪后的"H"形树形图
1—主干；2—主枝；3—副主枝

梢前端的 3～4 个二次副梢。副梢生长到 1.2～1.5m 时（依品种长势和行间距而异），将其前端的 2 个二次副梢以"一"字形绑于架面，其方向与一次副梢生长方向垂直（与行向平行），至此形成 4 个主蔓。冬剪时，根据粗度与老熟程度对四个主蔓剪截。第 2 年，萌芽后，除主蔓顶端留延长枝继续主蔓延长生长外，其他枝梢以与主蔓垂直的方向绑于架面。冬剪时根据品种特点对结果枝进行不同长度的修剪，作为明年的结果母枝。

103. 葡萄棚架的类型有哪些？

葡萄棚架是为了让葡萄树能够顺利生长结果而搭建起来的架子。生产中，要根据实际需要来选择合适的葡萄架，用以支撑葡萄树体，以有利于葡萄树的生长以及田间管理。葡萄棚架主要分为以下类型：

(1) 倾斜式棚架。在垂直的支柱上架设横梁，横梁上牵引铁丝，形成一个倾斜状的棚面，葡萄枝蔓分布在棚面上，通常架长 40～80m，架宽 4m 左右，架根高 1.2～1.6m，架高 1.6～2.0m，其特点是主蔓整形速度快，进入结果期早，丰产性好，枝蔓易更新。该架式在日光温室葡萄栽培中应用较为广泛（图 3-4）。

(2) 棚篱架。棚篱架，实质上是倾斜式小棚架的一种变形。主要的不同点是将架面提高到 1.5m 以上，形成一个篱架架面，故称为棚篱架。

该架式可以利用篱架架面提早结果，增加前期产量。缺点是易造成树体下强上弱，棚篱面彼此遮阳，易发生病虫害，采用单行栽培的保护地葡萄种植和葡萄走廊，可以降低上述弱点（图 3-5）。

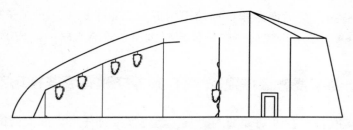

图 3-4　日光温室内的倾斜式小棚架

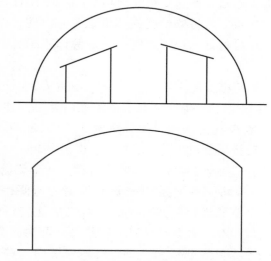

图 3-5　塑料大棚内的棚篱架,葡萄走廊

(3)屋脊式棚架。屋脊式棚架是由两个倾斜式小棚架或大棚架相对头组成的。中部高,两边低,形状似屋脊,因此称为屋脊式棚架(图3-6)。

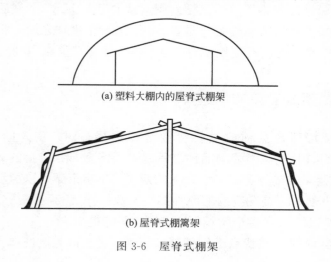

(a) 塑料大棚内的屋脊式棚架

(b) 屋脊式棚篱架

图 3-6　屋脊式棚架

棚架种植的葡萄树形主要有独龙干树形、双龙干树形、三龙干树形、"H"形树形等。 这些所采用的树形的具体尺寸大小，要与所采用的树形相配套。

104. 葡萄架要怎么搭建？ 葡萄架的搭建有哪些技巧？

（1）**支架准备**。在种植葡萄的时候，首先需要优先考虑到支架的搭建。 需要准备好用来搭建的支架材料，例如有些支架采用木桩、竹架、绑绳、铁丝，有些则是用水泥、钢架修葺，不同支架的材料价格和耐用性也不同，例如钢架的耐用性强但价格成本高，木桩的价格成本低但易损，使用期限也相对有限。 其次，支架的选择也和种植地的地形、气候环境等因素相关，需要根据具体条件来进行选择。

（2）**搭架时间**。葡萄搭架时间不能太早，也不宜太晚，一般是在葡萄种植后进行。 当葡萄苗生长到 30 ~ 50cm 左右的时候开始搭建支架。 这样可以避免工作过于集中，过度需要劳动力，保证搭建工作方便，不易损伤长出的新梢，同时根据不同的架势需要进行摘心、打顶，促发分枝。

（3）**搭架方法**。葡萄搭架主要分为两种，分别是篱架和棚架。 而篱架又分为单篱架和双篱架。 单篱架主要是根据葡萄种植的行间距来搭建直立的支架，然后用铁丝将每个支架连接起来即可，这种方式比较适合密植。 双篱架的支架基本上和单篱架没有什么区别，只不过是每株葡萄都有两个支架，这样可以增加支架的面积，能有效地利用空间，但不便于田间操作。 棚架又分为大棚架和小棚架。 大棚架一般是行间距大于或等于 6m，架后端高为 1.5m、前端高为 2.5m。 小棚架前端高 2m、后端高度为 1m 即可。

（4）**注意事项**。在搭建支架的时候首先要注意的就是支架要搭建牢固，要将桩子尽可能深地埋于地下，并且要对其牢固性进行测试。 然后在拉铁丝的时候，要捆绑好，避免出现松弛的现象。 在支架搭建好之后，还要先进行测试，确定支架牢固不会出现倒塌现象之后，再将葡萄藤蔓牵引到支架上面。

105. 葡萄架式应该如何选择？

（1）**根据栽培葡萄品种的生长特性进行选择**。对'美人指''克瑞森无核'等生长势旺盛、成花力弱的品种，适宜采用行宽 4m 以上的倾斜式棚架、水平式棚架和棚篱架或行宽 2.5m 以上的双"十"字形架，以缓和树势，促进成花；对于生长势弱、成花容易的品种如'京亚''粉红亚都蜜'，可以采用行宽 2.5m 以下的双"十"字形架和行宽 4m 以下的棚架。

（2）**根据当地的气候特点进行选择**。例如，埋土防寒区的鲜食葡萄最好采用棚架独龙干树形，利于埋土防寒和减轻病害；露地篱架栽培的鲜食葡萄常选用爬地龙树形。非埋土防寒区最好采用双"十"字形架，可以减轻病害且方便管理。

(3)根据葡萄园的选址与土壤的性质进行选择。土壤中肥力越高，葡萄架式越大；肥力越小的土壤，适于选用较小的架式。

106. 什么是爬地龙栽培模式？

爬地龙栽培模式是我国埋土防寒区使用的一种管理方式，多用于酿酒葡萄栽培。该模式由西北农林科技大学葡萄酒学院研发，并进行了持续 20 多年的研究和推广，取得了显著的效果。

爬地龙整形修剪是在距地面一定高度处，水平培养一条多年生主蔓，冬季短枝修剪，生长季将新梢垂直绑缚在架面上。这样冬剪后，在同一定植带（或定植沟）中，所有植株的一年生枝或主蔓首尾相接，连接在一起，就像横卧在地上的长龙一样，故曰"爬地龙"整形修剪。

爬地龙可分为有主蔓和无主蔓两种类型。无主蔓的爬地龙植株为无明显主干的近地双臂或单臂（一年生枝）整形，地上部为立架形。有主蔓爬地龙的植株主干为近地双龙干或单龙干（多年生枝），其上着生的结果母枝用短枝修剪，留 3 个芽眼，地上部为直立架形。植株一年生枝（无主蔓爬地龙）或主蔓（有主蔓爬地龙）被平拉固定在离地面或沟面 0.3m（无主蔓爬地龙）或 0.2m（有主蔓爬地龙）的第一道钢丝（承重丝）上；爬地龙架面为篱架形，叶幕高1.5m、宽 0.5m，行内枝条覆盖，行间免耕生草。

107. 爬地龙有什么优势？

爬地龙栽培模式符合葡萄最小化修剪的库源关系调控理论，以葡萄生产的机械化为前提，以优质、稳产、长寿、美观的葡萄生产可持续发展为目标。其主要优势在于：便于冬季埋土和春季出土，避免冬季下架和春季上架。冬剪后将保留枝固定在第一道铁丝上埋土，将修剪枝留在架面上形成风障，从而避免了埋土时繁重的下架以及植株的机械损伤，并可实现埋土的机械化作业。春季出土亦可实现机械化，出土后不用上架，将留在架面上的修剪枝在各道钢丝之间截断。爬地龙技术简单、快速，便于省力化和机械化作业，除实现了冬季埋土和春季出土的机械化外，还在生长季形成绿篱式群体管理，实现了全程机械化（除采收外），劳动效率提高了一倍以上。

108. 爬地龙栽培模式如何建立？

(1)架式建造。爬地龙建造的核心是尽量降低主干（蔓）高度；尽量剪除多年生部分，防止其伸长；尽量减少剪口数量，使结果母枝（1年生枝）尽量靠近主干（蔓），使修剪后的植株在设计范围内最小化，以减少运输距离，降低树液液流阻力，提高植株对同化物在库源器官间分配的调控能力，防止植株早衰。爬地龙架面为篱架形，叶幕高 1.5m、宽 0.5m。共设置三道铁丝，分别距离地面 0.3m、0.7m、1.1m，冬剪后将保留枝固定在第一道铁丝（距离地面 0.3～0.4m）上埋土，将修剪枝留在架面上形成风障。出土后由芽眼发出的新梢向上直立绑缚，使之在架面上分布均匀。第二道（距离地面 0.7m）和第三道（距离地面 1.1m）为双丝。

(2)树形创建。第一年选择沟植，定植沟宽 0.5m、深 0.5m；株距 0.5m 或 1.0m，行距 2.2～2.5m；将定植用苗剪留两芽，培育一个或两个新梢；冬季将所培育的一年生枝剪留 0.5m 压在地表，固定在第一道铁丝上。第二年将由芽眼发出的新梢向上直立绑缚，使之在架面上均匀分布，在冬季修剪时，剪留 3 芽。第三年将由芽眼发出的新梢向上直立绑缚，使之在架面上均匀分布；每个结果枝 3 个新梢；在冬季修剪时，将带有 2 个一年生枝的部分全部剪掉，另一个一年生枝剪留 3 芽。

(3)树形的生长期管理。生长季的管理较为简单，春季的去土管理非常关键，可全程机械化（除采收）。采用如下原则：一扶，指新梢绑缚。将由芽眼发出的新梢依次向上直立卡在第二、第三道双丝的中间，使之在架面上分布均匀。二修，指夏季修剪。使叶幕层成为高 1.5m、厚 0.5m 的"绿篱"，超过部分全部剪除。三喷，指打药或根外追肥等。根据需要进行叶面喷施。四剪，指行间自然生草。当行间草长到 5～10cm 时（根据地形等因素而定）剪草。

109. 目前生产中葡萄栽培品种按用途可分为哪几类？

生产中常见的栽培品种可分为三类：鲜食品种、酿酒品种、制干品种。

(1)鲜食品种

① 欧美种：'巨峰''藤稔''夏黑''阳光玫瑰''金手指''巨玫瑰''户太 8 号''京亚''醉金香'等；

② 欧亚种：'红地球''维多利亚''克瑞森无核''玫瑰香''森田尼无核'等。

(2)**酿酒品种**。'赤霞珠''梅鹿辄''蛇龙珠''品丽珠''雷司令''美乐''公酿一号''威代尔''小味儿多''贵人香'等。

(3)**制干品种**。'无核白''无核紫''无核白鸡心''马奶子''琐琐葡萄'等。

110. 目前常用的葡萄砧木品种有哪些?

现在世界上常用的砧木品种主要来源于河岸葡萄（*Vitis riparia*）、沙地葡萄（*Vitis rupestris*）、冬葡萄（*Vitis berlandieri*）、霜葡萄（*Vitis cordifolia*）、甜山葡萄（*Vitis monticola*）、香槟尼葡萄（*Vitis champinii*）、圆叶葡萄（*Vitis rotundifolia*）、美洲葡萄（*Vitis labrusca*）和欧洲葡萄（*Vitis vinifera*）等野生种及其之间的杂交后代。其中以河岸葡萄×沙地葡萄、冬葡萄×河岸葡萄和冬葡萄×沙地葡萄应用最为广泛。

河岸葡萄和沙地葡萄杂交得到的砧木系列包括'3306 C'、'3309 C'、'101-14 MG'和'Schwarzmann'等。这些品种与河岸葡萄和沙地葡萄一样，倾向于易生根和嫁接，且对根瘤蚜具有极好的抗性。它们往往比河岸葡萄砧木具有更深的根系，这意味着提高了砧木的耐旱性和抗病性。河岸葡萄和沙地葡萄均在钙质土壤中耐受性较差，因此它们的杂交群体同样不适合于这样的土壤。

冬葡萄和河岸葡萄杂交育出的砧木系列包括众多重要的砧木品种，如'SO4'、'Teleki 5C'、'Kober 5BB'和'420A'等。这些砧木往往具有易生根、嫁接后亲和性好，可适应潮湿地区的葡萄园等特点，具有冬葡萄适应石灰质土壤的特性，此外具有良好的抗根瘤蚜能力。

冬葡萄与沙地葡萄杂交后代包括'110R''140RU'和'1103P'等品种。其拥有良好的抗旱能力，能适应排水良好的土壤，如山坡、沙地等。与冬葡萄和河岸葡萄的后代一样，它也能很好地耐受石灰质土壤，并对根瘤蚜有极强的抗性。

我国葡萄生产中常用的砧木品种来源与特性见表 3-2。

表 3-2 我国葡萄生产中常用砧木品种来源与特性

类型	品种	原产地	主要特征
冬葡萄×河岸葡萄	SO4	德国	生长势旺盛,初期生长极速。与河岸葡萄相似,利于坐果和提前成熟。适合潮湿黏土,不抗旱,抗石灰性达 17%～18%,抗盐能力较强。抗线虫。产条量大。易生根,利于繁殖。嫁接状况良好

类型	品种	原产地	主要特征
冬葡萄×河岸葡萄	5BB	奥地利	生长势旺盛,产条量大,生根良好,利于繁殖。适合潮湿、黏性土壤,不适极端干旱条件。抗石灰性土壤(达20%)。抗线虫
	420A	法国	抗根瘤蚜,抗石灰性土壤(20%)。喜肥沃土壤,不适应干旱条件。生长势弱,扦插生根率为30%～60%。可提早成熟,常用于嫁接高品质酿酒葡萄或早熟鲜食葡萄
	520A	法国	生长势较旺,易发副梢。扦插易生根,但与一般栽培品种相比发根慢,扦插出苗率70%左右。嫁接亲和性好。多抗性砧木。较抗根瘤蚜,抗线虫病,抗旱性较强,耐湿,耐盐0.5%
	抗砧3号	中国	适应各类气候和土壤类型,在不同产区均表现出良好的栽培适应性。宜采用单壁篱架,头状树形
冬葡萄×沙地葡萄	110R	法国	生长势旺盛。抗旱,抗石灰性土壤(17%)。生根率差,常不足20%,极少达到40%～50%。因其抗根瘤蚜、抗旱、抗石灰性土壤等综合性能良好,在1945年之后得到利用和推广,并成为葡萄生产的主要砧木之一。不易生根,但田间嫁接效果良好,室内嫁接效果中等。产枝量相对较小
	1103P	意大利	生长势旺,较抗旱,抗石灰性土壤(17%～18%),对盐有一定抗性,耐湿。生根和嫁接状况良好。产枝量中等
	140R	意大利	生长势极旺,对石灰性土壤抗性优异,几乎可达20%。根系抗根瘤蚜,但可能在叶片上面携带有虫瘿。插条生根较难,田间嫁接效果良好,不宜室内嫁接
河岸葡萄×美洲葡萄	Beta	美国	作为鲜食品种砧木时偶有"小脚"现象,不抗葡萄根瘤蚜和根结线虫。在西北盐碱地土壤种植容易缺铁黄化
	3309C	法国	抗蚜虫,但对某些种的线虫无抗力,不耐旱,也不耐热,但适合于密植应用
河岸葡萄×沙地葡萄	101-14	法国	生长势较Riparia Gloire强,但不如3309C。比3309C生长周期短。该品种适于新鲜、黏性的土壤,抗石灰性土壤。同河岸葡萄相似,根系细,分支多。易生根,易嫁接
欧洲葡萄×沙地葡萄	华佳8号	中国	此品种是我国自行培育的第一个葡萄砧木品种。此砧木能明显增强嫁接品种的生长势,并可促进早期结实、丰产、稳产。可增大果粒,促进着色,有利于浆果品质的提高
欧洲葡萄×华东葡萄	抗砧5号	中国	宜采用单壁篱架、头状树形。叶片自然脱落后进行采收枝条

111. 根据葡萄肉质的软硬，可以将葡萄分为哪些类型？

根据葡萄肉质的软硬，可将葡萄分为硬肉品种和软肉品种。

① 硬肉葡萄：果肉脆硬、果肉细胞较大、分布均匀、排列紧密、果皮韧性好且与果肉结合紧密，如'克瑞森''红地球'等品种。

② 软肉葡萄：果肉较软、果肉细胞大小不均匀且排列松散、与果皮结合不紧密，易产生裂果，如'巨峰''巨玫瑰''葡萄园皇后'等品种。

112. 为什么有人称葡萄为提子？

"提子"即广东语"葡萄"的意思，是我国香港、海南、上海等地对葡萄的别称。但"提子"的叫法是在广州进口美国'红地球'后才开始在国内出现的。目前市场上，有些消费者将皮厚、汁少、皮肉难分离、耐贮运的欧亚种葡萄果实称为提子，而将质软、汁多、易剥皮的果实称为葡萄。

113. 破除葡萄芽休眠的方法有哪些？

休眠调控对葡萄商业化生产非常重要。近年来我国葡萄设施栽培在南方暖冬地区的栽培面积不断扩大，如扣棚时间不当或当年冬季温度过高，不能满足葡萄的需冷量，不能完成自然休眠，常导致萌芽、开花不整齐的现象，严重影响葡萄栽培的经济效益。所以冬季缺少足够的低温是影响葡萄生产的主要障碍之一。为了保证葡萄休眠尽早解除，实现促成栽培生产，生产中多使用人工解除休眠手段来克服休眠不足的障碍。

破眠方法包括物理方法和化学方法。

(1) 物理方法。 主要有低温集中预冷法、间歇式喷水和温水处理法等。该方法工作量大，人力成本高，具有一定的局限性，一般采用得比较少。

① 低温集中预冷法：在气温 7~8℃ 时开始上棚膜，棚膜外加盖草苦棉被，晚上揭开，早上放下，正好与生长季节相反，夜晚利用户外低温，同时结合打开风口等降温措施，处理 20~30d，来保证需冷量，后升温破眠。

② 间歇式喷水：当葡萄进入休眠期后，监测夜间温度，夜温低于 12℃ 时，每天对果树树干进行间歇式喷水，间隔时间为 40~70min，可促进葡萄萌发，打破休眠。

③ 温水处理法：将休眠枝条置于 50℃ 温水中处理 1h，可促使枝条解除休眠。

（2）**化学方法**。使用包括含氮化学物质、激素、肥料类等在内的化学物质进行喷施或涂抹。生产上主要采用石灰氮（$CaCN_2$）、单氰胺（H_2CN_2）、Dormex（50% H_2CN_2 稳定溶液）等，一般来说，葡萄破除休眠化学调控的有效时间主要在休眠期结束后期，但是不同药剂处理时间存在差异。

114. 常见葡萄破眠剂有哪些？ 如何应用？

葡萄生产上常见的破眠剂主要以石灰氮、单氰胺为主，其最终的有效物质都是单氰胺。石灰氮（$CaCN_2$）学名氰氨基化钙，强碱性，含氮 15% ~ 20%，是用石灰石加热生成生石灰，再与焦碳细粉混合加热到 1800℃ 制成碳化钙（电石），再在加热至 700 ~ 800℃ 时通入氮气使其与碳化钙反应生成石灰氮。石灰氮通过其水溶液中产生的 HCN 发生破眠效果，在一定程度上可代替低温的生物学效应。单氰胺（NH_2CN）学名氨基氰，简称氰胺，英文名为 Cyan-amide，外观为无色透明晶体，熔点 45℃，溶解度（20℃）4.59kg/L，易溶于醇类、苯酚等。Dormex 是经过特殊工艺处理后含约 50% 有效成分（NH_2CN）的稳定单氰胺水溶液，需在 1.5 ~ 5℃ 条件下冷藏。

（1）石灰氮应用

① 石灰氮浓度：15% ~ 20%，即兑水 5 ~ 7 倍，长势弱的品种浓度宜低些，否则会出现枯芽、枯枝、萌芽不整齐等药害症状。

② 使用时期：萌芽前 20 ~ 35d，不宜过早。

③ 配制方法：将 50 ~ 70℃ 温水缓缓倒入石灰氮中，立即搅拌，容器加盖浸泡 2h 以上，自然冷却后即可使用，不宜用冷水浸泡。

④ 涂抹芽部位：结果母枝顶端 1 ~ 2 个芽可不涂（顶端优势），其余芽眼应全部涂抹，简易做法可全枝涂抹。但应注意老枝蔓不宜涂抹，第一年结果的树不用作结果枝的冬芽不涂抹，新种葡萄苗木不能涂抹。

⑤ 涂抹芽方法：用毛刷或毛笔边搅拌药液边涂抹于枝芽上，应用不同颜色标签做好标记，避免重涂或漏涂。

⑥ 石灰氮使用注意事项：随配随涂，当天配制当天涂抹或隔天涂抹；大棚内石灰氮涂枝后一周，若枝条干燥应向枝条喷水一次，保持枝条湿润使药液发挥作用；使用过程中应佩戴口罩和手套，防止粉末入眼鼻口中或药液沾到皮肤上，误伤时应立即用大量清水洗净或去医院检查治疗。

（2）单氰胺应用

① 露天栽培：长江流域及以北地区一般施用时间要在天气回暖以后，正常发芽前 20 ~ 45d。用单氰胺 20 ~ 25 倍液抹芽或喷雾，用药后及时浇水。临近正常发芽期不足 20d 的，请勿再施用。

② 简易大棚（拱棚、冷棚）：在室外最低温度稳定在 3～5℃时，扣棚后即可施用，用单氰胺 20～25 倍液抹芽或喷雾，用药后及时浇水。扣棚后应及时用药，间隔时间天数不宜过长。用药后棚内温度保持在 5～25℃即可。

③ 温室、暖棚：无休眠栽培，一般在正常落叶后 15～30d 即可扣棚，扣棚后 5d 内可直接用单氰胺 20～25 倍液抹芽或喷雾，用药后当天及时浇水，注意温室内温度不得低于 5℃；在 0～7℃温度下，已扣棚休眠 15～20d 的，用单氰胺 20～25 倍液抹芽或喷雾，用药后升温；已扣棚休眠 25～30d 的，用单氰胺 30 倍液抹芽或喷雾，用药后升温，但升温 7d 以上的慎用，或在专业技术人员指导下使用本品。

④ 使用方法：涂抹或喷雾，使芽眼处均匀着药。涂抹时除顶端 3 个芽不涂抹外（保持顶端优势），其余芽都要见药；喷施自上而下，整树喷施，勿重喷漏喷，一般来说涂抹效果更好。

⑤ 单氰胺使用注意事项：使用单氰胺前尽量保持枝条湿润，可提前喷清水或涂抹催芽后 1～2d 全园浇灌，防止烧芽（土壤较湿润时也可用药后 10d 再补浇水一次）；用药时气温以 10～20℃为宜，超过 20℃单氰胺分解极快，易失去药效；露天种植所需浓度较高，控制在 20% 左右为宜，否则催芽效果不明显，若浓度过大覆盖薄膜催芽易烧芽，且处理前后 3d 不要遇雨，雨水不利于药剂渗透；切勿重复喷施或超浓度使用，否则会加深芽休眠，甚至死芽；不要过度促早，单氰胺只能代替部分需冷量；操作时需佩戴手套和口罩，操作后用清水洗眼、漱口，并用肥皂清洗脸、手等暴露部位，防止中毒。

115. 葡萄常规施肥时期和施肥方法

根据葡萄生长发育特点、品种特性和需肥规律，按照有机肥与无机肥相结合、基肥为主、巧施追肥以及大中微量肥配合的施肥原则，葡萄常规施肥主要分为三个主要时期（表 3-3）。

表 3-3　葡萄常规施肥时期和施肥方法

名称	施肥时期	施肥种类	施肥方法	施肥量
晚秋基肥	多在落叶后施基肥	多以腐熟的有机肥料为主,同时加入过磷酸钙、硫酸钾等化肥,在土壤盐碱化地区还应加入适量硫酸亚铁	撒施、沟施	约 4000～5000kg/亩,同时加入 50～60kg 的过磷酸钙和等量的硫酸钾

名称	施肥时期	施肥种类	施肥方法	施肥量
春夏追肥	萌芽肥	速效性氮肥为主,辅以少量复合肥	沟施、穴施	约12~18kg/亩
	坐果肥	硼肥、锌肥为主,并配适量磷钾肥		约0.2%~0.3%
	膨大肥	氮肥、磷钾肥(复合肥)		约12~15kg/亩
	催熟肥	高钾肥		约1.3~1.5kg/亩
	采后肥	高氮复合肥为主,配以适量的钾肥		约10~15kg/亩
根外追肥	根据各个葡萄园具体情况灵活选用	磷钾肥和一些微量元素肥料配制一定浓度的水溶液,如尿素、磷酸二氢钾、硫酸钾等	喷施	约0.2%~0.3%

116. 葡萄生长所需的主要营养元素有哪些？ 其功能是什么？

葡萄所需的主要营养元素与其他果树相似，主要有氮、磷、钾、钙等大量营养元素，以及镁、硼、锌、铁、锰等微量营养元素。 葡萄生长所需的主要营养元素的功能（表 3-4）各异，周年发育期间主要矿质元素吸收比例（图 3-7）也不同。

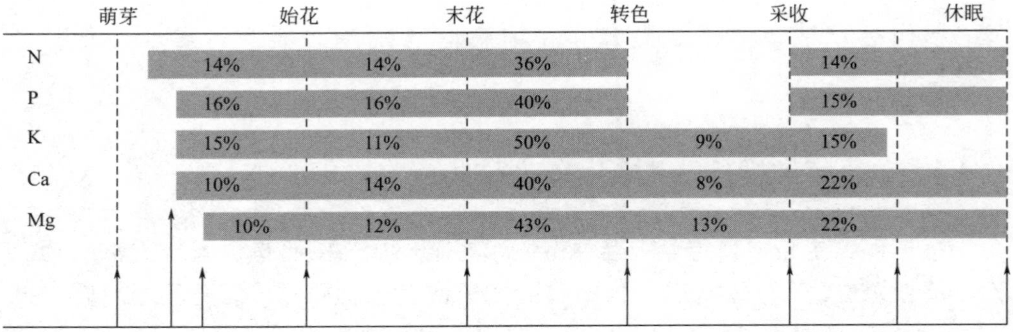

图 3-7　葡萄主要矿质营养年吸收比例

表 3-4　葡萄生长所需的主要营养元素及其功能

元素	功能
氮	适当的氮素供应能促使葡萄植株枝叶繁茂,增强光合效能,并能加速枝叶的生长和促使果实膨大。对花芽分化、产量和品质的提高均起到重要作用
磷	磷能增强葡萄树体生命力,促进花芽分化、果实发育和种子成熟,提高鲜果品质,促进新根的发生和生长,提高树体抗寒、抗旱和抗病性

元素	功能
钾	钾素可促使果实肥大和成熟,促进糖的转化和运输,提高浆果的含糖量、风味、色泽以及果实的成熟度和耐贮存性,并可增进植株的抗寒、抗旱、耐高温和抗病虫害的能力
钙	钙能保持细胞壁的强固性,增强抗病虫能力。提高碳水化合物的含量,促进根系发育。中和植物代谢过程中有毒物质,减轻离子的毒害作用,是酶的组成成分与活化剂,有助于细胞膜的稳定性,延缓细胞衰老
镁	镁是叶绿素、细胞壁胞间层的重要组成成分,还是多种酶的成分和活化剂,对呼吸作用、糖的转化都有一定影响。适量的镁素,可以促进磷的吸收和运输,促进果实肥大,提高果品品质
硼	硼能刺激花粉的萌发和花粉管的伸长,提高坐果率。促进碳水化合物的运转,并有利芳香物质的形成,提高果实糖度,改善浆果品质。增加叶绿素的含量,加速形成层的细胞分裂,使韧皮部和木质部发达,并有利于根的生长和愈伤组织的形成
锌	锌元素可参与生长素的合成,促进吲哚乙酸和丝氨酸合成色氨酸进而生成生长素,还是多种酶的组成成分和活化剂,并且能促进蛋白质的代谢,增强葡萄的抗逆性
铁	铁是植物内氧化还原的触媒剂,与叶绿素的生成有关,同时也是某些呼吸酶的组成成分。铁含量充足时,葡萄浆果着色深,叶片绿
锰	促进酶的活动,协助叶绿素的形成。适量的锰可提高维生素 C 的含量。锰对叶绿素的形成,糖分的累积、运转及淀粉的水解等过程起促进作用

117. 葡萄的需水规律及灌水时期是怎样的?

葡萄的耐旱性较强,只要有充足、均匀的降水,一般不需要浇灌。但我国大部分葡萄生长区降水量分布不均,多集中在葡萄生长中后期,而生长前期常干旱少雨,因此,应该适时进行灌水。一般生产上根据墒情按葡萄物候期进行灌水。

需水规律是判断葡萄何时灌水及灌水量的重要参考依据,葡萄需水的几个关键时期如下:

(1)催芽水。葡萄上架后,结合第一次追肥灌水。此期正是葡萄开始生长和花序原基继续分化的时期,及时灌水可促进发芽整齐和新梢健壮生长。

(2)花前水(花期停水)。葡萄一般在 5 月下旬至 6 月上中旬开花。在干旱地区或雨水少时,应在花前 10d 左右浇 1 次透水,促进葡萄开花整齐,提高坐果率。但在花期不宜浇水。

(3)催果水。为保证新梢的健壮生长和果实膨大,追施催果肥后应及时灌水。

（4）**施基肥后灌水**。在果实采收后结合施基肥灌 1 次水，使肥与水沉实，可加速根系伤口愈合及发生新根，促进营养物质的吸收。

（5）**越冬水**。在进入冬季或下架埋土防寒前，灌 1 次防冻水，以利于根系及地上部防寒越冬。

118. 葡萄水肥一体化的优势有哪些？ 不同地区水肥一体化体系有何差异？

水肥一体化是结合土壤墒情利用施肥和灌溉同时进行肥水管理的方法，是借助滴灌系统将水肥结合及在灌溉时进行施肥，最大限度地提高肥料利用率。与传统施肥方式相比，水肥一体化技术有以下优势：

（1）**水肥一体化用水少、成本低**。水肥一体化采用滴灌的灌溉方式，可以降低劳动强度，同时也可以降低土地资源占有率，节省劳动力和灌溉成本。

（2）**提高水肥利用率**。水肥一体化技术可以节省肥料，减少水分和肥料的流失，提高肥料和水分的利用率。 研究表明，运用水肥一体化技术可使肥料利用率提高 30% ~ 50%，水分利用率提高 40% ~ 60%。

（3）**提高灌水与施肥的效率**。水肥一体化效率高、灌水快、操作及时、灌水用时短，可以根据葡萄需水需肥规律随时灌水，同时可以做到多种养分的合理配比，从传统的大水漫灌改为少量多次浸湿植株根部的滴灌，使养分均匀供给，从而保证葡萄的营养平衡。

另外，不同地区的降雨量、地理环境、葡萄品种、地表覆膜管理以及葡萄品质等要素都影响水肥一体化的使用效果。 干旱地区采用覆膜技术灌水量可减少 2/3，总肥量也有一定的减少。

不同地域葡萄水肥的施加总量有所差异，且氮、磷、钾供给量与灌水量对葡萄产量及品质性状的影响也存在差异，即对葡萄产量的作用顺序为施氮量 ＞ 灌水量 ＞ 施磷量 ＞ 施钾量；对葡萄糖度的作用顺序为施磷量 ＞ 施氮量 ＞ 灌溉量 ＞ 施钾量；对葡萄维生素 C 含量的作用顺序为施磷量 ＝ 施氮量 ＞ 施钾量 ＞ 灌溉量；对葡萄总酸度的作用顺序为施氮量 ＞ 施钾量 ＞ 灌溉量 ＞ 施磷量。

水肥一体化在应用时要考虑当地土壤、降水等环境因素，在降水多的地区露地栽培时，水肥一体化会影响土壤管理，因此，要酌情采用。

119. 什么是叶面肥？

叶面肥是指以叶面吸收为目的，将作物所需养分直接喷施于叶面的肥料。叶面喷肥具有技术简单、用量少、见效快、利用率高等优点。 叶面肥直接喷施于叶上，通过筛管、导管或胞间连丝进行转运，距离近、见效快。研究发现，葡萄叶面喷施尿素 20min 后，植株对尿素就有响应，1~2d 后就会对植株的生长产生影响。在土壤中施用尿素大约 6h 后地上部分才有响应信号，并且 4~6d 才能发现对生长的影响效果。叶面喷施 2% 浓度的过磷酸钙浸提液，经过 30min 后便可运转到植株各个部位，而土施过磷酸钙，15d 后才能达到此效果。

120. 叶面肥如何分类?

按照不同的分类标准，可将目前常用的叶面肥分为以下几种类型：

① 按产品剂型可分为固体（粉剂、颗粒）和液体（清液、悬浮液）两种类型。

② 按组分可分为大量元素，中量元素，微量元素叶面肥和含氨基酸、腐植酸、海藻酸、糖醇等水溶性叶面肥。

③ 按作用功能可分为营养型和功能型两大类。营养型叶面肥含有一种或几种大量、中量和微量营养元素，其主要作用是有针对性地提供和补充作物营养，改善作物的生长情况。功能型叶面肥由无机营养元素和植物生长调节剂、氨基酸、腐植酸、海藻酸、糖醇等生物活性物质或杀菌剂及其他一些有益物质等混配而成，其中各类生物活性物质对植物生长具有刺激作用，农药和杀菌剂具有防病虫害的功效，有益物质也对作物的生长发育具有刺激和改良作用。因此，该类叶面肥是将一些添加物的功能性和无机营养元素补充结合起来，从而达到一种相互增效和促进的作用。

121. 叶面肥如何使用?

葡萄叶面肥主要的施用时期及施用方法如下：

(1)发芽后开花前。以喷施氮肥为主，主要是促进叶片与新梢生长。喷施 0.3%~0.4% 的尿素、硫酸铵、硝酸铵溶液，可配施 0.3% 的磷酸二氢钾的复合液肥。在葡萄开花前一周左右，叶面可喷施一次 0.1%~0.3% 的硼砂溶液或 0.1%~0.2% 的硼酸溶液、0.3% 的尿素加 0.3% 硼砂溶液、0.3% 尿素加 0.3% 硼砂加氨基酸微肥 400 倍液，以提高坐果率。也可在花前一周喷一次 0.1%~0.2% 的硫酸锌溶液。

(2)开花坐果期。喷施叶面肥主要是促进葡萄开花和坐果。葡萄花期喷 1~2 次 0.3%~0.5% 硼肥，花后一周喷一次 0.1%~0.2% 的硫酸锌溶液，还可在开花期、落花后各喷一次 0.05% 的稀土微肥。

(3)坐果后落叶前。喷施叶面肥主要是促进果实生长发育、增进果实着色和提高含糖量，促进光合作用、花芽分化，提高植株抗逆力。 喷施 0.3%磷酸二氢钾加 0.1%钙肥加 0.3%硼砂加 0.5%尿素，每半月 1 次，可促进果实发育、防止裂果和增加果实糖度。 从 8 月上旬开始每隔 15d 改喷 0.2%～0.3%的磷酸二氢钾，促进果实上色和花芽分化，提高光合作用，延长叶片寿命。 叶面可喷施 0.1%～0.2%硫酸亚铁、硫酸锌等微量元素溶液平衡营养，促使树体生长健壮，提高植株抗病力。

122. 葡萄叶面肥施用时注意事项有哪些？

(1)选择适当的喷施浓度。叶面肥浓度直接关系到喷施的效果，如果浓度过高，则喷洒后易灼伤作物叶片；浓度过低，既增加了工作量，又达不到补充营养的目的。 所以在应用中要因肥、作物不同，因地制宜对症配制。

(2)选择适当的喷施方法。配制溶液要均匀，喷洒雾点要匀细，喷施次数要结合生产需要而定。

(3)掌握好喷施时期。叶面施肥的时期要根据葡萄的不同生长发育阶段对营养元素的需求情况，优先选择需要量最多，需求最迫切的营养元素进行喷施，才能达到最佳效果。

(4)选择适当的喷施时间。叶面施肥效果的好坏与温度、湿度、风力等均有直接关系，进行叶面喷施最好选择无风阴天或湿度较大、蒸发量小的上午9：00 以前，或是在下午 4：00 以后进行。 如喷施后 3～4h 内下雨，则需进行补喷。

(5)选择适当的喷施部位。应尽量喷施到叶子表面以提高肥料吸收效率。

(6)增添助剂。在叶面喷施肥液时，适当添加助剂，提高肥液在植物叶片上的黏附力，促进肥料的吸收。

(7)与土壤施肥相结合。因为根部比叶部有更大、更完善的吸收系统，对量大的营养元素如氮、磷、钾等，10 次以上叶面施肥才能达到根部吸收养分的总量。 因此叶面施肥不能完全替代作物的根部施肥，必须与根部施肥相结合。

123. 葡萄为什么要进行花序、果穗整理？

花序整形能有效控制果实与果穗大小，提高坐果率，促进葡萄花期与成熟期一致，有助于调节果穗形状，减少后续果穗整理的工作量，有利于果穗的标准化管理、采收、运输、包装和销售。

果穗整形能够有效防止果穗生长过于密集，保证果实的大小均匀，提升果穗的整体品相，有利于果穗养分的吸收与分配，提高果实的品质等。通过果穗整形还可以及时将发育不良、外观不佳的果实去除，以达到增产、增收的目的。主要优点归纳如下：①美观。鲜食葡萄的生产要求就是穗形整齐而且松紧适度，果粒色美、质优、大小适宜。②减少病虫害的发生。整穗可以避免果粒挤压与碰擦而导致果实裂果，从而减轻病害发生。③合理调整树体负载量，有利于养分平衡，保证来年产量。葡萄也存在大小年现象，上一年结果量大必定会削弱树势影响下一年结果，亩产量应控制在 1500~2000kg，理想的单穗质量 500~1000g。④提高果实品质。不进行果穗整理会降低果实产量和品质，过多的果穗与果粒易造成养分供给不足而出现果实品质和产量不高的现象。

葡萄单位面积产量 = 单位面积果穗质量 × 单位面积果穗数，果穗质量 = 果粒数 × 果粒质量。一般疏花后的留花量为目标产量留花量的 2~3 倍。花序伸长后按计划产量要求疏去过多花序，留优去劣。按照产量要求，'巨峰''藤稔'等巨峰系四倍体品种，花穗整理后新梢长度大于 40cm 时留 2 个花穗，20~40cm 时留 1 个花穗，20cm 以下时不留花穗。生长势强旺的品种，如'白罗莎里奥''美人指'等，新梢 40cm 以下时不留花穗，40~100cm 时留 1 个大花穗，100cm 以上时留 2 个花穗。

124. 葡萄花序、果穗整理的具体措施

疏花序的具体方法有：拉穗，通常在葡萄开花前 10~20d 进行，花序拉长程度与时期有关，拉得越早，花序越长，越晚，越不明显。使用赤霉素、诱抗素等产品对花序进行浸蘸或喷雾。修花序，开花前按生产要求进行花序修整，除去穗尖和穗肩，从而使果穗呈现市场需求的一定形状，如圆锥形、圆柱形、疏散形等，穗长一般 12~15cm，以不超过 20cm 为佳。

花后疏果时的留果量为目标产量 1.5~2 倍，最终达到 1.2 倍左右。根据单位面积留穗数确定单位面积的新梢数和叶片数。以'巨峰'葡萄为例，适宜的产量为每亩收获 1.1~1.3 吨，每亩保留穗数为 2600~3300 穗，负担一个果穗需要的叶片数为 30~40 片，新梢的平均叶片为 10~13 片，叶果（穗）比要求为（3~4）:1。在花后还需疏穗 1~2 次。生长势较强的品种，花前的疏穗可以适当轻一些，花后适当重一些。生长势较弱的品种花前疏穗重一些。

果穗整形主要有以下措施：

(1) 顺穗。顺穗是把搁置在铁丝上或枝叶上的果穗理顺在架下或架面上。结合新梢管理，把生长受到阻碍的果穗，如被卷须缠绕或卡在铁丝上的果穗，

轻轻托起，进行理顺，使其正常生长或移至叶片下，以防止日灼。顺穗一般在6月中下旬进行，一天中以下午进行为宜，因这时穗梗柔软，不易折断。

（2）**摇穗**。在顺穗的同时，进行摇穗。将果穗轻轻晃几下，摇落干枯和受精不良的小粒。

（3）**拿穗**。把果穗和枝条分开，使枝条和果穗都有一定的空间，这样有利于果粒的发育和膨大，也便于剪除病粒。喷药时也可以让药物均匀地喷布到每个果粒上。拿穗应该在果粒发育到黄豆粒大小时进行，这一工作对穗大而果粒着生紧密的品种尤为重要。果实生长后期、采收前还需补充一次果穗整理，主要是除去病粒、裂粒和伤粒。

（4）**疏穗**。根据新梢的叶片数来决定果穗的疏留，先除去着粒过稀或过密的果穗，选留着粒适中的果穗。去除肩穗，保证果穗的美观性，去除穗尖，防止烂尖。

125. 葡萄套袋的作用及注意事项有哪些？

套袋可以预防和减轻葡萄果实侵染性病害、防止病虫害、减少农药残留、防止果实日灼、防止裂果、改善果面光洁度、改善果实风味、提高果实商品性，有助于达到提高果品质量与增加经济效益的目的。在果实坐果稳定，整穗及疏粒结束后立即开始。

注意事项：在套袋之前，果园应全面喷布一遍杀菌剂，重点喷布果穗，待药液稍干后再套袋，防止解袋喷药浪费人力财力。随时解袋观察是否有病虫害发生以及葡萄生长状况，制订合理植保和肥水管理措施。

126. 葡萄果袋的种类有哪些？

根据葡萄果袋的制作材料、果袋大小、果袋颜色和功能等，葡萄果袋可分为多种类型。

（1）**葡萄果袋的制作材料**。常用的葡萄果袋的质地有：报纸袋、木浆纸袋、塑料薄膜袋和无纺布袋等（表3-5）。

表3-5 果袋的种类

种类	用途	优点与缺点
报纸袋	用于抗病性好、中早熟、果实颜色为黄绿色或者紫黑色的葡萄品种	价格便宜

种类	用途	优点与缺点
木浆纸袋（白色纯木浆纸袋、黄色纯木浆纸袋）	黄色木浆纸袋适宜紫黑色或黄绿色葡萄品种	黄色木浆纸袋价格相对便宜,但果袋透光性差
塑料薄膜袋	可用于透光度大的红色品种等	塑料果袋价格便宜,透光性好,能够观察到果实在果袋中的整个发育过程,可以对病虫做到早发现、早治疗。缺点是果袋透光量大,果实日灼病发生严重;且易引发病害
无纺布袋	适合抗病性好,成熟早的黄绿色或紫黑色品种	韧性极好,极耐雨水冲刷和浸泡,可以在生产上反复使用,对鸟害也有极强的防治效果。缺点是成本高,透光性差

(2)葡萄果袋的大小。我国果袋的大小有不同型号，一般规格有 20cm×25cm、22cm×33cm、23cm×34cm、24cm×35cm、28cm×36cm、28cm×37cm 等。 生产者可根据葡萄的果穗大小自行选择。

① 自制报纸袋：将报纸对折成宽 26cm、长 19cm，套袋时将果穗套好后袋口用 22 号铅丝扎实，以防病虫侵入。

② 在日本，不同品种使用果袋的标准也不同，例如"底拉洼"果袋一般用 15cm×23cm，或 14.2m×21cm，有底或无底的透光率高、耐湿性强的纯白色纸袋。

③ 部分果袋公司还生产了双面立体葡萄果袋，规格一般为 28cm×37cm、24cm×35cm，也可根据用户要求定做不同大小的果袋。

(3)果袋的颜色。葡萄果袋的颜色有多种，一般常用的有白色（浅色）和黄色（深色）两种。 白色葡萄品种可使用深色袋，红色和黑色品种一般使用白袋（浅色袋）。 不同颜色的果袋可过滤不同颜色的光，对果实生长影响也不同。

(4)果袋的功能。不同袋子隔温性不同，不同品种所需要的袋子不同。根据研究，果袋内气温由高到低，依次是红色袋、复合袋、黄色袋、白色袋、无纺布袋、透气袋。 如果光照比较强，温度比较高，不适宜选择红色袋、复合袋、黄色袋，袋内温度比较高反而抑制果实发育。 如果反季节栽培，温度比较低，或者果实发育有霜冻的风险，那么就应该选择一些保温效果比较好的果袋。

127. 葡萄果袋该如何选择？

(1)根据当地的气候条件选择果袋。在阴雨天较多、降雨大的地区，要选择韧性好、耐雨水冲刷和浸泡、透光性好的果袋,如白色纯木浆纸袋。 在气候干燥、降雨量少的地区,套袋的目的主要是提高果品的外观品质、减少农药污染、生产无公害果品,可以选择价格相对便宜,质量相对低一些的报纸袋或黄色纯木浆纸袋。

(2)**根据栽培品种的特性选择果袋**。例如考虑葡萄的抗病性和果实成熟期,如果所栽培的葡萄品种果实发育期长,抗病性一般,则应选择质量较好、价格相对贵一些的白色纯木浆纸袋。 如果为黄绿色或紫黑色葡萄品种也可以选择黄色纯木浆纸袋。 而对成熟早、抗病性好的黄绿色或紫黑色葡萄品种,选择价格便宜的报纸袋,或者可以反复使用的无纺布袋。

(3)**根据果穗的大小选择相应规格的果袋**。选择的果袋要适应果穗的大小,太小易影响果实生长。

(4)**根据栽培方式、架式与树形特点、果穗着生部位选择果袋**。设施葡萄栽培可降低光照强度,使果实不易着色,但能减轻日灼,可以选择透光好的果袋。 棚架栽培等使果穗见光差,也可以选择透光好的果袋。

(5)**根据生产目的和经济能力选择果袋**。在南方多雨地区如上海、浙江等地,果实售价高,经济效益好,所以可选择韧性好、耐雨水浸泡的白色纯木浆纸袋或黄色木浆纸袋。 而河南、陕西等地的巨峰系葡萄套袋的主要目的是为了减少农药污染,改善果实的外观品质,提高果实售价,因此较多地选用价格相对低廉的报纸袋、黄色木浆纸袋。

128. 为什么葡萄在栽培过程中会出现大小粒现象? 怎样防治?

葡萄大小粒是指葡萄坐果后果实大小不均的现象(图3-8),且果实大小差异明显,小果粒只有花生或黄豆大小。 出现大小粒的原因是各种因素引起的授粉受精不良,主要有以下几个方面:

① 品种特性。 如巨峰类品种表现较为严重。

② 缺营养元素。 缺锌、硼、钙均会引起不同程度的大小粒。

③ 树势过旺或过弱。

④ 产量过高,留果过多,有效叶片不足,营养供求不平衡。

⑤ 调节剂使用不当。

⑥ 恶劣天气。 花期温度过高、过低或是连续阴雨天多会造成大小粒。

⑦ 树势退化或病毒病感染。

因此,针对葡萄大小粒的问题,可以从多方面进行综合防控。 首先可以根据实际情况改变架型结构。 其次是合理修剪,冬季枝条修剪掌握"枝芽数量保留"的原则。 最后严格控制肥水,花前不施氮肥,少施或不施有机肥。

图 3-8 　果穗的大小粒现象(黄雨晴提供)

品种从左到右依次为：'黑天鹅''尼姆兰格''李子香'

坐果后果粒长到黄豆粒大时需大肥大水，硬核期至着色期要多施磷钾肥。　根据生长状况调节土壤中微量元素含量，适量使用生长调节剂。

129.　葡萄生产常用的生长调节剂有哪些?

植物生长调节剂，是人工合成的（或从微生物中提取的天然的），具有和天然植物激素相似生长发育调节作用的有机化合物（图 3-9）。

（1）生长素类。生长素有促进生根、诱导单性结实、促进开花和防止采前落果等作用。　常见的生长素类调节剂有吲哚乙酸（IAA），吲哚丁酸（IBA），萘乙酸（NAA），2, 4-D（2, 4-二氯苯氧乙酸），2, 4, 5-T（三氯苯氧乙酸）等。

（2）赤霉素(GA)类。赤霉素能显著促进细胞伸长、分裂和分化，加速生长发育，增加产量，改善品质，促进早熟，可有效地打破种子休眠，促进发芽，诱导植物抽薹开花，促进坐果和果实的生长，还可以促进无核化，是葡萄无核化生产中常用的主要调节剂。　常见的赤霉素类生长调节剂主要有 GA_1、GA_3、GA_4 和 GA_7 等几十种。

（3）脱落酸(ABA)类。主要是抑制细胞的分裂、生长、核酸的合成，诱导植物的休眠，促进果实和叶片产生离层而脱落，增强植物的抗寒性。　对于非呼吸跃变型果实具有调控成熟与着色的功能。

（4）乙烯类。它是一种能在代谢过程中释放出乙烯的化合物，可以使植物组织发生很多生理上的作用，并能用来调节植物的代谢、生长和发育的各种趋向。　例如乙烯利可促进葡萄着色。　当前应用最广的乙烯类生长调节剂有乙烯利（Ethrel），又称乙基膦（ACP、CEP、CEPA 等）。

（5）细胞分裂素类。它能够调控植物的生长与发育，如芽的发育、顶端优势及光形态发育等多方面，还与果实发育有关，是葡萄无核化生产中保证果实膨大的调节物质。常见的细胞分裂素类生长调节剂有膨大剂（CPPU）和噻苯隆（TDZ）等。

(6)油菜素甾醇类(BRs)。 它是最新发现且具有调控果实成熟功能的植物激素，被称为第六大激素，其具有促进植株生长和提高应激反应的功能。常见的有油菜素内酯（BL）。

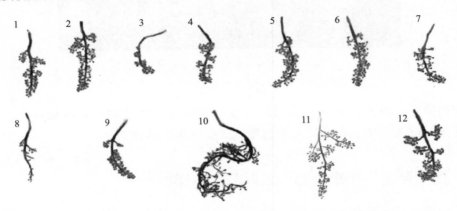

图 3-9　各种激素与糖处理（处理浓度均为 100μM）'夏黑'花穗前后对比

1—6-BA(6-苯氨基嘌呤)，是细胞分裂素类调节剂的一种;2—NDGA(去甲二氢愈创木酸);
3—JA(茉莉酸);4—Glucose(葡萄糖);5—Water(水)，对照组;6—ABA(脱落酸);7—NPA
(1-N-萘基邻氨甲酰苯甲酸)，是一种生长素转运抑制剂;8—Ethylene(乙烯);9—Sucrose(蔗糖);
10—BR(油菜素内酯);11—GA₃(赤霉素);12—IAA(吲哚-3-乙酸)，是生长素类调节剂的一种

130. 不同酿酒葡萄品种对土壤的要求有差异吗?

葡萄对土壤的适应性较强，如果进行合理的准备，许多类型的土壤都适合葡萄生长。由于不同酿酒葡萄品种对土壤的适应性不同，因此选择适宜品种和生长要求的土壤类型，才能获得理想的果实品质。常见酿酒葡萄品种最适的土壤类型见表 3-6。

表 3-6　常见酿酒葡萄品种最适宜土壤类型

酿酒葡萄品种		适宜土壤类型
红色酿酒品种	赤霞珠 味儿多	排水能力强的砂砾质土壤
	蛇龙珠	含砂石的壤土
	品丽珠 黑比诺 内比奥罗	泥灰土（黏土和石灰岩土的混合物）

酿酒葡萄品种		适宜土壤类型
红色酿酒品种	梅鹿辄	含水性强的黏土土质
	西拉 佳美	花岗岩和片岩质土壤
	马瑟兰	透气性强、矿质元素丰富的沙砾土壤
	佳丽酿	酸性钙质土壤
白色酿酒品种	霞多丽	带泥灰岩的石灰质土质
	帕洛米诺	石灰岩土壤
	米勒-图高	适宜肥沃土壤,不适宜于钙质土壤或非常干燥 的土壤,易引起缺绿症
	小芒森	含适量黏土、碎石的多砂性土壤
	威代尔	偏酸性的暗棕壤土
	长相思	砾石或砂质沃土或石灰质土,不适宜于干燥或钙质土壤

131. 葡萄园常见的土壤管理制度

土壤管理的主要目的是为葡萄根系的生长创造适宜的环境,尽可能地满足其对温度、空气、水分和养分的需求。 在我国北方埋土防寒区,绝大多数葡萄园都保持清耕状态。 在南方不埋土防寒区,除了清耕法外还可采用行间生草或种植绿肥的方法。 常见的葡萄园土壤管理制度主要有以下几种:

(1)清耕法。每年在葡萄行间和株间多次中耕除草,能及时消灭杂草,增加土壤通气性。 清耕法可有效地促进微生物繁殖和有机物氧化分解,显著地改善和增加土壤中有机态氮素。 但在有机肥施用不足的情况下,长期清耕会使土壤中的有机物迅速减少;清耕法还会使土壤结构遭到破坏,在雨量较多的地区或降水较为集中的季节,容易造成水土流失。

(2)生草制。葡萄园行间种草,生长季人工割草,地面保持有一定厚度的草皮,可增加土壤有机质,促其形成团粒结构,防止土壤侵蚀。 对肥力过高的土壤,可采取生草法消耗过剩的养分。 夏季生草可防止土温过高,保持较稳定的地温。 但长期生草,易受晚霜为害,高温、干燥期易受旱害。

(3)免耕法。不进行中耕除草,采用除草剂除草。 适用于土层厚、土质肥沃的葡萄园。 生长季节可以使用草甘膦等除草剂,也可在春季杂草发芽前喷芽前除草剂,再覆盖地膜,这样可以保持较长时期地面不长杂草。

(4)覆盖法。利用地膜或作物秸秆等覆盖地面,减少地面蒸发,抑制杂草生长；作物秸秆分解后成为有机质，可提高土壤肥力。 但覆盖后，土壤温、湿度适宜根系的生长，易使葡萄根系上浮，降低葡萄抗寒性。

(5)合理间作。选择矮小、生育期短且不遮光的作物进行间作，充分利用好时间差，不能和葡萄间存在剧烈的水分及养分竞争，不能影响葡萄的生长发育。 一般间作作物可以选择中药材类、食用菌、薯类、瓜类、草莓和豆类等。在葡萄开花或浆果着色时，间作物都应尽量避免灌水，以免影响到葡萄的坐果和着色。

132. 葡萄生长最适的土壤理化性质

土壤理化性质是指土壤的物理状况和化学成分，土壤的物理状况主要由质地、结构、孔隙性状、持水能力等构成，土壤的化学成分由 pH、氮磷钾、有机质含量等表示。 主要从以下几个方面介绍葡萄生长最适宜的土壤理化指标。

① 葡萄最适宜的土壤质地类型为砂砾土和砂壤土，砂粒含量越高，葡萄的可溶性固形物、总酚和单宁含量越高。

② 土壤通气性和排水性直接影响葡萄果粒大小和果穗松散度，土壤通气性和排水性越好，果穗越松散，受光效果越好，花色苷的累积量越高。

③ 土壤水分是土壤持水能力的综合反映，土壤含水量影响葡萄根系生长和矿质营养的转运，当葡萄园土壤含水量相当于田间持水量的 45% 时需要及时灌溉。

④ 土壤 pH 不仅影响土壤中矿质营养成分的有效性，同时也会显著影响葡萄的生长。 葡萄最适宜生长在 pH 范围为 $6.0 \sim 7.5$ 的微酸到微碱的土壤环境中，在过酸（$pH \leqslant 4$）或过碱（$pH \geqslant 8.3$）的土壤环境中，葡萄的叶片、新梢、根系等无法正常生长。

⑤ 土壤有机质含量与葡萄总酚、可溶性固形物、花色苷和单宁显著相关。

⑥ 土壤的氮素水平与葡萄新梢长、副梢数和产量相关性均达到显著水平，较高的土壤氮水平不仅可以增加葡萄叶面积，提高叶片光合效率和干物质累积量，还可以提高葡萄坐果率，增加产量及单粒重。

⑦ 磷素对葡萄果粒重、果穗重和产量均有明显影响，并能促进葡萄含糖量增加，降低总酸。

⑧ 钾素可促使葡萄果实肥大和成熟，促进糖的转化和运输，提高果实的含糖量、风味、色泽以及果实的成熟度和耐贮存性，并可增进植株的抗寒、抗旱、耐高温和抗病虫害的能力。

133. '妮娜皇后'栽培技术要点是什么?

'妮娜皇后'是日本培育的红色特大粒欧美杂交种,四倍体,糖度可达25～27度,既有草莓香味又有牛奶香味。平均单粒重15g,最大可达17g以上,平均单穗重580g,最大可达1200g,无核化处理后,品质更佳。其树势旺,开花期稍迟,需要修穗、摘粒,没有明显的病害,耐寒性稍弱,不适宜在寒冷的地区种植。其栽培要点主要有以下几点:

① '妮娜皇后'耐寒性比较弱,种植选择地点的温度和水分等条件应适宜。

② 果实膨大期时,要注意土壤的含水量,过于干旱会造成缩果现象。

③ 开花时花穗整形保留的穗长度为3～5cm,在疏果时对花穗进行减半处理。每穗控制在30粒左右。严格控制负载,穗质量控制在500g左右为佳。

④ 修剪时以长枝修剪为宜。

⑤ 适当扩大树冠,使棚面保持透光,可防止果粒过大,还有助于着色。

⑥ 设施栽培要合理控制温度,可促进果粒的稳定膨大,促进着色。

134. 我国当前葡萄生产栽培发展有哪些特征?

① 市场对有核品种的需求趋势为大粒、优质、色美;

② 优质无核品种需求增加;

③ 葡萄品种结构趋于合理,葡萄品种会出现早、中、晚熟搭配更加合理的局面;

④ 玫瑰香型葡萄市场需求大;

⑤ 葡萄栽培管理技术将逐步得到普及;

⑥ 葡萄设施栽培持续快速发展;

⑦ 栽培管理将越来越标准化、机械化、智能化;

⑧ 重视葡萄休闲和健康栽培,葡萄与人们休闲健康越来越密切;

⑨ 葡萄果实加工产品种类越来越丰富,在人们生活中扮演的角色越来越重要。

135. 为什么葡萄可以一年多次结果?

葡萄芽具有早熟性,花芽不但形成早,而且形成所需要的时间短,大部分葡萄品种在适宜的光照和温度条件下,经过处理都具有当年成花结果的能力。葡萄是对光照不敏感的植物,适宜条件下,任何时间都有可能开花。因此,生产实践中可以充分利用这些特性,通过适时进行夏季摘心等措施,控制葡萄的营养生长，诱发结果枝，达到一年多次结果的目的。

葡萄冬芽具有晚熟性，一般在形成当年不萌发，只有在受到外界刺激如修剪、药物、干旱、病虫害等刺激的情况下才会萌发形成冬芽副梢并开花结果。利用冬芽二次结果的关键技术是促进花芽分化及打破夏季冬芽休眠。

夏芽具有早熟性，在其年生长周期内适时采用各种物理化学诱导措施，夏芽副梢可以多次萌发及开花结果。利用夏芽结二次果的关键技术是加快结果枝老化成熟，促进花芽分化。冬芽副梢开花结果的能力比夏芽强，利用冬芽进行多次结果的成功率高于夏芽。但是，二次果在花朵数量及大小，子房和花药数量及大小，花粉萌发率，坐果率等方面普遍差于一次果。但由于受营养与环境因素影响，二次果的果实发育期明显短于一次果。

为了实现葡萄一年多次结果，需要在环境及生产条件方面满足一定的条件：一是预测生长期内的活动积温量必须能够满足葡萄的生长发育需求；二是要有适宜的品种和与之配套的栽培管理技术。否则会出现开二次花不一定结二次果，或者结二次果也不一定正常成熟而难以形成商品果的现象。

在年生长周期中，低温足够的亚热带或热带地区以及温室栽培都可以开展一年多次结果。中国对葡萄一年两收技术的研究最早开始于 20 世纪 50 年代，北起辽宁省西南部，南至广州。台湾地区早在 20 世纪 60 年代就开始尝试并推广葡萄一年多次结果的栽培技术。2003 年广西从台湾引入该技术，并依据桂北、桂南不同的气候条件，探索两代同堂（第一次果与第二次果生长期部分重叠，同时挂果，但成熟期错开）与两代不同堂（第一次果与第二次果生长期不重叠，分开挂果）等栽培模式（图 3-10）。目前该技术已经推广到海南、广东、福建、云南、浙江、四川等地。

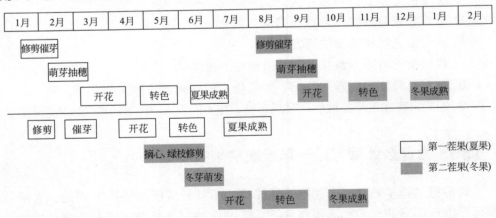

图 3-10 '巨峰'葡萄一年两收栽培模式

[横线上面表示广西中、南部的一年两收（两代不同堂）栽培模式；横线下面表示广西北部
一年两收（两代同堂）模式]

136. 葡萄不同节位花芽发育的物候期特点是什么？

从芽生长点开始形成到进入休眠这一时期，是芽分化的一个重要阶段，不同节位的芽发育可能存在快慢与早晚的情况。 以'藤稔'葡萄为例，其枝蔓可生长至 35 节位以上，是高节位易成花品种，花芽超节位分化的特点明显。 高节位上的花芽分化由底部向上部逐渐进行，上部花芽分化的时间明显短于底部先分化的芽。'藤稔'葡萄不同节位花芽的萌发情况不同，存在明显的异质性，芽的生长情况与异质性基本相符；底部和上部芽发育慢，发育程度低，中部节位芽发育快，发育程度高。 底部芽从 4 月下旬或 5 月初开始形成和发育，顶部最后一个芽的形成时间是 9 月中下旬。 从发育时间长短看，先分化的花芽生长发育时间比最后发育的多 5 个月，虽然不同节位芽的生长发育时间相差很大，但是其翌年都能发育成花器官（图 3-11），且花期时间基本一致。这说明不同节位花芽发育存在一个"渐趋同步"的过程。

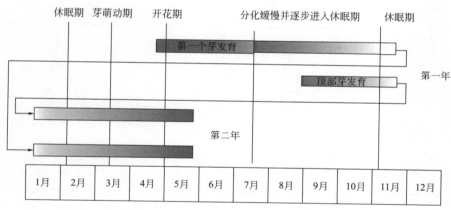

图 3-11 '藤稔'葡萄不同节位花芽发育

137. 葡萄生产上摘叶有什么作用？

葡萄是一种喜光果树，枝叶生长繁茂时易遮光而影响叶片对光能的吸收，从而使得光合效能下降，同化产物减少，造成枝梢生长细弱，叶片质量差，花芽分化不良，病虫危害严重，因此需要进行摘叶管理。

葡萄摘叶是一种应用较广泛的栽培措施，该技术多用于疏通果穗通风带，改善葡萄植株之间的微环境条件，改善果穗光照条件，提高果穗附近的通风透气性，有利于降低夜间温度，增大昼夜温差，从而提高果实糖度。 对果实含糖量、花色苷、黄酮类、香气物质等品质性状都有促进作用。

138. 如何确定葡萄株行距?

株行距与当地自然条件、葡萄品种、栽培架式及管理模式密切相关,如表3-7。篱架在葡萄栽培种中应用范围最为广泛,冬季寒冷的北方地区,葡萄需下架防寒,行距不能小于3m,株距不小于1m。采用棚架栽培时,为提高叶片采光率,行距一般不小于2.5m,株距不小于1m。

行间距也与栽培管理方式、机械化等有关。对于实行机械化的葡萄园,行间距根据机械对行距的要求而定;对于温室栽培,由于土地面积小,行间距可以适当缩小。长势较弱的品种可适当缩小株距,长势旺的可适当增加株距。自根苗结果后容易老化,树势比较弱,需要适当缩小株距植;嫁接苗根系强大,寿命长,葡萄树势较旺,比自根苗的株距要大。肥沃、含氮量高的土壤株距不宜过小。

表 3-7　常见葡萄栽培方式的株行距设置

栽培类型	架式	株行距/m	架高/m
露地	柱架	1.0×1.5	1.2~1.8
	篱架	1.0×2.0	1.8~2.0
	棚架	1.0×4.0	1.0~1.5
日光温室	单篱架式	0.8×2.0	1.2~1.5
	双篱壁式	1.0×2.2	1.2~1.5
	棚架	0.8×4.5	1.2~1.8
避雨棚	篱架	1.5×3.0	1.3~1.8
塑料大棚	篱架	1.0×3.0	2.0~2.5

139. 葡萄育苗技术有哪些?

葡萄育苗技术主要有扦插育苗、嫁接育苗和压条育苗等方式(图3-12)。

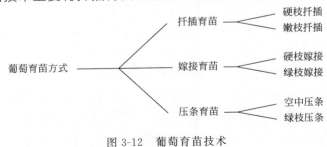

图 3-12　葡萄育苗技术

140. 扦插育苗的插条需要哪些准备?

(1)插条的处理。将插条从贮藏沟内取出,按所需长度进行剪截,单芽插条长度 5~10cm,双芽或 3 芽插条 10~20cm,插条粗度 0.5cm 以上,节间长短均匀,芽眼饱满,髓部不超过插条直径的 1/3,插条皮色黄至红褐色,无病虫。剪截时,将插条上端剪口距芽 1cm 处平茬剪,下端剪口紧靠节下 0.5cm 处斜剪,甚至可以剪在节上,这是因为节上养分贮藏多,易萌发生根。插条剪好后,每 50 条或 100 条扎成一捆,待催根或扦插用。

(2)插前浸条。把剪好备用的扦插条成捆放入清水中浸泡 12~24h,至剪口呈鲜绿色达水分饱和为止。为提高扦插育苗的成活率,现常采用药剂处理的方法促其发根。通常是将成捆的扦插条基部 1~2cm 用药剂进行浸蘸。但切忌使插条顶芽着药。常用的药剂有:吲哚乙酸 40~50mg/kg,萘乙酸钠 100mg/kg,浸泡 12~24h;吲哚丁酸 100mg/kg 浸 12h 或 200~300mg/kg 快速浸蘸(将插条基部浸入药剂后立即取出),可提高扦插育苗成活率。

141. 什么是葡萄的扦插育苗?

扦插育苗是最常见且简便的一种育苗方法。葡萄扦插育苗分为硬枝扦插育苗和嫩枝扦插育苗。硬枝扦插育苗在目前最为常用。它是利用冬季剪下的具有该种特性的一年生枝条做扦插材料,通常每个扦插枝条留 2~3 个芽,稀有品种可采用单芽扦插。硬枝扦插前应做好相关的准备工作。

(1)育苗地选择。育苗地应选择地势平坦、土壤疏松、靠近水源、排灌容易的砂质壤土或壤土,并考虑管理方便,留有生产路和排灌水沟等。育苗地在冬季上冻前,要深耕 50cm 左右,然后将过磷酸钙(每亩 50kg)与有机肥(圈肥、厩肥、堆肥,每亩 3000kg)混合后撒施于表面,粗耙一遍,来年春天开冻后再细耙一遍。土壤墒情差时,应先浇透水后,再起垄整畦备用。北方地区多采用垄插育苗,这样有利于防寒、保温、保湿。育苗地要注意轮作换茬,避免连作,前茬最好不用马铃薯或茄科类的蔬菜园地,以避免病虫危害。

(2)扦插时间。露天扦插育苗以早春土温达到 8~10℃ 时开始为宜。

(3)扦插方法。可采用垄插或畦插。

垄插是将育苗地深耕细耙平整后进行打垄。东西向起垄,行距 50cm 左右,先挖深、宽各 15~20cm 的沟,沟土向北翻,形成高 20cm 的土垄。然后,将处理好的插条沿沟壁按 10~15cm 的株距插入,插条长时可倾斜插,顶芽向上朝南。随后,从沟旁取土覆盖,用脚踏实,浇透水后再覆土,使细土超过顶芽 3~5cm 为宜。 如覆盖塑料薄膜或建小拱棚，更利于插条早生根。 垄插土温上升快，发芽早，中耕除草方便，通风透光，苗木生长比畦插好。

畦插则是将深耕细耙平整后的育苗地，南北向整成宽 1~1.5m 的畦，畦长一般 20~30m，畦内按行距 25~30cm 挖沟，沟深 10cm 左右，将插条插入沟内，株距 10~15cm，顶芽与地面相平，芽眼向上、朝阳，插条用细土覆盖 3~5cm，然后浇一次透水。 待水渗下去后及时中耕。 有条件时，可在中耕后覆膜，以利保墒和提温，促插条生根。

142. 什么是葡萄的嫁接育苗?

嫁接是果树无性繁殖的方法之一，即采取优良品种植株上的枝或芽接到另一植株的适当部位，使两者结合而生成新的植株。 嫁接口上部称为接穗（Scion），下部称为砧木（Rootstock）。 嫁接一般在 5~6 月进行。 根据嫁接材料的不同，通常将嫁接分为硬枝嫁接和绿枝嫁接，春季用硬枝，夏季用绿枝。

(1)砧木及接穗的采集及冬贮。葡萄嫁接用的品种接穗及砧木，应选择生长健壮、无病虫害和成熟充实的枝条。 冬季砧木和品种接穗休眠条的贮藏方法与扦插种条相同。

(2)嫁接方法。多采用舌接法和劈接法。

① 劈接流程：选二者粗度相近的枝条，用清水浸泡 24h 充分吸水后剪截成段长 30cm 左右砧木，接穗长 5~10cm，具备一个饱满芽。 接穗一般在饱满芽的上方 1~2cm 处剪截，在芽的下方 4~5cm 处平剪。 砧木枝条在顶芽的上方 4~5cm 处平剪，下端在砧木节附近 1cm 左右处剪截。 用切接刀在砧木中心垂直向下劈开，深 3~4cm，并将砧木上芽眼抠掉。 再用切接刀在接穗芽下 0.5~1cm 处的两侧向下削成楔形。 要求斜面光滑、平直。 将削好的接穗插入砧木的切口内（至少一边形成层与砧木形成层对齐）。 接穗削面在砧木劈口上露出 1~2cm，称为露白，有利形成愈伤组织。 然后用宽 1cm、长 20~25cm 的塑料条，从砧木切口的下方向上螺旋式缠绕绑缚，或用接蜡封严。

② 舌接流程：选择与砧木直径大小一直的接穗，接穗留饱满芽 1~2 个截断；砧木与接穗各 45° 斜削，保证接口平滑；在砧木和接穗中间各劈开一条占斜面 1/2 的缝，将接穗与砧木插接；从砧木切口的下方向上螺旋式缠绕绑缚，或用接蜡封严。

③ 嫁接时间：一般在 5~6 月进行。

④ 嫁接口处理：接穗均匀涂抹石蜡或使用嫁接膜可减少蒸发，有利于提高成活率，特别是劈接、插皮接、切接、合接等枝接法。 蜡封接穗加嫁接后塑料薄膜包扎成活率可达 98% 以上，且省工省时。

具体方法是将市场销售的工业石蜡切成小块，放入铁锅内加热至熔化；把接穗枝条剪成 10~15cm 长，顶端保留饱满芽；当石蜡温度达到 100~130℃时，手拿接穗，将接穗的一半在熔化的石蜡中蘸一下，立即取出，再将另一半也在熔化的石蜡中蘸一下，立即取出，每次蘸蜡时间控制在 1s 以内。这样使接穗都蒙上一层均匀的薄石蜡层。如将剪好的接穗十几根或几十根放在捞饺子用的漏勺中，放入熔化的石蜡中，快速捞出来，可提高工效数倍。注意接穗不要掉在锅里，每次下锅蜡封的接穗不宜过多。

⑤ 嫁接后的管理：芽眼膨大之后在芽眼的上方用刀片划破塑料膜，使新梢露出，新梢加粗生长时，把缠绕在接口处的塑料膜去掉，防止影响接口外的增粗和嫁接苗的生长。

绿枝嫁接方法见 159 题。

143. 什么是葡萄的压条育苗？

压条繁殖是把未脱离母体的枝条压入土中，待生根后再与母体分离成为独立的植株。在脱离母体前，所需养分和水分均由母体供应。不易生根的品种可以采用压条繁殖。其繁殖的苗木成苗率高，生长快，是一项繁殖系数高、有效的快速育苗法。压条繁殖育苗的目的主要有两个：一是补植缺株；二是少量繁殖苗木。

(1)常见的压条方式

① 空中压条：利用结果树的一年生结果母枝，采用环割、激素处理后，空中置盆（塑料袋），生根后剪下成苗。当前，压条育苗常用于葡萄的结果盆景制作。

② 绿枝压条：利用苗木或幼年葡萄树上的新梢进行压条繁殖的方法。

(2)定植过程。当年压条繁殖的葡萄园，要做到挖深沟、施足肥、栽大苗、浇足水。定植沟宽 80~100cm。底部分层填入腐烂的作物秸秆，回填时全部用熟土，中上部混入土杂肥，每株 30~50kg，果树专用肥（或磷酸二铵）每株 0.5~1kg。回填后灌足水，待完全沉实后再挖小坑定植。选用枝蔓粗壮、根系完整、无病虫害的苗木。栽后盖地膜。

(3)选留培养压条母蔓。第一年苗木发芽后，根据架式，除培养好结果母蔓外，选留一个距地面较近的压条母蔓，其余芽全部抹除。将来结果的母蔓按常规管理，用作压条的母蔓，随着生长及时立杆绑缚，待长到 1m 左右时摘心（旺枝长留，弱枝短留），摘心后将枝蔓平放在地面上，以便夏芽均匀生长。枝蔓上长出的夏芽副梢，隔一个留一个，待压条用。已经结果的葡萄要从植株的最低部位选留压条母蔓。

（4）**适时压条**。压条母蔓被拉平后，待夏芽副梢长 20cm 左右时进行压条，最晚不迟于 7 月中旬。压条时先挖一条深 15cm 左右的窄沟，沟内撒入适量农家肥或磷酸二铵并与土拌匀，然后将枝条放入沟内，埋土踏实后浇水。

（5）**压条后的管理**。压条后随着枝蔓的生长要及时立杆绑缚，其上再次萌发的夏芽副梢全部抹除。注意及时喷药，防治病虫害，尤其要注意防治霜霉病、白腐病和浮尘子。喷药时可混喷叶面肥。压条后结合浇水追施适量化肥，以促进生长。根据枝蔓长势适时摘心，8 月下旬要全部摘心一次，促进加粗生长。

（6）**适时切断母蔓**。8 月中旬，枝蔓长出根系后，从压条母蔓基部留几个芽剪断，使其与母株分离。母蔓基部留的芽来年抽生新蔓再压条。落叶后起苗，将压入土中的整个母蔓挖出剪断分株即可，每株剪留 3～5 个芽。需要冬藏时打捆后用 600～800 倍多菌灵蘸根后沙藏。也可在春季随起苗随定植，但越冬的压条苗要注意埋土防寒。

144. 葡萄嫁接口如何处理？

完成嫁接后，为提高葡萄育苗存活率，需要对嫁接口进行处理，使砧木与接穗在最短时间内完全愈合。

（1）**塑料薄膜包扎**。嫁接后使用塑料薄膜缠绑嫁接切口部分，可减少水分蒸发，保持伤口的湿度，保持接穗不抽干，有利于提高成活率。塑料薄膜能把接穗和砧木捆绑紧，使双方的伤口形成层相接。特别是劈接、插皮接、切接、合接等枝接法。可使嫁接成活率可达 98% 以上，且省工省时。

（2）**涂抹石蜡**。具体方法参见 142 题。

145. 如何进行葡萄容器育苗？

容器育苗是在特定的容器里进行育苗的方法，是培育葡萄结果盆景的主要方法。容器盛有养分丰富的培养土等基质，常在塑料大棚、温室等保护设施中进行育苗，可使苗的生长发育获得较佳的营养和环境条件。苗木随根际土团栽种，起苗和栽种过程中根系受损伤少，具有成活率高、缓苗期短、发根快、生长旺盛等优势。葡萄的容器育苗一般采用扦插移植。

（1）**育苗准备**。选择品种纯正、生长健壮、抗逆性强、丰产性好的无病毒葡萄优良品种，在冬季修剪时将剪下的成熟度好、芽眼饱满充实、粗度在 0.6～1cm 的一年生无病虫害的枝蔓，挂上标签，注明品种、日期等。宜选择背风遮阳的地方，挖深约 80cm、宽约 100cm 的贮藏坑，长度根据插条的数量决定。 贮藏时先在坑底部铺上 15～20cm 厚的沙，一层插条一层沙，三层为宜，最后盖上一层 30cm 左右的沙。 沙的湿度要求手握成团，松手即散，不可太干或太湿。 贮藏期间要经常检查坑内的温度和湿度，并及时调整好温度、湿度，确保插条新鲜有活力，不腐烂变质。

(2)容器的选择及基质的混配装钵。选择直径 8～10cm、高 15cm 的圆形塑膜容器，底部有孔，便于排出多余水分。 目前使用较多的基质材料有泥炭、蛭石、珍珠岩、蔗渣、菇渣、沙砾和陶粒等。 容器育苗基质以泥炭原料为主，配以珍珠岩，泥炭与珍珠岩按 5∶1 的比例，搅拌均匀。 将配好的基质钵，装到八成满即可。

(3)葡萄插条的剪取与处理。在第 2 年 3 月下旬至 4 月上旬取出贮藏的插条，用清水冲洗净粘在插条上的沙、泥等，沥去多余水分，并选择成熟度好且芽眼饱满充实的插条，按 2～3 节、大约 25cm 左右进行剪截，上剪口距上芽 1～1.5cm，下剪口靠近节部斜剪成马蹄形，因节的隔膜内营养丰富，很容易形成愈伤组织促发新根。 将剪好的插条 20～30 根捆成一捆，要求插条下剪口在同一端，整齐一致，并将插条下剪口 3～5cm 浸泡在配制好的 50～300mg/L 吲哚丁酸溶液或其他生根粉溶液中 1～2h，然后扦插到装好基质的容器中。

(4)育苗方法及管理。在 15cm 左右深的地温达到 10℃ 以上时进行扦插。扦插时先用粗度一致的废弃插条引眼 5～8cm，然后插入处理好的插条，并将周围的基质按实，使插条与基质结合紧密，并挂好有品种、扦插日期等内容的标签；将插满插条的容器整齐摆放在整好的田垄上，一般垄宽摆放 10 个，长度根据容器的多少决定，然后浇透水，覆好保温膜，并搭好遮阳网。 主要的管理措施包括以下几点。

① 水分管理：扦插后根据天气情况控制好容器的温度和湿度，一般 5～8d 浇 1 次水。 如遇雨天，及时排水。 如遇高温，及时揭膜通风，维持适宜的温度和湿度，以促进根系快速生长。

② 枝梢管理：随着温度的上升，插条上部的芽开始萌动，这时要及时抹除多余的芽，保留 1 个健壮饱满芽即可，当抽出的枝梢长到 40cm 左右时，及时摘心，促进枝梢加粗和木质化，并及时处理副梢。

③ 炼苗促长：大约 4 周，根系已长出 1～2cm，这时便可炼苗了。 炼苗时先去掉遮阳网，再逐步将覆膜拉开，4～5d 后待苗木慢慢适应外界气温后，再将覆膜全部撤掉，并每隔 5～7d 叶面喷施 1 次 3%磷酸二氢钾溶液或 3%尿素溶液。 经适当干旱等炼苗促长管理后，进一步促进根系生长，大约 8 周，根系长到 5cm 左右，侧根增多，发达健壮。 上部枝梢进一步增粗并木质化，这时就可以出圃移栽了。

④ 病虫害防治：要及时预防病虫害，主要虫害有金龟子、叶蝉、绿盲蝽、

蚜虫等，可用 1500～2000 倍的溴氰菊酯（敌杀死）或毒死蜱（乐斯本）乳油，或 4.5%高效氯氰菊酯乳油 1500～2000 倍液等；病害主要有霜霉病、白粉病及炭疽病等，可用 70%代森锰锌可湿性粉剂 600～800 倍液或 50%福美双可湿性粉剂 500～1000 倍液，或 25%嘧菌酯（阿米西达）悬浮剂 1500 倍液，或 45%咪鲜胺水乳剂 2000 倍液交替使用，提倡预防为主、综合防治，交替、复配使用比单一用药效果理想。

(5)苗木出圃

当苗木长到一定程度，达到标准即可出圃。出圃时要求品种纯正、枝条强健、根系发达、无损伤与病虫危害，然后将苗木进行分级。为保证成活率，应带容器出圃并适时移栽。

146. 什么是葡萄的"三步"快速育苗法？

"三步"快速育苗法，又称"三级跳"育苗法，在辽宁、安徽、山东等我国很多地区广泛应用，是辽宁繁殖葡萄优良品种种苗多、快、好的成功方法。育苗过程如下：

第一步，在 2 月上中旬于日光温室中利用电热线加温，栽植优良苗木，使床下地温逐渐上升到 20～25℃；当苗木长出新根，芽眼也开始萌动抽梢生长时，将床下地温由 25℃ 再升到 28℃，使品种苗新梢生长转快，一般经 30～40d，就能再长出 10～15 片叶子。温室里栽植的砧木苗因生长快，应比品种苗晚栽 5～7d，以便使砧木苗新梢和品种苗新梢的粗度相近，提高绿枝嫁接成活率。砧木苗新梢大约抽出 8～9 片叶子时摘心，并扣除副梢和腋芽，促进其加粗和半木质化，当砧木及品种接穗粗度接近时，在温室里进行绿枝劈接，这是优良品种苗的第一步扩繁。一般 1 株品种苗平均可采 6 个芽，在温室里嫁接 6 株，成活率按 70%～100%计算，可以成活 4～6 株，再加上 1 棵原株，共为 5～7 株品种苗。

第二步，将这 5～7 株优良品种苗，在温室里精心管理，一般经 40d 左右，新梢可生长出 10～12 片叶子，每株品种苗新梢平均能生长出 6 个芽，利用 5～7 株品种母株生产出的 30～42 个接芽，在塑料大棚坐地砧（上一年秋天末起的砧木）上进行绿枝嫁接，按 80%～100% 成活率计算，则坐地砧上品种苗能成活 24～42 株。加上日光温室里的 5 株，共有 29～47 株优良种苗。这是完成第二步优良品种苗扩繁。

随着气温不断提高，露地栽植的砧木苗或经催根的插条砧木苗生长加快。

第三步，在 6 月中下旬，砧木苗长出 7～8 片叶子时摘心，促进加粗和半木质化，这时大棚里坐地砧上的品种苗和日光温室里品种苗的新梢又都能抽出

10～13 片叶子，在 29～47 株品种苗上，每株采 6 个芽，共提供 174～282 个品种接芽，按 70%～100%成活率计算，可成活 121～282 株，加上温室 5 株和大棚坐地砧苗 24 株，共 150～311 株优良品种苗。

通过这"三步"快速繁育优良品种苗木，增加繁殖系数，在精心管理下，1 株优良品种苗可繁殖苗木 150～311 株，苗木新梢粗度可达 0.5cm 以上，留 5～7 个饱满芽剪截，有 5 条以上 15cm 长的根，无病虫害，即成为优良品种的标准苗木。实际生产根据育苗需求量有计划地按上述方法进行。

147. 怎样提高葡萄苗木移栽成活率？

(1)起苗时期选择。土壤松动前起苗为宜，起苗前葡萄苗圃浇水，保证苗木充分吸水，避免出苗后失水。

(2)苗木选择。起苗前根据苗木质量标准（NY 469—2001）进行苗木分类，选择质量高的苗木。注意苗木规格。优质苗木高度和基部直径都应达到国标Ⅱ级以上，且根系发达，有较多的侧根和须根，分布均匀。

(3)起苗。苗木必须在落叶后到封冻前全部出圃。出圃前，要浇一次透水，避免出苗后失水。在根系周围保留少量湿润的泥土，减少苗木蒸腾。起苗时，必须注意深挖，保持根系完整并防止机械损伤。

(4)保存。苗木起出后不栽植的应及时贮藏，包装时可用塑料袋或湿的纸箱，以免苗木失水风干，适当浇水保持苗木湿润。

(5)运输。使用塑料袋包装，外部再加上一层湿麻袋，经常查看苗木状态，及时喷水，避免高温运输。

(6)定植。对苗木进行适当修整，剪去枯桩和过长的苗根，使根系保持有 25～30cm 长即可。然后将苗木放入清水中浸泡 24h，使其充分吸足水分；使用生根粉蘸根，促进生根。

(7)定植后管理。定植后为提高地温，促进新根生长，要经常松土，同时可覆盖地膜。栽苗 20d 后检查苗木是否出芽了，将成活的苗去掉盖土，让苗木露在地膜之上。

148. 葡萄苗木起苗后应如何保存？

苗木起苗后合理的贮存是保障苗木成活率的重要方法，因此在苗木起出后应及时贮藏，以免苗木失水风干。葡萄苗木的贮藏主要有假植、冷库贮藏、沙藏，具体方法如下：

(1)假植法。苗木出圃后如果不能及时贮藏或外运，则要进行短期假植。

选避风背阳、不积水的地方挖假植沟，深宽各 50cm，长度视苗木数量而定。沟底先铺 10cm 细沙，每 50 根 l 捆，标明品种，将成捆苗木根向下垂直摆放。然后填一层细沙，厚度为苗高的一半，灌水沉实，使湿沙和根系密接，不留空隙，再填入 10～20cm 的湿沙，保持苗子露出沙面 5～10cm（2～3 个芽）为宜。填好沙子后，随即盖上一薄层秸秆或杂草，起保湿保温作用。

(2)冷库贮藏法。 将待贮藏苗木放入冷库中，温度保持在 4℃ 左右并保湿，利用这种贮藏方法可以使苗木发芽延迟 3 个月以上，贮藏后应定期检查葡萄苗木的情况。

(3)沙藏法。 具体方法见 149 题。

149. 葡萄苗木如何沙藏？

沙藏是指葡萄苗木在田间起出后再次贮藏，是北方地区春栽以前保存苗木的办法。沙藏最好选用干净的细河沙，颗粒米粒大小，颗粒太细影响透气性，贮藏温度在 -3～3℃ 之间最好，湿度 60%，苗木贮藏忌热不忌冷，忌干不忌湿。同时，在低温沙藏的条件下，应通过气体交换使氧气溶解度增加，保持温湿度恒定，这样能避免根系和芽眼在贮存中霉烂，并能促进栽植以后发根旺盛。

选择背风、向阴的地方挖 1～1.5m 深的坑，长宽视苗木而定，将苗木平放在坑内，每放一层用干净的湿河沙覆盖一层，然后再放再铺，最后在上面用湿土压严坑口，定期检查苗木的发芽情况和沙的湿度，根据天气变化而增减，既要防止失水皱缩，又要避免过湿和发霉。在苗木的贮存过程中，苗木本身可自然解除休眠，并完成生理后熟过程，提高栽植以后的成活率。沙藏过程要使根系充分接触沙土，不留死角。

150. 用于绿枝扦插的枝条采收判断标准是什么？

利用葡萄夏季修剪时，剪下来的生长枝或副梢，进行绿枝扦插培育葡萄苗，具有取材容易、发根快、成苗率高的优点，适宜生产部门扩大繁殖优良葡萄品种之用。扦插枝，宜选择半木质化，直径在 0.6cm 以上的绿枝。半木质化是指新梢有一定的硬度和成熟度，外表呈绿色，里面很结实，枝条柔软而有硬度，髓心基本形成，纤维较少。

151. 培育葡萄脱毒苗常用方法有哪些？

脱毒苗就是利用生物技术培育的无病毒苗木。栽培无病毒苗木是防治葡萄病毒病的根本措施。 实践证明，葡萄无病毒苗木根系发达，定植成活率高；树体长势旺盛，主干茎粗壮；产量高、品质好；抗逆性强，病虫害少。 葡萄脱毒苗的培育主要有以下几种方法：

(1)热处理脱毒。在稍高于正常温度的条件下，使植物组织中的病毒可以被部分或完全地钝化，而较少伤害甚至不伤害植物组织，实现脱除病毒。

(2)茎尖培养法。在植物体中，病毒的移动主要有两条途径，其一是维管组织，而茎尖分生组织中没有维管束系统；其二是胞间连丝，但病毒在这条途径中的移动速度落后于茎尖生长速度，因此顶端分生组织附近病毒浓度很低，甚至不带病毒。 根据这一原理，利用茎尖培养可以获得无病毒种苗。

(3)茎尖培养与热处理相结合脱毒法。单纯的热处理与单纯的茎尖培养均不能完全脱除病毒，且条件要求高，操作困难，为了提高茎尖脱毒效果，可以先进行热处理，再进行茎尖培养脱毒。

(4)化学药剂处理脱毒

152. 什么是葡萄机械硬枝嫁接？

葡萄机械硬枝嫁接是指利用机械剪切接穗和砧木，并将两者剪切面的形成层直接压合在一起的高效嫁接技术。 它具有高效、省时、省力、苗木成活率与质量高等优点。 嫁接接口主要是"Ω"形，具体过程如下：

(1)砧木取材与贮藏。砧木的取材一般结合前一年冬季修剪（11～12月份）进行，要求枝条新鲜，完全成熟，芽眼饱满，无病虫危害，无机械损伤，无冻闷伤害。 砧木直径一般为 0.7～1.1cm。 顶芽上部平剪留 3cm 以上，下部在芽下斜剪，枝条芽眼全部削掉，以防止砧木芽的萌发而影响嫁接的成活率，长度在 30cm 左右，剪好的砧木枝条要求直立没有弯曲，50 根一捆进行沙藏。 沙藏要求填埋在深约 50cm 的沟内，先在沟底部平铺 5～10cm 厚的湿沙或细沙土，每放一捆砧木枝条，填埋一层沙子，沙条相间，保证每根枝条都能够与湿沙接触。 砧木枝条平放。 沙藏的温室要及时进行通风。

(2)接穗的采集与贮藏。接穗枝条在前一年成熟落叶后结合冬季修剪进行采集。 枝条一般选择品种纯正、植株健壮的结果枝上的营养枝，应为充分成熟，节部膨大、芽眼饱满、髓部小于枝条直径的 1/3、没有病虫的一年生枝。每 50 个枝条绑一捆，捆扎整齐，不同品种做好标记，进行沙藏，沙藏方法同砧木沙藏。

在砧木、接穗贮藏期间一定要保证不发霉、失水。 如果枝条本身的成熟度较差，会影响后期愈伤组织的形成与愈合。

(3)砧木和接穗处理。在进行嫁接前 3d 将砧木从沙子中取出，放入清水池中浸泡 24~48h 后取出，在 50% 多菌灵 800 倍溶液中浸泡 5min，再晾干水分。 在嫁接前一周将沙藏的枝条取出后，挑选芽眼饱满的接穗进行清水浸泡、50% 多菌灵 800 倍液浸泡后用于嫁接，嫁接时要求单芽剪截，芽上方留枝段 0.5~1cm，芽下方留枝段 2~3cm。

(4)嫁接时间及方法。嫁接的时间以 3 月底到 4 月初为宜，持续时间大概为半个月。 嫁接在嫁接温棚内进行，温度控制在 16~21℃，空气相对湿度为 70%，嫁接棚内要用 84 消毒液进行全面喷洒消毒灭菌，其中，嫁接机、育苗箱、周转箱都要进行消毒灭菌。

(5)嫁接技术要点。在进行机械硬枝嫁接时要选择砧木、接穗粗度一致的枝条进行嫁接。 在进行嫁接时，注意砧木、接穗不能倒置，将接穗与砧木扶正，保证砧木与接穗的形成层对齐。

(6)蘸蜡、冷却。将嫁接完成的枝条放到周转箱内，一次拿 10 根左右嫁接好的枝条竖直插入蜡汁中（蜡汁是提前用电热器将蜡块融化后，冷却至 85℃ 后倒入熔蜡池）。 若用手拿嫁接枝条，要将枝条散开，防止蘸蜡时发生粘连，蘸完蜡后迅速放入凉的清水中冷却 2~3s。 冷却完成后将苗木装箱。

153. 如何进行葡萄弥雾绿枝扦插育苗？

弥雾扦插是指在葡萄苗木扦插后开启不同蒸发量的喷雾装置，使苗木产生愈伤组织，并长出新根的繁育方式，主要用葡萄的绿枝进行扦插。 具体操作如下：

(1)筑苗床。选择光照充足、地势平坦、排水良好的地方，土壤最好为砂壤土。 用砖砌成高 30cm、直径 9.6m 的圆柱形苗床，床内填纯净细河沙，床面内高外低，并筑成 80cm 高床畦，步道宽 30cm。 同时安装并调试全光自控弥雾装置。

(2)扦插基质消毒。启动喷雾装置，用清水淋洗床面，然后用 0.5% 的高锰酸钾溶液淋洗消毒。

(3)采条及制穗。在 6 月中旬至 8 月下旬，选取半木质化的枝条，应在早上露水未干或阴雨天进行。 一般来说，当年生枝进入 8 月后即木质化，枝条外表呈绿色，手感很结实，内部髓心发白，就是半木质化了。 采条后迅速运到室内制穗，先用锋利小刀将穗条削成 15cm 长的枝段，上端距芽眼 1.5cm 平削，下端在叶柄节处切断，只保留上部叶片，保留叶面积 10~15cm^2，每 50 根扎捆。

(4)激素处理及扦插。扦插前用 ABT 3 号生根粉处理，速蘸处理浓度为 300~500mg/kg，浸泡时间 30s；慢浸处理浓度为 50~100mg/kg，浸泡时间

30min。 按 10cm × 10cm 株行距打孔扦插，深度 6～7cm，插穗叶片均朝南。

(5)扦插后管理。扦插后，先启动喷雾装置，湿润插穗叶面，然后把预置蒸发量数字拨码开关调为 100 Ym。 插穗愈伤组织产生后，数字拨码开关调为 200 Ym，新根长出后仅在中午前后喷雾，控水炼苗。 结合喷雾，每隔 10d，傍晚喷 1 次 800 倍多菌灵和 0.5% 尿素溶液的混合液，进行灭菌和叶面追肥。

(6)移栽及栽后管理。选择阴雨天或傍晚移栽。 在栽植沟上，按 50cm × 50cm 株行距植苗，栽后及时浇定植水，并覆盖秸秆，5d 后除去覆盖物，生长期及时松土、除草、施肥，同时注意抗旱排涝。

154. 常用葡萄嫁接技术及嫁接的优点有哪些？

(1)绿枝嫁接技术。绿枝嫁接的适宜温度为 25～28℃，一般在 5～7 月进行，此时温度较高，是形成层细胞活跃时期，可为嫁接成活提供有利条件。 接穗和砧木的新梢具 5～6 片叶以上，达半木质化程度。 过早，营养物质贮存得少，嫁接不易成活；过晚，新发出的枝条当年不能越冬，易导致嫁接失败。 当砧木达到嫁接要求时越早嫁接，成活率越高。 嫁接后必须保证新梢有 120d 以上的生长期，在落叶以前新梢基部至少有 4 个以上充分成熟的芽眼。

绿枝嫁接由于接口伤流相对较少，能提高成活率。 嫁接半木质化枝条后，抽生的新梢能确保在秋季成熟以及木质化，尤其是露天条件下，均能够无人为保护越冬。 用小部分枝条，即可实现大量苗木嫁接。 具有生长速度快，以及高产等生长优势，可高接换种改良劣种葡萄，更利于品种改良，以及良好的繁殖推广。

(2)硬枝嫁接技术。一般在 4～5 月进行。 嫁接前将上年秋季贮藏好的砧木种条、接穗取出，将无根砧木种条剪成 10～20cm 的茎段，要求上剪口平剪、下剪口剪成马蹄形，并且要去除砧木上的芽眼。 采用劈接法进行嫁接，选取粗度一致的接穗与砧木，在砧木中央纵切一刀，切口深度与接穗削面长度一致，沿切口插入削好的接穗，使接穗与砧木形成层对齐。 将嫁接好的种条在已经熔化好的石蜡溶液中速蘸一下，密封接穗与接口。 将嫁接完成的砧木马蹄面对齐，10 根 1 捆，在 1000mg/kg 的 ABT 2 号生根粉溶液中速蘸一下。在塑料大棚或温室内，铺设上下双层的热线温床，进行催根。 经 20 多天，当大部分接条已经愈合、砧木已出现根原体或幼根时，停止加温。 锻炼几天后，即可移入温室内。

硬枝嫁接与传统的扦插繁殖技术相比，具有嫁接周期长、资源选择面宽、发芽早、生长快、生长量大、繁殖系数高、结果周期短等诸多优点，可做到当年嫁接、当年育苗、当年壮苗出圃。

155. 如何进行葡萄的工厂化育苗？

利用葡萄具有扦插易生根的特点，借助先进的育苗设施设备来装备种苗生产车间，将现代生物技术，环境调控技术、施肥灌溉技术、信息管理技术贯穿种苗生产过程，以现代化、企业化的模式组织种苗生产和经营，从而实现种苗的规模化生产。 具体操作如下：

(1)种条。种条的采集在葡萄落叶后，埋土前结合修剪进行。 采集时，选择一年生的、充分成熟木质化、生长健壮、芽眼饱满、无病毒、无病虫害的枝条，直径粗 0.7～1.0cm。 插条剪成 7～8 节，每 200 条打成一捆，捆实并做标签。 贮藏时，要求层条层砂，砂、条相间。 砂的湿度控制在 5% 左右，温度控制在 -2～2℃。 批量贮藏，用玉米秸秆、芦苇秆等制作散热通气孔。

(2)温床准备。温床的铺设面积根据育苗数量而定。 铺设时，为了保温，先铺 10cm 厚的一层锯末，再铺 5～8cm 的河砂。 温床的两边分别固定板条，板条上每隔 5cm 钉一根钉子用于挂地热线。 在温床上按一定距离布线，并拉紧。 再用 5cm 厚的砂子将电热线均匀压下铺平，浇水、通电、测试，刮平待用。

(3)插条处理。插条的剪截、温床催根的时间，在 1 月上旬。 剪截时，选取成熟度好、芽眼饱满的枝条，按 1 芽进行剪截。 注意枝条正反，要求芽上 1cm 平剪，芽下 5～6cm 处斜剪，将插条斜口朝下、平口朝上，整齐、紧密地摆放于温床中，使沙层均匀湿润，通电、观察、记载温床温度情况。

(4)插条扦插。在适宜的温度、湿度条件下，插条 10～15d 即可产生愈伤组织，一般情况下 15～20d 可长出新根。 扦插前，用 90% 乙草胺乳油（禾耐斯）除草剂对营养袋土壤进行处理，防除杂草危害，扦插前一天均匀透灌，以利扦插。 将插条直插在营养袋中央，深约 5cm，要求插条芽眼外露高于营养袋土面 0.5cm，扦插时将芽眼统一朝南，利于插条萌芽一致，避免相互重叠。

温度白天控制在 20～25℃，夜间保持在 10℃ 以上。 后期随着外界的增温转暖，棚室内最高温度可达 40℃ 以上。 湿度一般见干浇水，约 7～10d 一次，营养袋内土壤干湿程度、温度高低和苗木生长情况是确定是否浇水的依据和原则。 病虫害主要是霜霉病，苗木长到 2～3 片叶以后，用 78% 科博可湿性粉剂 600 倍液每 15d 喷 1 次，连续进行 2～3 次，可有效预防和控制霜霉病。

(5)炼苗出圃。当幼苗长到 3 叶时，通过揭棚膜、开天窗等措施开始炼苗，逐步降低湿度，提高温度，增加通风，加强光照，直至棚内外苗木生长环境一致，使苗木逐渐适应外界环境，增强抗逆性，提高移栽成活率。经过20~30d炼苗后，对于具有3~5片功能叶、生长点良好、茎干红褐色、株高15cm、侧根长度达到10cm的标准苗木应及时出圃栽植。

156. 如何利用分子生物学标记提早、快速鉴定葡萄苗木活力？

由于受冬季休眠期和贮运的影响，苗木质量下降。为保证建园时所用的苗木质量，在定植前对幼苗的生活力进行检测至关重要。可从分子水平上利用看家基因（HKG）的表达水平进行苗木活力鉴定，具体方法如下：

从一批苗木中随机选取 10 株葡萄幼苗，取幼苗茎条自下往上的第 3、第 4 个冬芽（图 3-13）作为苗木活力的检测样品；提取芽组织 RNA 并反转录为 cDNA，选用葡萄中表达稳定的 *ACTIN* 和 *GAPDH* 基因，对其进行半定量 PCR 扩增（表 3-8），对扩增产物进行凝胶电泳检测；使用凝胶成像仪观察电泳产物条带，*ACTIN* 和 *GAPDH* 基因表达量高的样品 PCR 扩增产物浓度高、条带清晰，表达量低的扩增产物浓度低、条带模糊，可以通过每个芽位 PCR 产物条带的有无及强弱判断其生活力（图 3-14）。

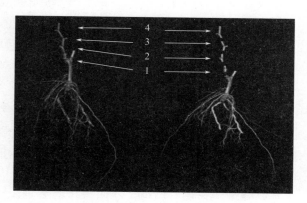

图 3-13　葡萄幼苗茎条自下往上的 1~4 个冬芽

表 3-8　用于半定量 PCR 扩增的引物

名称	序列	登录号	产物大小
ACTIN-F	CTTGCATCCCTCAGCACCTT	XM_002282480.4	82
ACTIN-R	TCCTGTGGACAATGGATGGA		
GAPDH-F	TTCCGTGTTCCTACTGTTG	XM_002263109.3	106
GAPDH-R	CCTCTGACTCCTCCTTGAT		

图 3-14　不同苗木样品的 HKGs 表达水平

当第 3、第 4 个芽的半定量检测出 *ACTIN* 和 *GAPDH* 基因均有较高的表达时，苗木状态最佳，冬芽成活率可达 100%，新梢生长健壮，每个新梢叶片数多；当每株苗木仅有第 3 个冬芽有较高的生活力时，成活率可达 75.55%，定植后冬芽萌芽早且新梢生活力强，适合用于建园；当第 3、第 4 个芽均未检测到 *ACTIN* 和 *GAPDH* 基因表达时，成活率低于 51.11%，且定植后冬芽萌芽慢且新梢生活力弱。

157. 高接的方法及优点有哪些？

高接是在已形成树冠的大树上进行的嫁接方法，一般在骨干枝的分枝上部 20～30cm 处用劈接、切接及芽接等接上接穗。

（1）方法

① 剪砧：将准备嫁接平茬后的葡萄植株进行二次剪砧，揭去老树皮，露出健壮的葡萄枝干。

② 接穗准备：取出改接品种枝条，用清水浸泡 8h，浸泡后取 1～2 个饱满芽，在顶部芽以上 2cm 和下部芽以下 6cm 处截取，在下部芽下两侧分别向中心切削成 2～3cm 的长削面，呈楔形。

③ 劈砧：在平滑的锯口面中心线，用刀把锯口劈为两半，劈口深 2～3cm。对树干没有局部死亡的锯口，在下刀时把树干均匀地劈为两半。

④ 嫁接：把准备好的接穗插入劈开后的劈口中，接穗一侧形成层要对准砧木一侧形成层，用手触摸接穗的外侧面稍低于砧木面即可。

⑤ 包扎嫁接部位：嫁接完成后，如果这个时候正值春季伤流期，树干截面会流出液体，因此在用塑料膜包扎的时候，在劈砧口下方留出一个小伤口，让伤流液流出。

（2）优点

① 老园改造。多年老树树势较弱，为提高葡萄园经济效益，进行改老换新，将优良品种作为接穗高接于老树的树冠上，可快速恢复葡萄园生产。

② 推广新品种。充分利用葡萄高接结果早、见效快的优点，快速推广新品种，并在较短时间获得较高效益。

③ 调整品种结构。葡萄寿命和经济栽培年限较长，往往出现葡萄品种单

一、成熟期较集中、果品集中上市、价格不高、经济效益差的状况。因此可以根据产业及市场需要，通过高接技术快速更新品种，调整区域内不同成熟期、色泽、风味等的葡萄品种的栽培面积，达到提高经济效益的目的。

④ 芽变材料的鉴定。利用高接技术结果早的优势及早确定葡萄芽变的真假，并做到及时淘汰饰变。

⑤ 促进杂种实生后代早结果，缩短育种年限。利用高接法，将有希望的杂种实生后代的接穗接在大树冠上，达到早期鉴定的效果。另外，一株树可接多种接穗，还可起到节约育种用地的作用。

158. 冬季葡萄的枝条如何保存？

扦插和嫁接用的葡萄枝条，往往需要合理保存，以确保其生活力。

冬季采下的葡萄枝条，少量时可以用冰箱保存，枝条多的情况下，选择土埋、砂藏或者放入温室中。剪条时要选植株健壮、无病虫害的丰产植株。插条每 50 根捆成一捆，并标明品种名称和采集地点，插条应该用 5 度石硫合剂喷雾，进行消毒。

比较简单的砂藏方法：先把一个有一定高度的塑料容器底部垫一点砂，然后把十几根或几十根一捆的枝条竖着（发根的一头朝下）放进花盆里，再用砂把缝隙填满，浇一次透水后放在室内。在插条贮藏期间，应经常检查沙的湿度，发现干了也要浇水。

沟藏：贮藏沟设在地势高且干燥的背阴处，沟深 60～80cm，长度和宽度依贮藏枝条数量而定。贮藏前先在沟底铺一层厚 10～15cm 的湿砂，插条平放或立放均可，但应在放置每一层枝条后撒一层湿砂，以减轻枝条呼吸发热。插条中间每隔 2m 左右竖一直立的草秸捆，以利沟内上下通气。枝条放好后，最上面可覆一层草秸或塑料薄膜，最后再盖上 20～30cm 厚的细土。一般砂藏沟内温度保持在 1℃ 左右，不应高于 5℃，或低于 -3℃。砂子湿度以手握成团，一触即散为度，如果湿度过大、枝条发霉时，要及时翻晾通风，重新贮藏；室内贮藏，贮藏温度掌握在 0～5℃。

在室内贮藏插条期间，应经常检查砂的湿度。插条放沟中，以竖放为好（横摆也可），一捆挨一捆摆好，一边摆一边用湿砂填满插条与插条之间、捆与捆之间的空隙，直至全部覆盖为止，寒冷时加厚覆盖层。

159. 葡萄绿枝嫁接的方法是什么？

葡萄绿枝嫁接选用 2 年或 1 年生根系发达、生长健壮的葡萄苗作为砧木；

选择品种优良、无病、粗细适中的健壮新梢作为接穗，用作接穗枝条上的果序和副梢在接前 20~30 天摘除。

北方一般在 6 月到 7 月中上旬进行嫁接，南方一般为 5 月到 8 月，各地略有差异，嫁接前 2~3d 苗圃浇 1 次水，嫁接时在砧木苗距地面 10~12cm 处剪成平茬，平茬口中间用刀向下切 3cm 的切口，切口要南北方向，插入接穗的芽朝南有利于生长。接穗冬芽要饱满圆实，去掉冬芽旁的副梢芽，再去掉冬芽下的全部叶柄。每个接穗长 5cm，在接穗芽上端留 1cm，下端留 4cm，接穗芽下两侧 1cm 处各向下削 2.5~3cm 长的楔形斜面，削口要平整光滑。将削好的接穗插入砧木的切口里，对齐一侧的形成层，即对齐皮层，用宽 1~1.2cm、长 20~25cm、厚的嫁接膜包扎砧木，自下向上绑扎好，再用薄的塑料条把接穗全部缠裹绑紧，只露出芽。嫁接后浇 1 次透水，以后见干及时浇水，接后要及时插杆绑缚，防止风吹倒伏。平时要抹除根砧上的蘖芽；接后也要注意防治病虫害，每 20 天喷施 1 次 0.2% 磷酸二氢钾或叶面宝等叶面肥，连用 2~3 次。翌年春天解去嫁接部位的嫁接膜，移栽定植。

160. 什么是葡萄设施栽培？ 葡萄设施栽培有何意义？

葡萄设施栽培是指在不适宜葡萄生长发育的季节或地区，利用温室（日光温室）、塑料大棚、避雨棚或其他设施，通过改变或控制环境因子（包括光照、温度、水分、CO_2、土壤条件等），为葡萄提供适宜的生长发育环境条件，以达到葡萄生产目标的人工调节栽培条件的栽培模式。

目前，葡萄设施栽培主要有三个用途：一是以早熟上市为目的的促成栽培，二是以提高品质为目的的延迟采收，三是以提高品质和扩展栽培区域及品种适应性的避雨栽培。截至 2016 年，中国设施葡萄种植面积 23.07 万 hm^2（345 万亩），占国内葡萄栽培面积的 26.6%，包括避雨栽培、促成栽培（含先促早后避雨）和延迟栽培（含错季栽培）等多种模式，其中避雨栽培面积最大，为 20.7 万 hm^2（310 万亩，含两熟栽培）；促早栽培其次，约 2 万 hm^2（30 万亩）；延迟栽培面积 0.33 万 hm^2（5 万亩）左右。

设施葡萄栽培有以下重要意义：

① 调节葡萄成熟上市时间，促进市场均衡供应。发展葡萄设施栽培可以通过人工或自然设施升温打破葡萄的休眠，提早发芽，提早开花结果，使葡萄的市场供应期提前。同时设施栽培的葡萄可以延迟采收，使葡萄的供应期延长，这样可以大大地增加葡萄的供应期，基本上做到一年四季都有鲜葡萄上市。

② 有效抵御各种灾害侵袭，生产优质绿色食品。设施栽培可使葡萄植株

免受雨水冲刷，从而使得葡萄的病害大大减轻，减少了农药的喷施次数，可以使生产无公害葡萄的工作更加简化。

③ 改变栽培环境，扩大葡萄栽培范围。由于葡萄设施栽培可以为葡萄提供适宜的生长环境，扩大了栽培区域和改变成熟季节，使葡萄的经济效益成倍增加，调节了葡萄的市场供应。

④ 加大设施内种植密度，改良种植模式，充分利用土地和人力资源。发展葡萄设施栽培可以在冬季和早春充分利用土地进行立体化栽培，把物质资源、人力资源和土地资源充分结合起来，增加经济收入，达到持续发展。

161. 葡萄设施栽培的主要类型有哪些?

葡萄设施栽培类型主要有三大类:①促成栽培设施，包含有日光温室、加温玻璃温室、塑料大棚、塑料小拱棚;②延迟栽培设施;③葡萄避雨栽培设施，包含有塑料大棚、避雨棚。

162. 什么是葡萄延迟栽培? 分布及环境要求有哪些? 有哪些主要栽培技术?

(1)葡萄延迟栽培。葡萄延迟栽培是借助设施及配套技术，推迟成熟期，延迟采收的一种栽培模式。其生产的葡萄不仅具有独特风味，而且可以弥补葡萄冬季市场空缺。

(2)分布及环境要求。主要分布于我国河北、内蒙古、山西、甘肃、宁夏等北方大部分地区。葡萄延迟栽培的气候条件为冬季寒冷、年平均气温低、昼夜温差大、冬季多晴天且光照好，灌溉便利。

(3)主要栽培技术(以甘肃天祝和永登为例)

① 不同时间温度管理:葡萄设施延迟栽培对温度条件要求相对严格，例如甘肃天祝和永登两地，一般于2月初至4月中旬进入休眠，为保持温室内低温条件，白天需要覆盖保温材料，防止温度上升，晚上掀开保温材料，逐渐降低室内温度，持续70d左右，使养分回流到根部，枝蔓开始黄化;5~9月，是葡萄露地生长阶段;冬季扣棚后(9月中下旬~1月中下旬)，白天需要的最佳温度为25~30℃(图3-15)。

② 栽培模式及整形修剪:为了满足设施葡萄延迟栽培的技术需求，达到简化管理的目的，一般选用中晚熟葡萄品种，例如'红地球'。采用密植栽培，选用篱架水平形、龙干形和"V"形等;修剪一般选用长枝修剪、短枝修剪和中短枝修剪。

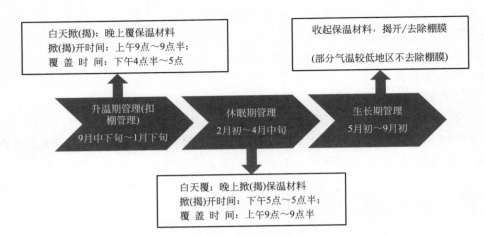

图 3-15　不同时间温度管理技术

③ 病虫害管理：两县区地处高海拔地区，年均温 −1~4℃，温度低，终年少虫害。设施内升温快，湿度大，灰霉病发生较为普遍，一般用覆盖地膜的方法降低空气湿度，预防灰霉病，在葡萄采收后及萌芽前用石硫合剂清园，修剪病枝，预防灰霉病、霜霉病等真菌性病害。

④ 土肥水及花果管理：为保证葡萄优质高效生产及达到延迟栽培连年优质丰产的效果，葡萄生长全年对土水肥管理及花果管理要求严格，以甘肃省天祝县和永登县两地农事管理为例（表 3-9）。

表 3-9　农事操作表

地区	2月初~3月底	4月初~4月底	5月初~5月底	6月初~6月中旬	6月下旬~7月初	7月中旬~8月下旬	9月初~10月下旬	11月初~1月下旬
甘肃永登	开沟施肥，亩施12m³腐熟羊粪+12kg尿素	石硫合剂清园	浇灌萌芽水	亩施12kg尿素+48kg磷酸二铵	疏花:去除过密花序。疏果:疏除病果及弱小果	亩施80kg复合肥+100kg玉米面	10月底浇一次透水，后期停止供水	病害防治（灰霉病）+叶片管理（疏除病叶）
甘肃天祝	开沟施肥，亩施6m³油渣+13m³腐熟牛羊粪	石硫合剂清园	浇灌萌芽水，施用催芽肥	亩施40kg高氮复合肥	疏花:疏除过密花序。疏果:疏除小果粒	果穗套袋;亩施75kg复合肥	亩施30kg高钾复合肥，覆盖地膜	病害防治（灰霉病、霜霉病）+叶片管理（防止叶片老化、黄化）

163. 设施栽培智能化温室如何建设?

智能化温室是专门为农业温室、农业环境控制等开发生产的智能控制系统。可测量温度、湿度、光照、气压、紫外线、土壤温湿度以及 CO_2 浓度等农业环境要素。将自动化控制系统应用于温室当中,可使温室内大气、土壤、光照、CO_2 浓度、风向、风速等参数的采集更加准确,从而模拟出最适合棚内植物生长的环境,再通过控制系统对数据进行分析之后,由一些控制器来进行自动化控制,从而调节到适合农作物生长的环境。下面将从设施智能化温室的结构特点及控制系统方面介绍如何建设设施智能化温室。

(1)主体结构。智能化温室与普通塑料温室相比,其应用层次更高,耐久年限长,密封性要求高,多采用功能性复合薄膜,膜材厚度大,受力性能高。另外,智能温室为实现各项调控要求,在结构上需固定较多的机构与装备,对单个构件的刚度与承载力要求也高。综合以上因素,笔者提出了智能化温室顶部结构采用大间距粗管径的结构方案。对于温室这类薄壁组合结构,它在强度、刚度和整体稳定性方面表现的承载性差异大。结构方案的调整可以强化构件的截面惯性矩与长细比等参数,提高承载效率,而且有利于平衡结构各方面的承载能力,这也符合结构"同步失效"的优化准则。国内一些温室采用主副拱结构也是顺应这种趋势的发展。

(2)温室控制系统与管理软件。采用基于现场总线技术——CAN 总线的温室环境计算机分布式控制系统,适合温室控制系统多目标变量、多现场设备的智能控制,系统可靠性高。硬件系统组成如图 3-16 所示。控制系统由控制系统上位机、CAN 总线通讯适配器、现场设备控制器、实现温室环境及灌溉施肥控制的现场设备组成。

(3)组合降温保温系统。组合降温是目前最好的解决措施,该系统由降温膜、外遮阳、自然通风、机械通风、湿帘风机和地下水管道循环等多种方式组合而成。降温保温系统组合流程图如图 3-17 所示。

(4)混合式通风系统。温室混合式通风系统,属一种新的节能型通风方式,它通过自然通风和机械通风的相互转换或两种通风模式的共存来实现。温室具备自然通风与机械通风功能。自然通风根据窗体开度划分为通风等级;机械通风根据风机的数量,划分一级强制通风与二级强制通风。混合式通风系统的工作状态也具有多态性的特征。在室外气候适合自然通风的情况下,机械通风关闭;当温室内的温湿度将升高至设定限度时,自然通风系统关闭而机械通风开启。自然通风在密封性保障的条件下,对机械通风基本无干扰。对于亚热带季风气候类型,其四季分明,春秋季节时间长,夏季有持续的

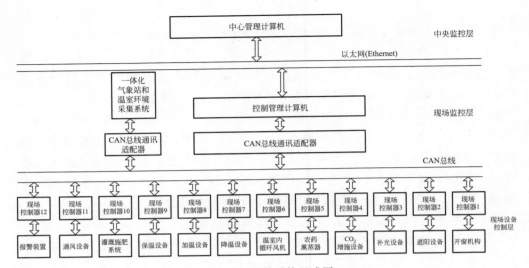

图 3-16　硬件系统组成图

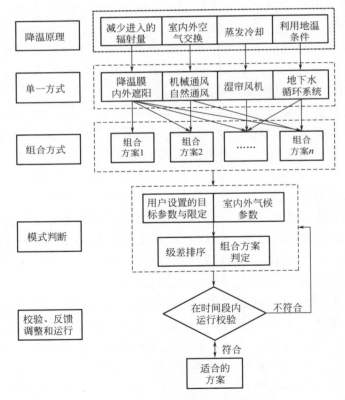

图 3-17　组合降温保温系统框图

高温期，有时一天中的气候变化幅度也很大。混合式通风系统通过对两种模式的响应与转换，达到对气候的适应性。在有利的气候条件下，利用热压和风压产生的自然驱动力实现通风要求；而在不利的气候条件下，通过机械负压抽风实现主动控制性。

（5）补光系统。即光照系统。由各分区的控制器控制，智能叶片的感光材料记录每天的光照时间和强度累计量，与预先在"参数设置"中设置的光照时间、强度及植物所需光照类型相对比后进行运算，促使控制光设备运行达到最佳光照计量。

164. 什么是避雨栽培？ 避雨栽培的优势是什么？

避雨栽培是葡萄设施栽培的一种简易形式，是指在人工创造的避雨设施环境条件下，将薄膜覆盖在葡萄树冠顶部，使得生长季节葡萄树体（枝、叶、果实及根系）免受雨水直接冲刷，介于温室与露地栽培方式之间，便于均衡化管理树体的一种栽培方式。避雨栽培最初由日本'康拜尔早生'葡萄短枝修剪拱棚式栽培发展而来。20 世纪 80 年代中期，上海农学院、浙江农业大学等单位引进日本避雨栽培技术，在上海和杭州开展了小面积葡萄避雨栽培试验。我国南方夏季高温多雨，露地栽培容易导致葡萄霜霉病、白粉病、炭疽病、白腐病等病害的流行爆发，导致葡萄露地栽培病害比较严重，在一定程度上影响葡萄的产量和品质，威胁葡萄种植产业的发展。避雨栽培相对于露地栽培有着其独特的优势，利用避雨栽培可发展品质优的欧亚种葡萄；葡萄覆膜避免了淋雨，杜绝了一些病菌的传播，能有效地减轻病害的发生，减轻裂果，改善品质。

165. 简易避雨栽培的年工作流程是什么？

简易避雨栽培技术因其操作简单、投入少、避雨效果佳，已成为当前避雨栽培的主要设施手段。但简易避雨栽培与传统的露地栽培方式存在一定差异，为更好地了解简易避雨栽培，现将其一年的工作流程列举在表 3-10 中，以供参考。

表 3-10　避雨栽培一年工作流程

时间	物候期	设施管理	设施内温、湿度控制	树体管理
1~2 月	越冬休眠期	保持棚体封闭完好	自然温度、相对湿度>70%	修剪、清园及病虫害防控

时间	物候期	设施管理	设施内温、湿度控制	树体管理
3月上中旬	树液流动期	调控温湿度	自然温度(高于35℃时开启东侧通风口)、相对湿度>70%	出土、扒翘皮、喷铲除剂、上架、浇水等(理上越冬树)、清园、上架
3月下旬~4月上中旬	萌芽期	调控温湿度	温度<35℃,相对湿度>70%	抹芽、定梢及病虫害防控等
4月下旬~5月上旬	新梢快速生长期	揭去基部四周和两端棚膜,开启两侧及顶部通风口	白天26~30℃,晚上15~18℃,自然湿度	定梢、引缚、副梢管理及病虫害防控等
5月中下旬	开花期	换棚膜	雨天闭合风口,晴天风口开启,棚内自然温湿度	摘除老叶、新梢摘心、副梢处理及病虫害防控等
5月下旬~6月上旬	坐果期	调控温湿度	同开花期	副梢处理、疏花序、疏果、防病虫、套袋、叶面肥或土壤补肥等
6月下旬~7月	果实膨大期	调控温湿度	同开花期	副梢处理、病虫害防控等
8~9月	果实转色期	调控温湿度	同开花期	果实摘袋、铺反光膜、施磷钾肥、病虫害防控等
9~10月	果实成熟期	调控温湿度	同开花期	采收,施肥,浇水
10~11月	树体养分回流期	调控温湿度	同开花期	保护叶片(防白粉、虫害及蜗牛危害等)
11~12月	越冬期	封两侧及两端风口,拉紧压膜线,加密防风卡槽或压膜线等	自然温度、相对湿度>70%	修剪、清园、浇冻水、埋土等

166. 设施栽培葡萄品种的选择依据是什么?

与传统露地栽培相比,设施栽培给葡萄生长提供了一个更优的生长条件,使一些品质优良的品种能在更加广泛的区域栽培,适合设施栽培的品种更多。理论上只要提供合适的设施条件,任何品种都可进行设施栽培。但实际生产中设施栽培往往需要投入更多的财力和人力,种植成本更高。为了提高经济效益,降低生产成本,达到优质生产的目的,设施生产的品种往往要考虑以下几方面。

(1)品质优良。 设施种植葡萄因投资大成本高，所以应选择内在品质和外观品质俱佳的品种，并实行精品栽培化栽培，实现高效益栽培的目的。

(2)通过设施栽培可以提高品质。 设施栽培环境条件易于控制，可以提供葡萄生长发育的适宜条件，保证获得更高的优质果品率。

(3)耐弱光。 设施内由于塑料薄膜的覆盖，棚内的光照只有露地的 80% 左右，选择品种时要尽可能选用耐弱光照的品种。

(4)生长势相对较弱。 由于塑料薄膜的覆盖，加之生长期较长，生长旺盛的葡萄品种在棚内管理难度高，所以优先选择树势中庸偏弱的品种。

(5)耐高空气湿度。 棚内空气湿度大，易发生霜霉病、灰霉病等，同时会影响葡萄植株的生长。不同葡萄品种或种类在耐湿与抗病方面存在差异，选择品种时最好选择耐湿抗病品种。

(6)低温需求少。 不同葡萄品种的休眠期存在差异，但设施可能会导致低温需求不足，因此栽培上应尽可能选用休眠期短的品种。

除此以外，还要按照特定的栽培需求选择品种，例如促成栽培优先选择早熟性好的品种，延后栽培则要选择成熟期相对较晚的品种。

167. 什么是葡萄根域限制栽培（限根栽培）技术？

根域限制就是利用物理或生态的方式将葡萄根系控制在一定的容积范围内，通过调控根系的生长环境因子、养分与水分供给状态，来调节地上部营养生长和生殖生长的葡萄栽培技术。当前，葡萄根域限制栽培主要有垄式、沟槽式、箱筐式和控根器等几种形式。葡萄根域限制栽培技术是人们从根系修剪和传统的东方盆栽艺术中受到启发慢慢发展而来的一种技术，因此盆栽葡萄也可被认为是最早的葡萄根域限制栽培。

20 世纪 90 年代，日本、澳大利亚等发达国家已经在葡萄栽培中探索根域限制技术，并开始一定范围的应用。国内最早是由上海交通大学的王世平教授研究并引进，并于 2003 年 4 月完成技术审定，之后在国内进行大范围推广与应用。葡萄根域限制栽培技术具有肥水高效利用、果实品质显著提高、树体生长调控便利省力及低环境负荷等优点，在优质栽培、节水节肥栽培、有机栽培、盐碱滩涂利用、矿山迹地复垦、观光园建设等诸多方面有很好的应用前景。特别在多雨和高地下水位地域的葡萄优质安全、种养结合、花园式观光栽培应用更加有效，能够建成景观优美、种（葡萄）养（禽畜）兼顾、生产观光结合、多种作物复合种植（葡萄草莓套种、葡萄菌菇套种、葡萄小麦套种）的花园式葡萄园，并显著提高品质、经营效益和果农收入。同时，也存在根域水分、温度不稳定，对低温的抵御能力较差等缺点。

168. 不同地区可以采用哪种形式的根域限制栽培?

我国不同地区所采用的根域限制栽培技术有所不同,具体描述如下。

(1)可露地越冬的多雨栽培区。在降雨量1000mm以上的长江以南地区,土壤含水量过高是影响葡萄品质、诱发裂果的重要原因。 在避雨栽培条件下采用根域限制栽培,根系吸水区域被严格限制在很小的范围内,通过叶片蒸腾可以及时使根域土壤水分含量降低,能有效提高品质和克服裂果。 此类可采用垄式、沟槽式。

(2)可露地越冬的少雨地区。降雨量低于800mm的可露地越冬地区,土壤不结冻,根系不会受冻,但地下水位较低,此地区可露地栽培也可避雨栽培,宜采用沟格式。

(3)北方露地越冬干旱区。土壤的极端低温高于-3℃,极端低温高于-15℃的可露地越冬区域,采用沟槽式根域限制栽培,可以大大减少养分、水分的渗漏损失。

(4)北方干旱寒冷、沙漠戈壁地区。北方特别是西北干旱沙漠、戈壁地区,土壤漏水漏肥严重,采用根域限制不仅可以优质高产,而且节肥节水效果极明显。 但冬季不能露地越冬,需埋土防寒,同时冻土层厚,根系容易遭受冻害,故宜采用沟槽式将根域置于地表下极端低温高于-3℃的土层。

(5)西北半干旱山地。甘肃天水等北方半干旱山区,年降水量远远低于地面蒸发量,水土和肥料营养均会流失。 通过在沟的两侧壁和底部覆以地膜,可防止雨水渗入根域以外的土壤。 为了蓄积更多雨水,可在定植沟的内壁覆盖一定宽度的地膜。

(6)盐碱滩涂地。盐碱滩涂的利用是一个非常困难的课题,传统的方式是漫灌洗盐等措施或栽培耐盐植物。 洗盐措施投入极大,耐盐植物的耐盐能力也有限。 采用根域限制方式既可避免耗资巨大的洗盐工程,又不受作物耐盐性的限制,是一项非常有效的技术。 适宜应用沟槽式、垄式根域限制栽培模式。

(7)少土石质山坡地。只要有少许平坦的地面堆砌根域,让树冠延伸分布到地形不适宜耕作的陡坡或凸凹不平的区域,可以大大提高荒山、陡坡的利用率,生产出的果实品质比平地更好。 对土壤很少的石质山地可应用如下模式:在坡地的小面积平坦处,下侧沿堆砌石块围成坑穴,内填客土和有机材料构成根域栽植区即可。 在没有灌溉条件的石质山坡地,根域内应多填充吸水能力强的有机质材料(如秸秆等),以提高根域的保水能力。

(8)观光葡萄园。观光葡萄园的特点是游客要进入果园进行休闲游览,游客的踩踏会严重破坏土壤结构。采用根域限制的方式既可保证葡萄的根系处在一个良好的土壤生长环境中，又可以留出足够的地面供游客活动（如休闲、漫步、餐饮、娱乐等）。适宜的栽培方式是沟槽式或穴式栽培。

169. 日光温室的作用有哪些?

日光温室是指利用特殊地理位置，设计适宜的设施结构和选择合理的设施材料，应用光能对温室加温，满足果树在冬春季节正常生长发育所需的设施。其主要分布于辽宁、河北、甘肃和宁夏等北方地区，主要有如下作用：

① 在北方地区，冬季气候寒冷，日光温室可为提早或延迟葡萄生长提供其必要的生长环境条件，实现葡萄提早/延迟上市，提高果品的经济价值；

② 日光温室栽培，一定程度上可减少环境（避雨、遮荫、防风沙、防虫等）对葡萄的影响，减少病虫害发生，有利于提高果实品质；

③ 调整种植结构，延长葡萄果实供应期，满足葡萄果品市场与消费者的需求。

170. 什么是葡萄促成栽培?

葡萄促成栽培是指葡萄自然休眠之后（常辅以人工破眠保证冬芽萌发的整齐性以及花果的正常生长发育等），在日光温室、塑料大棚等设施栽培条件下，以环境调控为基础，改变葡萄生长过程中的温度、湿度、光照等环境因子，在满足葡萄生长积温的基础上，辅之以整形修剪、化学调控，为葡萄的生长与发育提供必要生存环境，使得葡萄可以早萌芽、早开花、果实早成熟，促使葡萄有效提早成熟的栽培技术。葡萄促成栽培分布较广，主要分布于云南、山东、浙江、上海、江苏、河北、山西、河南等全国极大部分葡萄种植地区。其设施类型主要有塑料大棚和温室，另外简易的避雨栽培在一定程度上也有促成效果。

171. 葡萄整形修剪的目的与意义是什么?

葡萄是藤本植物，枝蔓柔软，需要设立支架，保持葡萄茎蔓在地上空间合理分布，使其得到充分而均匀的光照，保证良好的生长发育，以达到高产、稳产、优质的栽培目的。

(1)促早结果,提高收入。通过合理的整形修剪，可以调节生长和结果的关系，调节树体营养达到连年优质、高产、高效的效果。

（2）**培养合理的骨架，提高抗性**。整形修剪可以培养良好的树体骨架结构，提高树体负载能力，提高树体各个器官的发育质量，增强树体的抗逆性。

（3）**调节树势，保证丰产**。通过整形修剪，可平衡树势，调节生长与结果的关系，改善树势透光条件，减少无效消耗，增加营养积累，维持树体健壮与丰产的状态。

（4）**促进更新，延缓衰老**。通过对老龄枝进行修剪，及时更新衰弱的枝蔓和结果枝，可维持树体的优质高产，延长结果寿命。

172. 葡萄整形修剪的注意事项有哪些？

（1）**选择合适的整形方式**。根据葡萄的不同栽培条件，应选择相适应的丰产树形。生长势强的葡萄品种，选择较大树形；生长势弱的品种，选择较小树形。同时考虑地理条件，冬季无需埋土防寒，夏季高湿，病虫害严重的地区，用高主干整形，反之用矮主干或无主干多蔓整形。

（2）**选好修剪时期和方法**。葡萄修剪应在冬季进行，一般在秋季落叶后一个月左右到下年萌发前 20d 左右进行。过早、过晚修剪都会造成树体严重损伤，引起株体生长衰弱。

（3）**做好生长期植株管理**

① 抹芽。为了能够使葡萄树充分利用养分，新梢疏密均匀，应尽早去除不必要的嫩梢，达到调节树体营养的效果。

② 绑梢和去卷须。当新梢长至 25～30cm 时，应及时采用绑梢，采用"8"字绑法，防止新梢被摩擦受伤。在绑梢同时摘除卷须，以防养分消耗。

③ 新梢摘心和副梢处理。新梢摘心，可抑制新梢徒长。对摘心后发生的大量副梢，应加以抑制。果穗以下的副梢可以从基部除去，果穗以上的副梢留 2 叶摘心，对结果枝摘心，可限制营养生长，促进花序营养积累，提高坐果率。一般在开花前一周，最上部果穗上留 5～9 片叶摘心最好。

④ 花序、果穗的修整。一个结果枝上常有 1～3 个花序，以留一个发育良好的花序为宜。然后对花序进行适当修整。对坐果率低、果穗疏散的品种如'玫瑰香''巨峰'等，应在开花前 2～3d 剪去副穗和掐去穗尖一部分，以提高坐果率。而坐果率高的品种，往往果粒拥挤，造成裂果和果粒成熟不一致，对这些品种，应该在花后 10～20d 用尖头小剪子进行疏粒，以增大果粒、提高品质。

173. 葡萄有哪些基本修剪方式？ 其目的分别是什么？

葡萄的修剪方式有短截、回缩、疏剪。

短截就是一年生枝剪去一段、留下一段的剪枝方法。 按短截后所留芽眼的多少，可分为短梢修剪（2~3个芽）、中梢修剪（4~6个芽）、长梢修剪（7~11个芽）、超长梢修剪（12个芽以上）。

疏剪是把整个枝蔓（包括一年生枝和多年生蔓）从基部剪除的修剪方法。对于生枝，成熟度不好、生长过密、方向不适合等都要加以疏剪。 多年生枝疏剪较少，只有在更换枝蔓，或枝蔓太多时才会疏除。

回缩更新修剪是对树龄较大的多年生老蔓进行更新的一种方法。 当树龄较大，枝蔓明显变弱的时候，在主蔓基部选生长健壮的枝条作预备枝，在生长季节进行培养。 冬剪时将已经老化、生长衰弱的老蔓回缩到基部有健壮预备枝的部位，进行回缩更新。 回缩更新时的剪口不可以距预备枝太近，要有计划地进行，以免影响当年产量和预备枝生长。

174. 葡萄的单、双枝更新是什么？ 它们修剪方法的目的和操作有什么不同？

葡萄修剪在维持葡萄植株的生长平衡和树势健壮，以及延长树体的结果年限和经济寿命等方面具有重要作用。 其中，单、双枝更新则是葡萄树体复壮管理中常用的重要修建措施（图3-18）。

由于葡萄易成花，在其生长健壮的情况下，一年生枝条短截后可以抽生结果枝。 在休眠期修剪时，剪去上部已经结果的枝条，用下部的枝条作为第二年新的结果母枝。 由于不留预备枝，第二年可以保留较大比例的结果枝。 该方法称为单枝更新，在葡萄生产中应用较为广泛。

为了控制树冠高度、大小，以及避免结果部位外移并保证每年获得质量较好的结果母枝，可采用双枝更新的修剪方法，即在主蔓或侧蔓上每隔20~30cm留一个固定的结果枝组，冬剪时在结果枝组的基部即靠近主、侧蔓的部位选2个成熟枝条，下边的一条留2~3个芽短截，作为预备枝（管理水平好时多可抽生结果枝），上边的枝条留4~8个芽短截作为结果母枝。 第2年冬剪时，将上部结果后的枝条疏掉，从下面的预备枝上再选留两个枝条作同样处理，这样就可以保持健壮的生长和较强的结果能力。

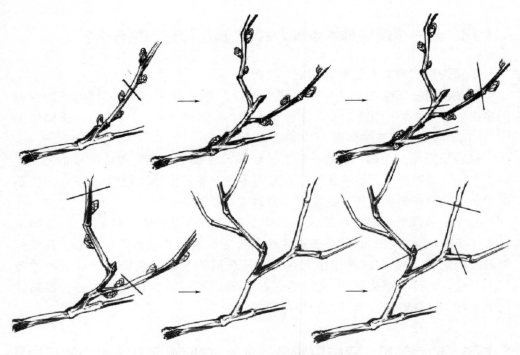

图 3-18　单枝更新（上）与双枝更新（下）

175. 葡萄夏季修剪常见技术有哪些?

　　葡萄夏季修剪可以调节养分的流向，调整生长状况，协调营养生长与果实生长的平衡，改善通风透光条件，提高果实产量和品质。葡萄夏季修剪主要包括抹芽定梢、摘心、副梢处理、去卷须和绑缚新梢、疏花序和修整果穗等。

　　(1)抹芽定梢。第 1 次抹芽在萌动后 10 ~ 15d，芽长出 1 ~ 2cm 时进行，去掉距地面 50cm 以下的芽，及早抹去弱芽、过密芽、老蔓上无用的隐芽等，如需要更新应留少量方位适当的萌蘖。新梢长到 5 ~ 6cm 时进行第 2 次抹芽。定梢是在新梢已显露出花序时进行，过早分不清果枝，过迟会消耗大量养分。

　　(2)摘心。前期摘心（花期摘心）可抑制新梢的延长生长，使养分流向花序，能确保授粉良好，提高坐果率。结果枝的摘心应根据树势和品种落花的特性而定，落花落果重的品种摘心要早，一般在花前 4 ~ 5d 进行，同时强度要大，在花序以上留 4 ~ 5 片叶甚至留 1 ~ 2 片叶摘心。

　　(3)副梢处理。顶端保留，其余去掉：只保留顶端 1 ~ 2 个副梢，留 3 ~ 4 片摘心，以防冬芽萌发，其余全部抹除。二次副梢留 1 片叶连续摘心。

（4）去卷须和绑缚新梢。在葡萄整个生长季节，要随时除卷须，梢端的2~3个幼嫩卷须有时根据需要加以保留，以维持新梢的生长方向，保持生长点优势，待新梢向前延长25cm以上时再除须；以减少养分的消耗，提高坐果率。

（5）疏花序和修整花穗果穗。疏花序和修整花穗应在开花前5~7d进行为宜，掐去过多的花序；修整花穗是去除花序的部分，通常的做法是直径1cm以上的果枝，每枝留2个花序，一般留1个花序，留下的花序掐去顶端1/5~1/4；果穗修整是坐果后疏除果穗上发育差的果粒和过多的果粒，使果穗果粒整齐均匀，保持果穗一定的紧密度，这对于鲜食葡萄是至关重要的。

176. 什么是葡萄的短、中、长枝修剪？

（1）短枝修剪。一般剪留2~3节，适用于下述情况：

① 短枝修剪用于单枝或双枝更新结果枝组的培养，其更新枝均为短枝修剪。

② 生长势偏弱枝条（枝条第二节最大直径＜8mm），无论是用作结果母枝还是更新枝，枝条宜短枝修剪，以使得翌年所萌发新梢由生长中弱枝梢转为中强枝梢。

③ 用于枝条基部极易成花的品种。

④ 用于树势长势衰弱或偏弱的植株。通过短枝修剪、多疏枝等冬季修剪技术，降低单株芽眼负载量，从而降低翌年植株的新梢负载量和果实负载量，使树势得以恢复。北方地区，在树形和树势稳定、生长势中庸的条件下，很多品种的冬季修剪都以短枝修剪为主。

（2）中枝修剪。即剪留4~6节的冬季修剪方法。中枝修剪应用于下述情况：

① 主蔓延长梢的修剪多为中枝修剪。

② 双枝更新枝中的结果母枝，有时留中梢，低节位花芽分化不良的品种，如'红地球''里扎马特''美人指'等结果母枝宜留中梢。

③ 枝条偏旺或架面枝叶过密、花芽分化节位上移，冬剪时要适度留些中梢或中长梢。

④ 葡萄花期前后较长时间低温阴雨或晚霜频繁发生的地区，要适度留些中梢。

（3）长枝修剪。留7~11节，应用如下：

① 为加速幼龄葡萄树体形成，常对生长健壮的新梢进行长枝修剪或超长枝修剪。

② 健壮的主蔓延长梢。

③ 对主蔓两侧生长势强的枝条（基部第 2 节最大直径＞1.2cm），留长枝修剪。通过增加单个结果母枝的新梢与果穗负载量来缓和新梢长势，使翌年新梢的长势中庸。应用长枝修剪，有时也为确保结实力差的品种获得理想产量。当春季正值葡萄花期前后，若出现阴雨天，由于温度低光照差也会造成很多品种枝条下部数节花芽分化不好。在这种情况下，当年冬季修剪时，选留部分中壮枝作长枝修剪，可确保翌年的产量。

④ 全株树势旺或偏旺的葡萄树，应通过实施长枝修剪，增加单株冬剪留芽量，增加植株新梢、果穗负载量来缓弱树势。

177. 葡萄树冠及花果管理中常用工具有哪些？

葡萄树冠及花果管理主要包括对主干、枝梢、花序、果穗的管理，人们为此开发了很多实用、方便的工具，包括葡萄剪、摘粒剪、闪亮剪、催芽剪、花穗整形器、去花帽器、指尖笔、新梢专用刀等（图 3-19）。

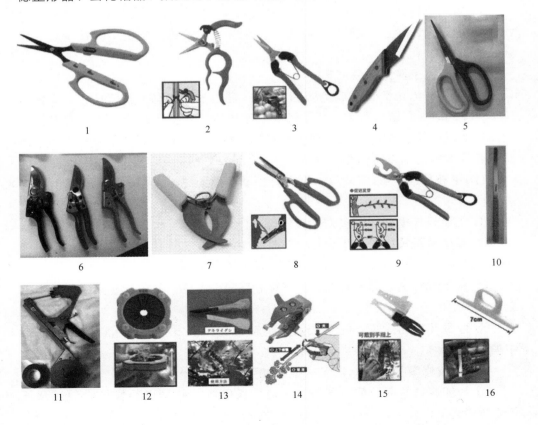

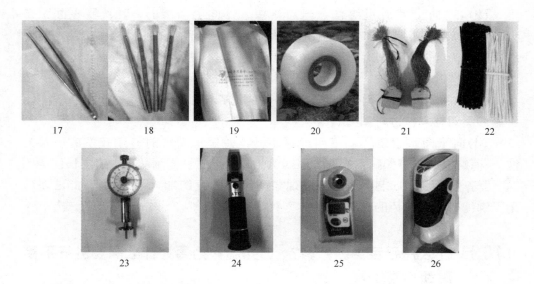

图 3-19　葡萄树冠及花果管理中常用工具

1~10 葡萄生产中常用的剪刀。1—带刻度剪刀,便于精确控制花序长度;2—葡萄摘粒剪,便于戴在手上工作;3—带齿刀片,葡萄收获专用,粗轴或木质化轴均可;4—嫁接用剪刀;5—常见普通修花修穗剪;6—常见硬枝剪;7—环割刀;8—抓住分支的剪刀,在剪断后抓住提高效率;9—催芽剪,上下两个刀片无需翻转手腕即可划皮催芽;10—新梢专用刈刀;11—绑蔓机;12—去花帽器;13—摘蕾器;14—花穗整形器,用于夹住穗轴去除多余的茎,使穗形漂亮;15—指尖笔,用于去除花帽和授粉等;16—用于测量花序长度,使用记号笔标记刻度后使用;17—去雄用镊子;18—授粉用毛笔;19—葡萄果袋;20—嫁接膜;21—标记用挂牌;22—绑扎丝;23—硬度计;24—手持式折光仪;25—手持式电子折光仪;26—色差仪

178. 葡萄为什么要枝蔓引缚? 生产上有哪些常见方法?

葡萄是藤本植物,需要结合架式、树形的需要对枝条进行合理布局。 引缚是对葡萄枝蔓定向定位进行绑缚,通过引缚可以调整枝蔓角度,使其在架面上合理、均匀地分布,充分利用光能,使新梢更好地生长发育。 春季葡萄萌芽前进行主侧蔓及结果母枝的引缚,称作绑老蔓。 新梢的引缚一般在 30~40cm时进行。 由于我国北方地区春季风大,为防新梢被刮掉或刮断,一定要及时进行引缚。 引缚用材料可选择扎丝、麻皮、塑料绳等。 绑梢的结扣要求绑在铁丝的一头要"死",绑新梢的一头要"活",给新梢留有生长余地。 常用的绑结扣为马蹄扣。

(1)垂直引绑法。新梢垂直向上时节间长,为保持其向上生长采用垂直引绑。 这种方法多用于幼树前期整形时延长枝蔓的引绑和细弱枝蔓需强旺生长时的引绑,它能够加快树冠的形成。

（2）**45°向上倾斜引绑法**。当对新梢 45°向上引绑时，叶片受光面积最大，新梢从基部到顶部都能得到充足照射，高光效利于其生长。在营养方面新梢顶端优势依然存在，营养运输通道不受影响，生殖生长和营养生长平衡。此法是新梢的常见绑法，一般常用于结果母枝和发育健壮的营养枝。

（3）**水平绑缚法**。用于中庸枝和较强的营养枝、结果枝，以抑制生长。水平棚架需对结果枝进行引缚。

（4）**向下倾斜引绑**。向下引绑是小棚架龙干形整枝时应用较多的一种方法。梢端顶部向下倾斜引绑时，顶端优势减轻，生长势削弱，生殖生长优势明显，营养生长受到抑制，而且上述现象随枝梢角度的加大而加大。此法多应用于绑缚有徒长趋势的枝蔓。

179. 什么是平茬更新修剪？ 日光温室葡萄为什么需要进行平茬更新修剪？

平茬更新修剪是指日光温室葡萄采收后，对结果枝留 2 个芽进行短截，促使树体基部冬芽萌发，使其在合适的环境条件（高温、长日照）下培养成新的枝条，实现花芽再分化的一种修剪方式。目前日光温室栽培的品种中多数需要在夏季进行平茬更新修剪，例如'藤稔''夏黑''京玉'和'维多利亚'等。

需要平茬的原因：①日光温室的葡萄生产模式与化学破眠使其提前发芽，会缩短葡萄休眠期，树体和枝条生长质量受到影响。②日光温室光照环境恶化导致花芽分化质量差。③果实生长快成熟期短，加剧冬芽和果实发育间的养分竞争，使葡萄花芽分化受到不利影响，花芽质量差等。以 2019年为例，聊城地区日光温室葡萄从萌芽到果实成熟比露地栽培提前了 20～30d（表 3-11）。

表 3-11　2019 年山东聊城地区'藤稔'主要物候期调查

栽培方式	萌芽期/（月/日）	开花期/（月/日）	颗粒膨大期	第二次膨大期	转色期	成熟期
露地栽培	03/28	05/11	花后 27d	花后 59d	花后 90d	花后 107d
加温温室	12/25	02/07	花后 15d	花后 52d	花后 65d	花后 76d
普通温室	01/05	02/15	花后 20d	花后 58d	花后 77d	花后 90d

180. 日光温室平茬更新修剪操作要点有哪些？

（1）**平茬更新时间**。以聊城地区为例，综合研究发现采后 6～16d 为最佳平茬时间，在该时间段平茬翌年葡萄的物候期早且果实品质较好。

（2）**平茬更新方法**。每株适当选留 5～6 个结果枝，在空间内均匀摆布，留基部 2 个芽在第 3 节位处进行修剪。 对基部冬芽喷施浓度为 2.5% 的单氰胺溶液，将温室用遮阳网遮蔽，创造荫蔽环境，防止药液蒸干。

（3）**剪后管理**。果实采收修剪后，要及时补充营养，主要以有机肥和 N、P 肥为主。 结合行间的松土和灌水进行。 平茬后的芽体萌发后，用塑料绳将新梢绑缚在行内架的铁丝上，防止新梢乱长，培养树形，绑缚时应合理分布整株上的新梢，同时应注意，尽量顺着枝条的朝向绑缚。 视情况及时去除卷须。待新梢长到 8～9 片新叶时，进行摘心处理使枝条充实健壮，同时也应对新梢上萌发的夏梢（待其生长 1～2 片叶）摘心处理。

181. 负载量确定的原则有哪些？

负载量是指果树所结果实的数量。 由于果树种类和品种不同、树龄和树冠的大小不同、树势强弱不同，果实的适宜负载量也不完全一致。 一般健壮树的负载量可适当大些，弱树和老树的负载量可适当小些，中庸树的负载量居中。 对于葡萄而言，从主芽花序分化的起始到最终果实的收获，环境、基因型和管理措施是影响葡萄负载量的主要因素（图 3-20）。

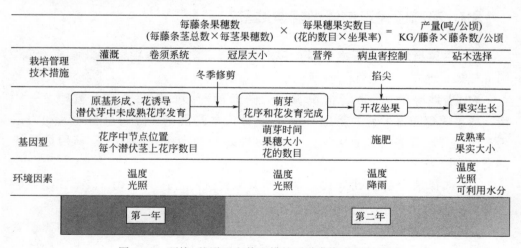

图 3-20　环境、基因型和管理措施对葡萄负载量的影响

负载量的确定主要有以下三点原则：

（1）**根据各品种的特性来确定**。欧美种葡萄抗病性较强，树势较旺盛，可以适当多留果穗；巨峰系列落花落果现象严重，也可以多留果穗。

（2）**根据树龄、树势来确定**。一般在葡萄栽培后的前 3 年，随着树龄的增加，产量也会逐步增加。 但是在第 3 年以后，负载量要维持在相对稳定的范围内。 因为树体的养分是有限的，当负载量超过一定程度时，就会出现养分供应不足的现象，引起树势减弱，果实着色不良，产量也会下降。

(3)根据施肥情况来确定。树体的生长来自养分的吸收。 养分主要是通过施肥来供给，负载量可以随着根系从土壤中吸收养分的增加而增加，当达到一定限度时，产量将受到抑制，负载量不宜再增加。

合理的负载量能直接创造最大的空间利用率，保证树势，使果树丰产、稳产、优质。 负载量过大不仅会导致葡萄果实着色不佳，果穗质量、含糖量降低，根系活力受限，而且影响葡萄的营养生长以及第二年产量。

182. 葡萄生产中去卷须的作用是什么？

在自然情况下，葡萄卷须的作用为缠绕住其他物体，固定新梢攀缘向上。 当卷须缠绕住其他物体后就会迅速生长并很快木质化。 在葡萄修剪中，去卷须可以防止植株生长中卷须缢伤枝蔓或果穗而感染病害，还能节省植株养分，更好地控制树形，防止冬剪时因卷须过多缠绕于铁丝上而导致工作量增加。

183. 葡萄园建设前需做哪些准备？

(1)收集当地生态环境资料。包括气候、天文、地质和果树资源等，可向当地气象、地质、农业部门咨询。

(2)当地劳动力、市场情况调研。普通葡萄园一般每个劳力管理 8～10 亩，精品葡萄园每个劳力管理 5 亩。 在建设葡萄园前，应调查当地劳动力是否充足，并对其加强专业培训。 所选品种应在当地比较畅销，不盲目追求热门品种。

(3)选择适合的葡萄架式。根据所栽品种选择合适的架式，该架式应该便于管理、省工。

(4)土壤改良。对于不适合的土地应尽可能改良以适合种植。 葡萄适宜土壤肥沃、通气性好、pH 为 6.0～7.5 的砂壤土地。 如果土层较薄，砂性较重，保肥、保水能力差，可加黏土改良；若土质黏性较重，酸碱性较大，可加砂或肥料进行改良，为葡萄根系生长营造良好的生长环境。 若不能改良或改良后仍不适宜种植葡萄，则应另选地址。

184. 葡萄园选址应注意什么问题?

(1)按照标准,合法利用。遵守有关法律、法规和土地利用政策,按照标准化生产准则要求,合理、合法使用土地。严守耕地红线,不占用优质农田。

(2)因地制宜,适地适树。园地的环境条件要与葡萄对环境条件的要求一致,这些条件包括光照、气候、土壤、温度等,要满足葡萄正常生长发育的要求。

(3)选址合理,避免受害。葡萄园区应选择病虫害少、排水良好、交通便利、土层深厚、不易发生水土流失、阳光充足、远离有污染的地方,尽量避免选在低洼,容易遭低温、霜冻等灾害性天气危害的地方。

(4)集中成片,交通方便。葡萄园集中成片有利于统一规划,经济利用土地,进行水土保持,井渠配套和排灌结合,实现耕作管理机械化,技术培训,指导生产和专业化管理,建立生产—加工—销售系列化商品生产体系。交通方便,便于果品、肥料、农药等物资运输。

(5)能灌能排,水质良好。不管降水量多少,葡萄园必须做到旱能浇、涝能排,保证满足葡萄树水分供应,并且水质符合要求。

(6)不同用途的葡萄园选址不一样。鲜食、酿酒、观光等不同用途的葡萄园选址上侧重点不同。鲜食葡萄园应注重丰产、方便运输销售,所以应选在交通便利的地方。酿酒葡萄园注重葡萄酒的风格,土壤、地形、方位朝向、光照、纬度等条件都会影响风格,所以选址应在 30°~40° 的纬度范围内,昼夜温差大、气候温凉的地方。观光葡萄园以观光采摘为主,应选在近临城郊,人气旺,客流量大的区域。以市场为导向,不盲目跟风,不标新立异追求"新"品种,种植市场欢迎、消费者喜欢、能卖出好价钱的品种。

(7)由于葡萄属于多年生植物,有规模的建园选址工作一定要做好,以免出现前功尽弃的问题。因地制宜,选择适合的土地、品种、棚架、园区规划等,一旦落地不再轻易更改。

185. 怎样建设一个内循环式葡萄园?

内循环式葡萄园就是运用物质循环再生原理和物质多层次利用技术,实现较少废弃物的产生和提高资源利用效率,并提高产出的现代葡萄园。建立内循环式葡萄园可以达到资源利用和综合效益的最大化,从粗放型模式向生态循环农业模式过渡。在葡萄收获后,可以套种一些矮杆农作物或牧草以实现土地资源利用最大化；在葡萄园实行套养家禽模式，这样既可以减少病虫草害，从而减少农药的使用，家禽产生的粪便又可以当作肥料施入园中，使葡萄园的生态效益大大增加，起到改善葡萄园生态环境的作用。 浙江省临海市牛头山水库旁的新愿景公司葡萄园就是封闭、内循环式葡萄园，其园内无地表泾流水携带地表的有机物、化肥、农药等流出园外；无大水漫灌而携带上述物质渗入地下水；无风蚀和大风将园内表层砂土吹出园外，而污染大气环境和水环境。内循环式葡萄园可以通过以下措施来实现。

(1)**工程保护**。葡萄园外筑石砌水渠，山上流下来的水不经过葡萄园直接进入水库。 葡萄园边，筑高砌石头墙，宛若一个"大花盆"，避免葡萄园可能出现的土壤表面残留物流到园外的现象。

(2)**设施保护**。建连栋避雨棚，全年覆盖，宛若给葡萄园打上"大雨伞"，黏着在枝叶表面的农药、化肥残留物不会淋到土壤里，也无雨水携带土壤残留物流出园外的可能。 落入葡萄园的雨水，都从连栋避雨棚直流园外。 建滴灌设施，控制灌水，也就控制了葡萄园有害残留物渗入地下水。

(3)**技术保护**。技术保护包括较少施用有机磷类农药，少施氮肥，采用避雨栽培、果实套袋、高干栽培、严格控制产量等技术，这不仅可保护水源，更可以向消费者提供 A 级以上的绿色葡萄果品。

(4)**套种**。根据果园的立地条件，在行间间作矮秆豆科植物或绿肥植物，如三叶草、苕子、沙打旺、紫苜蓿等，能有效防止水土流失，改善土壤结构和营养，调节地温，抑制杂草生长，促进园地生态良性循环和早实丰产。

(5)**套养**。可以建立以沼气为纽带的生态园模式——"猪沼果"模式，它是将果树生产与生猪养殖、沼气建设结合起来，围绕果树主导产业，开展"三沼"（沼气、沼渣、沼液）综合利用，即利用人畜粪便入池发酵，产生的沼气用于做饭和照明，沼渣沼液作为优质有机肥料施于果树和果园间作物（蔬菜或牧草），牧草用来喂猪，猪粪再入池发酵，循环利用，实现农业资源的高效利用和生态环境的改善。

186. 如何在山地建葡萄园?

我国的山地面积约占国土总面积的 1/3，很多情况下需要在山地建葡萄园，山地葡萄园往往具有光照充足、利于排水、空气流通较好等优势。 但是山地的地形、地势和土壤条件变化大，还存在水土流失，不易保持水肥等问题，因此在山地建葡萄园存在一定的难度。 在山地建葡萄园除了坡向要选择南坡、东南坡以外，坡度也不宜超过 20°，而且要修筑水土保持工程，防止水土流失。 瘠薄山地还要对葡萄栽植沟进行土壤改良，其建园过程如下：

① 山地葡萄园道路的修筑，须依地势而定。主要干道应尽可能沿坡度较缓的方向设置，路面倾斜度不宜超过 20°。太陡的坡面，应迂回筑路，使坡度减小，以避免路面的冲刷。横坡的道路向内倾斜 2°～3°，并在内侧设排水沟。山区筑路困难，路面宽度一般窄于平原地。但错车的地方，路面要修得稍宽些，其宽度一般为 6～7m。道路拐角处的半径，不应小于 8～10m。

② 在葡萄园坡上部周界，应顺山腰等高线挖一条截水沟，截排上部雨水，避免雨水冲刷果园。

③ 结合山坡的坡度沿等高线建梯田，坡度越大，梯田的宽度越大。梯田的宽度应大于 2m，内低外高，梯田的里面挖一条排水沟，小雨蓄水大雨排水。葡萄行向应顺等高线，在梯田面上挖葡萄栽植沟。在修梯田的同时挖葡萄栽植沟，并进行土壤改良，即将表土填入栽植沟内，同时将附近的草皮打碎填入，以增加土壤有机质。

④ 根据梯田的走向挖葡萄定植沟，沟深 80cm、宽 60cm，沟底先加入未腐熟的生肥，然后覆土 10cm，再按照每亩施有机肥 10000kg 的标准施入有机肥，其中有机肥拌入硫酸钾 50～60kg、过磷酸钙 100kg，然后覆土至离地面 10cm，浇水沉实。按株距 40cm 放苗，要把葡萄苗基部 10cm 左右的枝蔓埋入土内，促发不定根。

⑤ 水分条件较好的山地葡萄园可实行生草制，在园内全面种草，既可防止水土流失，又能改良土壤。干旱地区应根据降雨和土壤水分含量，及时灌溉。

⑥ 定植后，根据需肥规律、山地土壤肥力、生产要求等进行施肥、浇水管理。挂果后每年施 5 次肥。基肥，在 10 月底至 11 上旬，每亩施腐熟鸡粪 1000kg，缓效高钾、中氮、低磷复合肥 25kg。萌芽肥，萌芽前 10～15d，每亩施硫酸镁 25kg、硼砂 4kg。果实膨大肥，第一次谢花期，每亩施高钾型复合肥 25kg，10d 后进行第二次施肥，每亩施农用硝酸铵钙 12.5kg、硫酸钾 20kg。着色肥，转色期每亩施硫酸钾 20kg、农用硝酸铵钙 12.5kg，可有效增强果肉硬度，提高果品耐贮运性及商品性。采果肥，每亩施 10kg 复合肥。

187. 如何建设葡萄长廊？

葡萄长廊是指长度大于宽度的高空葡萄架式，适于在公园、街道、机关、学校、部队、厂矿、机场、码头、车站等公共场所道路两侧或公路、铁路、水渠侧旁栽植，搭架引蔓。葡萄架上挂，人、车架下行，让葡萄枝蔓"占天不占地"，既能美化空间，又能提供葡萄果实。具体措施如下：

① 道路外侧要有 50cm 以上宽度的优质土壤供葡萄生长，也可以沿道路两

边挖 50~80cm 的定植坑，或者修筑限根的沟槽，把葡萄栽植在沟槽内。

② 冬季绝对低温在 5℃ 以下的地区，在道路外侧要保留用于冬季葡萄枝蔓下架埋土越冬的土壤。

③ 冬季葡萄枝蔓无需下架埋土的地区，要培养葡萄主干，定植后 1~3 年内可在主干上留分枝结果，在棚架以下 50cm 处培养若干条伸向棚面的主蔓。三年生冬剪时就可分批疏除主干上的所有结果分枝。

④ 冬季葡萄枝蔓需下架埋土防寒的地区采用龙干形架型。 在葡萄栽植穴内侧立柱（用材为水泥、竹木、钢铁等），立柱间隔 4~6m，两侧柱顶部连接横梁，横梁两侧和中部共设 3~5 道固定横梁的纵向拉杆，然后往横梁上每间隔 50cm 纵向拉一条 2.2~2.5mm 粗的镀锌钢丝，并将其固定。

188. 盐碱地能栽植葡萄吗？

葡萄一般能适应 pH 6.5~7.5 的土壤环境，盐碱地地势平坦，土壤含有机质比较丰富，但是地下水位高，含有高浓度的可溶性盐类，影响葡萄根系对水分的吸收，容易产生生理干旱，使葡萄生长发育受阻。 所以，盐碱地必须改造后方能栽植葡萄。 其改造措施如下：

(1)大规模整地。 由于蒸发作用，盐碱地中的各类易溶性盐类在土壤剖面的分布规律是上多下少，呈蘑菇状或"T"字形，表层各类易溶性盐类含量最高。 因此，应先用推土机或铲运机将表土清出地外。

(2)耕翻晒垡。 耕翻晒垡可切断土壤毛细管，杜绝深层盐碱上升到耕作层，同时可增大土壤通透性，激发土壤中矿物质养分活性，促进土壤微生物活性，增强土壤的透水性和保肥性。

(3)深开沟。 盐碱都有随水移动的特性，深开沟疏松了深层土壤，使沟周围的土壤透水性加大，盐碱含量大大降低，为沟旁种植葡萄苗创造了适宜的环境。

(4)增施有机肥。 盐碱地中有机质极为缺乏，增施有机肥可有效改良土壤结构，增强土壤微生物活性，同时为葡萄生长提供全面营养。 增施有机肥尤其是牛粪，改良盐碱地效果最佳。

(5)挖排碱沟。 对地下水位较高的盐碱地，还必须深挖一条排碱沟，降低地下水位，才能达到改良盐碱地的目的。

(6)灌水洗盐碱。 开沟修建台田，灌水洗盐碱，使土壤含盐量降低到 0.2% 以下。

(7)种植耐盐作物。 为了防止返碱，先种 2~3 年耐盐作物，然后再栽植葡萄。

（8）营造防护林。在建园的同时要营造防护林，葡萄行间继续间种作物，以减少地面蒸发，避免盐碱的再发生。

（9）选用抗盐碱的嫁接苗。应避免选用对盐碱敏感的葡萄品种（如'康拜尔早生''康太'等），最好采用抗盐碱能力较强的葡萄砧木嫁接苗。

189. 新建葡萄园应怎样规划？

首先要对选好的建园地址进行地形地貌测量，画出地形图。较大园地的规划设计要主要考虑以下方面：

（1）划分栽植区。根据地形坡向和坡度划分若干栽植区（又称作业区），栽植区应为长方形，长边与行向一致，要有利于排灌水和机械作业。

（2）道路系统。根据园地总面积的大小和地形地势，设主道、支道和作业道。主道应贯穿葡萄园的中心部分，面积小的设一条，面积大的可纵横交叉，把整个园地分割成4、6、8个大区。支道设在作业区边界，一般与主道垂直。作业区内设作业道，与支道连接，是临时性道路，可利用葡萄行间空地。主道和支道是固定道路，路基和路面应牢固耐用。

（3）排灌系统。葡萄园应有良好的水源保证，设置总灌渠、支渠和灌水沟3级灌溉系统，按0.5%比降（即坡度、坡降，指任意两端点间的高程差与两点间的水平距离之比）设计各级渠道的高程差，即总渠高于支渠，支渠高于灌水沟，使水能在渠道中自流灌溉。排水系统也分小排水沟、中排水沟和总排水沟3级，并从小到大逐级加宽。排灌渠道应与道路系统密切结合，一般设在道路两侧。

（4）防护林。葡萄园设防护林有改善园内小气候，防风、沙、霜、雹的作用等。$10hm^2$以上的葡萄园，防护林带走向应与主风方向垂直，有时还要设立与主林带相垂直的副林带。主林带由4~6行乔灌木构成，副林带由2~3行乔灌木构成。在风沙严重的地区，主林带之间间距为300~500m，副林带间距为200m。在葡萄园边界设1~2行边界林。一般林带占地面积为果园总面积的10%左右。

（5）管理用房。包括办公室、库房、恒温库、生活用房等。

（6）肥源。为保证每年施足基肥，可养猪、鸡、牛、羊等积肥，有条件的大企业可考虑自建生物有机肥厂或颗粒肥厂。按$1000m^2$施农家肥5000kg设计肥源。

（7）品种。葡萄品种有其最适宜种植的土壤、气候、纬度等，因此，新建葡萄园时应充分考虑所在地区的适栽葡萄品种，同时还要考察市场、消费水平等多方因素，考虑该品种是否受当地消费者欢迎，并在葡萄园规划中体现。

190. 葡萄育苗地选择应该考虑哪些条件？

（1）**地点**。苗圃地的选址要交通比较便利，优先考虑葡萄产业发展中心地区，且是无风或少风以及病虫害较少发生的地区。同时注意要远离老果园，尤其是要离带有国家检疫性病虫害的果园 3km 以外。

（2）**地势**。宜选择背风向阳，排水良好，地势较高，地形平坦开阔的地方。

（3）**土壤**。以土壤差异小，土层深厚（1m 以上），疏松肥沃，排水良好，pH6.5～7.5 的砂质壤土、黏壤土为宜。地下水位在 1.5m 以下。

（4）**水源**。应具备良好的水源，随时保证水分充足供应，并水质要符合要求。

（5）**气候**。要考察的气候包括温度、雨量、光照、霜期及自然灾害等，对苗木生长有无较大影响，以便合理安排苗木种类，制订相应的管理措施，如冬季是否采取防寒措施或建立保护地设施等。

第四章
葡萄病虫害防治

191. 常见的葡萄病害有哪些?

葡萄病害因为病原的不同,可以划分为 4 大类,即真菌病害、细菌病害、病毒病害以及生理性病害,以下列出了一些较为常见的病害。

① 霜霉病,属真菌病害,遍布世界各地,严重危害全球的葡萄产业。

② 白粉病,属真菌病害,遍布世界各地,严重危害全球的葡萄产业。

③ 灰霉病,属真菌病害,遍布世界各地,严重危害全球的葡萄产业。 在葡萄贮藏保鲜期间发生的病害中,葡萄灰霉病所造成的损失最为严重。

④ 黑腐病,属真菌病害,是一种世界性的葡萄病害,以美国密西西比河东部葡萄产区最为流行。

⑤ 溃疡病,属真菌病害,是一种世界性的葡萄病害,以欧洲意大利、法国、德国等葡萄产区最为流行。

⑥ 炭疽病,属真菌病害,由半知菌亚门、炭疽菌属胶孢炭疽菌侵染引起。该病是全球性病害,在中国各葡萄产区发生较为普遍。

⑦ 黑痘病,属真菌病害,是一种世界性的葡萄病害。

⑧ 葡萄树干病,属真菌病害,并且往往是由多种葡萄内生真菌一同诱发的。 葡萄树干病是目前一个全球性的葡萄疾病,在欧洲法国、意大利葡萄产区最为流行。

⑨ 酸腐病,病原是真菌(酵母菌以及多种其他真菌)、细菌(醋酸细菌)、昆虫(果蝇幼虫)三方联合危害的结果。 该病是葡萄二次侵染病害的结果,是全球性病害,近几年在我国已成为葡萄的重要病害。

⑩ 皮尔斯病，属细菌类病害，遍布世界各地，严重危害全球的葡萄产业。以美国加利福尼亚州、墨西哥、智利、委内瑞拉、哥斯达黎加、法国等地较为流行。

⑪ 根瘤蚜，属虫害，但因为病症出现在地上部分，所以常常被归为葡萄病害一类。在全球范围内均有发现，严重危害欧洲和美国西部的葡萄产地。

⑫ 裂果病，属生理性病害。主要是由于土壤水分失调引起，即前期土壤过于干旱，果皮组织伸缩性较小，后期如遇连续降雨，或土壤浇水过多，果粒水分骤然增多，果实膨压增大使果粒开裂。

⑬ 缺素症，属生理性病害。葡萄在生长发育过程中，因缺乏氮、磷、钾大量元素，或者缺乏钙、镁、铁、硼、锰、锌等微量营养元素，而在生产中出现的营养不良的病害。

192. 常见葡萄虫害有哪些？ 主要防治方法有哪些？

(1)常见的葡萄害虫。我国危害葡萄的害虫有 130 多种，分布普遍且危害较重的有 9 类，调查发现主要有绿盲蝽、金龟子类、葡萄透翅蛾、烟蓟马、介壳虫类、螨类、蛾类、叶蝉类、葡萄虎天牛等。根据危害葡萄植株主要部位大致可分为 5 类，但有的虫不止危害一个部位。①叶部害虫：绿盲蝽、叶蝉类、葡萄星毛虫、斜纹夜蛾、天蛾类、白粉虱类、烟蓟马、葡萄虎蛾、金龟子类以及各种螨类等。②枝蔓害虫：葡萄透翅蛾、介壳虫类、斑衣蜡蝉、葡萄虎天牛、双棘长蠹等。③花序和幼果害虫：绿盲蝽、金龟子、蓟马等。④果实害虫：白星花金龟、豆蓝金龟子、吸果夜蛾、蜗牛等。⑤根部害虫：线虫、葡萄根瘤蚜、蛴螬型等。虫害防治必须贯彻"预防为主、综合防治"的方针，准确识别虫害的种类，掌握其发生规律，进行预测预报，并对症施药，实施经济有效的防治。

(2)主要防治方法。主要防治方法有以下几个方面：

① 农业防治。是指利用农业技术措施，在少用药的前提下，改善植物生长的环境条件，增强植物对虫害的抵抗力，创造不利于害虫生长发育或传播的条件，以控制、避免或减轻虫害，达到控制多种病虫害的目的，同时体现出投入少、收效大、防治作用时间长的优点。因此，农业防治是贯彻"预防为主"的经济、安全、有效的根本措施，它在整个病虫害防治中占有十分重要的地位，是害虫综合防治的基础。主要措施有培育壮树、适时修剪、科学施肥、土壤改良、排涝抗旱等。

② 物理防治。利用简单工具和各种物理因素，如光、热、电、气、水和声波等防治虫害的措施。包括最原始、最简单的徒手捕杀或清除。捕杀法是用人力和一些简单的器械，消灭各发育阶段的害虫。如割取枝干上的卵块，

摘除卵或幼虫集中的叶片，刷除枝干的介壳虫，振落捕杀具有假死性的害虫，人工捕杀天牛等。 诱杀法是利用害虫的趋光性、嗜好物和某些雌性昆虫性激素等进行诱杀。 深埋法是冬季搜集老皮、枯枝、落叶、病穗等添加菌后进行深埋使其腐烂作肥或改良土壤。

③ 化学防治。 就是使用化学农药防治虫害的方法。 在采用化学药剂防治虫害时，应根据防治对象，正确选择农药品种和使用浓度，并严格按技术要求喷药。

④ 生物防治。 利用有益生物或其他生物来抑制或消灭有害生物的一种防治方法，如常用的以虫治虫和以菌治虫。 它的最大优点是不污染环境，是农药等非生物防治虫害方法所不能比的。 常用于生物防治的生物可分为三类：一是捕食性生物，包括草蛉、瓢虫、步行虫、畸螯螨、钝绥螨、蜘蛛以及许多食虫益鸟、鸡等；二是寄生性生物，包括寄生蜂、寄生蝇等；三是病原微生物，包括苏云金杆菌、白僵菌等。

193. 什么是葡萄的生理病害？

由气候因素（温度过高或过低、雨水失调、光照过强过或不足等），营养元素失调（氮、磷、钾及各种微量元素过多或过少），有害物质因素（土壤含盐量过高、pH 值过大过小），使用农药（除草剂植物生长调节剂等）不当引起的药害，工业废气、废水、废渣等非生物因素、不适宜的环境条件引起的葡萄病害统称为葡萄的生理病害。 由于这类病害不是病原物的侵染引起的，所以也称非传染性病害。

生理性病害具有"三性一无"的特点，即突发性、普遍性、散发性，无病症。 常见的生理性病害有裂果、落花落果、果锈、日灼、气灼、烂果、水罐子病以及缺素。

194. 哪些病害属于葡萄土传病害？

土传病害是指由生活史中一部分或大部分存在于土壤中的病原体如真菌、细菌、线虫和病毒，在条件适宜时萌发并侵染植物而导致的病害。 土传病原物按照其生态习性可分为土壤习居型（Soil Inhabitant）和土壤寄居型（Soil Invader）两大类。 前者可在土壤中长期生存，以植物残体或其他有机质为食，营养腐生并繁殖；而后者在土壤中并不活跃生长，仅被动存在于土壤介质中，其在土壤中的种群数量有赖于其对寄主的寄生活动和其休眠体在土壤中的存活能力。 葡萄中常见的土传病害见表 4-1。

表 4-1　葡萄常见的土传病害

病害名称	发病原因	侵染部位	发病现象	发病时期	防治措施
葡萄蔓割病	病原为葡萄生小隐孢壳,属子囊菌亚门真菌。以分生孢子器或菌丝体在土壤和病蔓上越冬,通过雨水传播,经伤口或气孔侵入,引起发病	主要危害近地面处的枝蔓或新梢	蔓基部近地表处易染病,初病斑红褐色,略凹陷,后扩大成黑褐色大斑。秋天病蔓皮层纵裂,易折断,病部表面产生黑色小粒点。主蔓染病,病部以上枝蔓生长衰弱或枯死。新梢染病,叶色变黄,叶缘卷曲,叶脉、叶柄及卷须常生黑色条斑	于早春发病,常在新梢抽出两周后发生	①加强田间管理措施,改良土壤,增施磷钾肥。②做好埋土防寒工作,减少枝蔓扭伤和伤口。③减少传染源,及时剪除和刮治病蔓。在伤口上涂石硫合剂或 30 倍 S921 抗生素。④在 5～7 月喷布波尔多液,以保护枝蔓及蔓基部
葡萄根癌病	病原为土壤杆菌,属细菌。病菌随植株病残体在土壤中越冬,条件适宜时,通过剪口、机械伤口、虫伤、雹伤以及冻伤等各种伤口侵入植株,雨水和灌溉水是该病的主要传播媒介,苗木带菌是该病远距离传播的主要方式。冻害是葡萄感染根癌病的重要诱因	主要发生在葡萄的根、根颈和老蔓上	当其存在于植物根部时,可破坏植物根冠的吸收能力,导致植物生长不良。同时病原菌入侵导致植物细胞产生过量的生长激素,从而生成癌瘤或其他次生增大。根癌病会使葡萄逐渐枯槁,严重时可导致藤蔓死亡。发病时,树干下部的韧皮部细胞也会因病而亡,导致类似环剥的现象	一般 5 月下旬开始发病,6 月下旬至 8 月为发病的高峰期	①选用抗病力较强的树苗。②栽植前对苗木进行消毒。③加强田间管理,发现病株时,可先将癌瘤切除,然后抹石硫合剂等药液,再涂波尔多液。④多施有机肥料,适当施用酸性肥料,改良碱性土壤。⑤进行生物防治,将葡萄插条或幼苗浸入 MI15 农杆菌素或 E76 放线菌稀释液中
葡萄根腐病	①长期施用化学肥料,破坏了土壤结构,土壤有机质严重匮乏,酸化严重,有益生物菌失去生存环境,有害病菌繁衍成灾,根系受真菌的侵害,造成烂根死树。②长期氮肥过量,造成枝条徒长,大小年结果严重,树势虚旺而不壮,腐烂病严重。③施用未经腐熟发酵的农家肥,造成烧苗烂根。④树体贮存营养严重不足,是造成腐烂病成灾的主要原因	主要危害葡萄根部	先在须根上发病,形成红褐色圆斑,病斑扩大逐渐深入木质部,木质部最终变成黑褐色至死亡。地上部有 4 种表现:①萎蔫型。叶簇萎蔫,向上卷曲变形,叶面色浅,新梢抽生难,坐果率低,枝条失水或枯死。②青干型。病株叶片骤然失水干枯,并多从叶缘向内发展,严重时叶片脱落。③叶缘枯焦型。叶尖及边缘枯焦,但一般不落叶。④枝枯型。根部严重腐烂,皮层变褐下陷,坏死皮层剥离,木质部导管变褐	一般是第 1 年侵染,2～3 年后表现症状	①建园前消毒,改良土壤,破坏病菌生存环境。②选用抗病性强的砧木,嫁接脱毒苗建园。③改善栽培条件,适时浇水,及时排水,保证树体合理负载。④药剂防治,发芽前及初显症状时,用硫酸铜或波尔多石硫合剂灌根。生长季发现病树后,立即刨出根系,并在伤口上涂菌毒清 10 倍液或波尔多石硫合剂

195. 葡萄霜霉病的症状以及防治措施是什么？

（1）葡萄霜霉病的症状。葡萄霜霉病是全球性葡萄病害，危害十分普遍。葡萄霜霉病菌在枯枝落叶和土壤中以卵孢子形式越冬。在春季，卵孢子发芽产生孢子囊，在潮湿条件下释放游动孢子。游动孢子随雨水传递到葡萄叶片、枝条，随后通过气孔侵染。7～10d后，叶子上出现黄色病变。图 4-1（彩图）为不同部位受霜霉病害的症状。

(a) 叶片　　　　　　　　　　(b) 果穗

(c) 嫩枝　　　(d) 花穗　　　(e) 果实

图 4-1　葡萄霜霉病的症状

① 叶片受害。叶片受侵害后，初期呈现半透明、边缘不清晰的油渍状小斑点，继而联合成大块病斑，多呈黄色至褐色多角形。天气潮湿或湿度过大时，在病斑背面产生白色霜霉层。后期病斑干枯呈褐色，病叶易提早脱落。

② 嫩梢受害。嫩梢受害后，形成水渍状斑点，后变为褐色略凹陷的病斑，潮湿时病斑也产生白色霜霉。病重时新梢扭曲，生长停止，甚至枯死。卷须、穗轴、叶柄有时也能被害，其症状与嫩梢相似。

③ 花序受害。花蕾受害后变暗褐色，表面覆盖白色霉状物，萎蔫脱落。

④ 幼果受害。幼果染病后，病部退色、变硬下陷，并生长出白色霜霉层，随即病果脱落。

⑤ 果实膨大期受害。果粒膨大时受害，呈褐色软腐状，不久干缩脱落，

果实着色后就不再感染。霜霉在果实上比较明显的特征是果柄和果粒的交界处先发病，随后果实变褐凹陷，掉粒现象比较严重。

（2）防控措施。防控的主要目标是防止该病造成早期落叶及幼果受害，可通过以下两个方面来防控：

通过管理，保持树势，并使树体健壮，以确保降低病原侵染可能性，主要体现在：①选用抗病品种。葡萄不同的品种对霜霉病感病程度不同，一般欧美杂种葡萄较抗病，欧洲亚种的葡萄易感病。建园时应选用抗病品种。②果园管理。合理密植，科学修剪，改善树干，保持架面的通风透光。合理负载，提高浆果质量。③果穗套袋。套袋能有效地防止或减轻霜霉病的危害。为减轻幼果期病菌侵染，套袋宜早不宜迟。④避雨栽培。雨季注意排水，降低湿度，同时注意减少土壤越冬孢子被雨溅到叶片上的机会。⑤清除病源。葡萄霜霉病的病菌随病残体在土壤中越冬，可存活 1～2 年。因此要随时清园，及时剪除、烧毁病叶、病枝、病果，减少传染源。秋末和冬季，结合冬前修剪，彻底清园，剪除病弱枝梢，清扫枯枝落叶，并集中深埋或烧毁，减少越冬病原体。⑥此外，多施磷、钾肥，酸性土壤多施生石灰，均可提高树体的抗病力。

生长季喷药防治，具体的喷施方法如下：①喷药预防。发芽前，全树喷 3～5 倍的石硫合剂，目的是铲除越冬病菌，这是全年防治霜霉病的重要措施。当田间出现有利于霜霉病菌侵染的条件而尚未发病前，应适当喷洒一些保护性药剂进行预防，对霜霉病预防效果好的药剂还有速成木醋液（20L 水兑 50mL 木醋液）、1：0.7：200 波尔多液、80% 大生 M-45 可湿粉 800 倍液、78% 波尔·锰锌（科博）等，每隔 7～10d 喷 1 次，连续用药 3～5 次。用药要依照天气情况而定，若遇连续阴雨要继续用药，这样能收到很好的防病效果。由于病菌从叶片背面气孔侵入，因此叶片背面是喷药的重点，最好叶的两面都喷洒均匀，这样可取得良好防治效果。②发病期间喷药。发病后立刻喷施治疗剂。25% 阿米西达 1500 倍液、50% 烯酰吗啉 2500 倍液、克露 600～750 倍、抑快净 2000～2400 倍或 58% 瑞毒锰锌可湿性粉剂 600 倍液、速成木醋液（20L 水兑木醋液 70mL + 米醋 30mL），每 7d 喷一次，共喷 3～4 次效果明显，上述药剂交替使用可有效防治病害。

196. 葡萄白粉病的症状以及防治措施是什么？

（1）葡萄白粉病的症状。葡萄白粉菌属子囊菌类钩丝壳属，无性世代属半知菌类粉孢属。病原菌以菌丝体在被害组织上或芽鳞片内越冬，来年春季产生分生孢子，借风力传播到寄主表面；菌丝上产生吸器，直接伸入寄主细胞内吸取营养，菌丝则在寄主表面蔓延，果面、枝蔓以及叶面呈暗褐色，主要受吸器的影响。病害一般在7月上、中旬开始发生，至当年9～10月。葡萄白粉病在干旱年份、湿度低、降雨少的环境下易发病，可感染葡萄树上的所有绿色组织，包括叶子和幼果。发病时，叶子两面，花序和轴上都有白色霉状物（图4-2，彩图）。

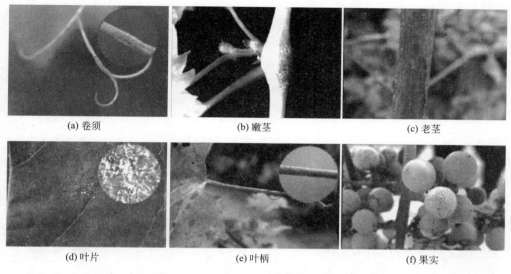

(a) 卷须　　　　　　　(b) 嫩茎　　　　　　　(c) 老茎

(d) 叶片　　　　　　　(e) 叶柄　　　　　　　(f) 果实

图 4-2　葡萄白粉病症状

① 叶片受害。起初产生白色或褪绿小斑，后表面长出粉白色霉斑，逐渐蔓延到整个叶片，使叶片变褐，严重时病叶卷缩枯萎。新枝蔓受害，初呈现灰白色小斑，后扩展蔓延使全蔓发病，病蔓由灰白色变成暗灰色，最后黑色。叶片背面病斑处组织褪色、变黄。

② 新梢、穗轴受害。初现灰白色小斑，后变为不规则大褐斑，呈羽状花纹，上覆一层白粉。严重时，枝蔓不能成熟。

③ 葡萄果实受害。果实对白粉病敏感，糖分在8%之前的任何时期，都能感染白粉病；糖分超过8%，对白粉病就产生抗性，一般不会再被侵染。被害果粒表面出现黑色芒状花纹，上覆一层白粉，病部变褐或紫褐。因局部停止生长，畸形变硬，有时纵向开裂露出种子。果实发病时，先在果粒表面产生一层灰白色粉状霉，擦去白粉，表皮呈现褐色花纹，最后表皮细胞变为暗褐色，受害幼果糖分积累困难，味酸，容易开裂。

（2）防治措施。防治方法分为三方面：

① 清除菌源。秋后剪除病梢，清扫病叶、病果及其他病菌残体，集中烧毁。

② 加强栽培管理。 注意及时摘心绑蔓，剪除副梢及卷须，保持通风透光良好。 雨季注意排水防涝，喷磷酸二氢钾等叶面肥和根施复合肥，增强树势，提高抗病力。

③ 喷施药剂。 在葡萄芽膨大而未发芽前喷 3~5° Be 石硫合剂或 45% 晶体石硫合剂 40~50 倍液；6 月开始每 15d 喷 1 次波尔多液，连续喷 2~3 次进行预防；发病初期喷药防治时使用内吸性杀菌剂，如 4% 嘧啶核苷类抗菌素水剂 400 倍液；25% 已唑醇悬浮剂量 8350~11000 倍液；10% 戊菌唑水乳剂量 2000~4000 倍液，50% 肟菌酯水分散粒剂 3000~4000 倍液；10% 氟硅唑乳油 1500 倍液；70% 甲基硫菌灵可湿性粉剂 1000 倍液；15% 乙嘧酚控白悬浮液 800 倍液；40% 多·硫悬浮剂 600 倍液；50% 硫悬浮剂 200~300 倍液；25% 醚菌酯控白悬浮液 8000~1000 倍液。

197. 葡萄灰霉病的症状以及防治措施是什么？

葡萄灰霉病主要危害花序、幼果和已经成熟的果实，有时也危害新梢、叶片和果梗（图 4-3，彩图）。

(a) 叶片　　　　　　　　　　　　(b) 花穗

(c) 果实　　　　　(d) 未采摘果穗　　　　　(e) 采摘后果穗

图 4-3　葡萄灰霉病的症状

危害花穗时多在开花前发病，花序受害初期似被热水烫状，呈暗褐色，病组织软腐，表面密生灰色霉层，被害花序萎蔫，幼果极易脱落；果梗感病后呈黑褐色，有时病斑上产生黑色块状的菌核；葡萄开花后，果穗染病初呈淡褐色水浸状，很快变为暗褐色，整个果穗软腐，此期若遇阴雨，2～3d 后果穗上长出一层淡灰色霉层；果实在近成熟期感病，先产生淡褐色凹陷病斑，很快蔓延全果，使果实腐烂。发病严重时，整穗或大部分果穗腐烂，其上长出鼠灰色霉层，发病后果梗变黑色；后期病部长出黑色块状菌核，最终扩展后整穗长满霉层且果实全部腐烂。新梢叶片也能感病，产生不规则的褐色病斑，病斑有时出现不规则轮纹，潮湿时生有不规则灰霉层，一般每片叶有病斑 2～5 块，严重时叶背部也能长出鼠灰色霉层，最后干枯。

防控措施分为两大部分：

(1)栽培技术防控

① 加强水肥管理，增施生物有机肥和钾肥用量，减少化肥使用。每亩用生物有机肥 500kg，钾肥 15～20kg，复合肥 10～15kg，尿素 2～5kg。在果实第一次膨大期（红小豆粒大小时）浇透水一次，间隔 7～10d 再浇透水一次，使葡萄幼果得到充分膨大。果实着色期应有效控水，减少裂果现象，从而减轻葡萄灰霉病及其他果实病害的发生。有较好的防控效果。在雨季，雨前地面铺白色透明塑料布，布下修凹下排水沟，下雨后及时排水，降低果园湿度，可有效抑制灰霉病菌侵染和扩展。

② 摘心疏穗控制产量。葡萄整枝定穗初期，在结果枝果穗上保留一片功能叶，对枝条进行第一次摘心，使营养集中供应果穗；定穗疏花，保留小穗长度 3～5cm，整穗保留 15 个左右，小穗进行果穗摘心。副梢长到 15 片叶时进行第二次枝条摘心。例如，'红宝石'葡萄品种每穗定粒 150～180 粒，可有效减少大小粒的出现；果穗成圆柱形，每穗质量 500～800g，每亩产量控制在 1500～2000kg，这样对葡萄灰霉病的发生可起到比较好的防控作用。

(2)农业措施防控

① 搞好清园。果实采收后及时清除病残体及杂草，剪除病枝病叶，集中焚烧或深埋，减少越冬菌源。结合清园，于早春对全园树体及地表喷一遍 3～5° Be 石硫合剂或 45%代森铵水剂（施纳宁）200 倍液，铲除越冬菌源。

② 提高定干高度。葡萄定干提高到 1.5m 左右，使树体通风透光，并防止地面残体及土壤中病原菌飞溅到果实上，减轻病害的发生。

③ 避免间作其他作物。因灰霉菌寄主范围广，除危害葡萄外，还危害草莓、番茄、茄子、黄瓜等 470 余种植物。如间作其他作物，易造成交叉重复感染，造成病害大流行，同时增加防治成本。

④ 生物防治与化学防治相结合。生物防治制剂与化学药剂的混合使用，

可以起到取长补短的作用。 生物防治制剂中选用的芽孢杆菌，可以在葡萄果实上定植、繁殖，抑制病原菌的侵染。

198. 葡萄炭疽病的症状以及防治措施是什么？

葡萄炭疽病又名葡萄晚腐病。 葡萄炭疽病主要危害果实，叶片、新梢、穗轴、卷须较少发生（图 4-4，彩图）。

图 4-4　葡萄炭疽病在果实上呈现的症状

在果粒上发病初期，幼果表面出现黑色、圆形、蝇粪状斑点。 由于幼果酸度大、果肉坚硬限制了病菌的生长，病斑不扩大，不形成分生孢子，病部只限于表皮症状。 果粒开始着色时果粒变软，含糖量增高，酸度下降。 进入发病盛期后，葡萄炭疽病在病果表面出现圆形、稍凹陷、浅褐色病斑，病斑表面密生黑色小点粒（分生孢子盘）。 天气潮湿时，分生孢子盘中可排除绯红色的黏状物（孢子块），后病果逐渐干枯，最后变成僵果。 病果粒多不脱落，整穗葡萄仍挂在枝蔓上。 在露地环境条件下，病菌主要以菌丝体在树体上潜伏于皮层内越冬，枝蔓节部周围最多。

病害流行与环境条件关系密切，多雨高湿是该病流行的主要原因。 另外，以下因素也会引起炭疽病传播：①果园内排水不良、地势低洼、地下水埋深浅、土壤黏重；②管理粗放，清扫果园不彻底，架面上病残体多；③株行距过密，留枝量过大，通风透光较差，田间小气候湿度大；④发病还与品种有关，一般欧亚种葡萄感病重，欧美杂交种葡萄较抗病。

防治方法分为 7 个方面：①铲除越冬病源，细致修剪，剪净病枝、病果穗及卷须；深埋落叶、及时清除病残体，进行深埋或烧毁。 ②选用无滴消雾膜覆盖设施，设施内地面全部用地膜覆盖，并注意通风排湿，降低设施内空气湿度，使空气相对湿度控制在 80% 以下，抑制孢子萌发，减少侵染。 ③深翻改土，加深活土层，促进根系发育；增施有机肥料、磷肥、钾肥与微量元素肥料；适当减少速效氮素肥料的用量，提高植株本身的抗病能力。 ④保持合理密度，科学修剪，适量留枝，合理负载，维持健壮长势，改善田间光照条件。⑤注意排水防涝，严禁暑季田间积水，或地湿沤根，以免使植株衰弱，引起病害发生。 ⑥果穗套袋，消除病菌对果穗的侵染。 ⑦生长季节抓好喷药保护。 每15～20d，细致喷布1次240～200倍半量式波尔多液，保护好树体。 并在喷布两次波尔多液之间加喷高效、低残留、无毒或低毒杀菌剂。 可选用以下农药交替使用，80%代森锰锌（喷克）可湿性粉剂800倍液、70%霜脲·锰锌（克露）可湿性粉剂700～800倍液、80%炭疽福美可湿性粉剂600倍液等。 为提高防治效果，喷洒非碱性药液时可掺加600倍"天达-2116"、或1000倍旱涝收。 补充：10%苯醚甲环唑水分散粒剂，有效成分用药量为100～167mg/kg；50%胂锌福美双可湿性粉剂，有效成分用药量为500～1000倍液。

199. 葡萄黑痘病的症状以及防治措施是什么？

葡萄黑痘病又名疮痂病，俗称"鸟眼病"，是葡萄上的一种主要病害。 主要危害葡萄的新梢、幼叶和幼果等幼嫩绿色组织（图4-5，彩图）。

(a) 果实　　　　　　　　　(b) 新梢　　　　　　　　　(c) 叶片

图 4-5　葡萄黑痘病症状

葡萄黑痘病病原菌是葡萄痂囊腔菌，属子囊菌亚门痂囊腔菌属，我国尚未发现。 无性阶段为葡萄痂圆孢菌，属半知菌亚门痂圆孢菌属。 病菌的无性阶段致病。 病菌在病斑的外表形成分生孢子盘，半埋生于寄生组织内。 分生孢子盘含短小、椭圆形、密集的分生孢子梗，顶部生有细小、卵形、透明的分生孢子，具有胶黏胞壁和1～2个亮油球。 在水上分生孢子产生芽管，迅速固定在基物上，秋天不再形成分生孢子盘。 病菌以菌丝体在果园内残留的病组织中越冬，以结果母枝及卷须上的病斑为主。翌年环境条件适合时 4～5 月产生分生孢子。分生孢子借风雨传播，最初受害的是新梢及幼叶，以后侵染果、卷须等，能反复多次浸染。

该病一般在 5 月下旬至 6 月初温度升高后开始发病，发病盛期在 6 月中旬至 7 月上旬，10 月以后病害停止发展。从葡萄生长发育期看，病害发生于现蕾开花期。主要危害葡萄的绿色幼嫩部位如果实、果梗、叶片、叶柄、新梢和卷须等。新梢、蔓、叶柄、叶脉、卷须及果柄受害时，呈暗色不规则凹陷斑，边缘深褐色；中央灰白色，病斑可连合成片形成溃疡，环切使上部枯死。

防治方法：①采用大棚或小环棚设施栽培。②搞好果园卫生，及时修剪、清除病叶、病果及病蔓等。秋冬季清园，葡萄落叶后把地面的落叶、病穗扫净烧毁，减少初浸染来源。用 3～5° Be 石硫合剂均匀喷枝干、架和地面。③苗木消毒。葡萄黑痘病远距离传播主要是通过苗木。因此，对苗木、插条要进行严格检查，对有带菌嫌疑的苗木插条，必须进行彻底消毒。④喷药保护。萌发前喷洒 3～5° Be 石硫合剂，或强力清园剂 600～800 倍液。第一年露地栽培的，在葡萄生长期，自展叶开始，每隔 15～20d 喷药一次，可喷 80%水胆矾石膏（波尔多液）400～800 倍液或喹啉酮或氢氧化铜或 30%王铜（氧氯化铜）600～800 倍液预防。发病时用 40%氟硅唑乳油 8000～10000 倍液或者 22.5%啶氧菌酯悬浮剂量 1500～2000 倍液，交替使用 2 次。

200. 葡萄根癌病的症状以及防治措施是什么？

葡萄根癌病，是发生最为普遍、危害最严重的细菌病害，应作为重中之重防治对象。发生在葡萄的根、根颈和老蔓上（图 4-6，彩图）。

葡萄根癌病病原菌主要为葡萄土壤杆菌，此病原菌有严格的寄主特异性，主要侵染葡萄，属土壤杆菌属，同属内的根癌土壤杆菌、发根土壤杆菌也能引起多种植物的根癌病，它们均具有致瘤性，侵染特点、病害症状相似，也曾经被认为同为根癌土壤杆菌，随着研究的深入被明显区分开来。主要发生在'贝达'为砧木的'红地球'葡萄和自根'巨峰'葡萄，设施葡萄没有发现此病，露地葡萄根癌病的发生较普遍。

根癌病由土壤杆菌属细菌引起。一般 5 月下旬开始发病，6 月下旬至 8 月为发病的高

图 4-6　葡萄根癌病症状

峰期。该种细菌可以侵染苹果、桃、樱桃等多种果树，病菌随植株病残体在土壤中越冬，条件适宜时，通过剪口、机械伤口、虫伤、雹伤以及冻伤等各种伤口侵入植株。雨水和灌溉水是该病的主要传播媒介，苗木带菌是该病远距离传播的主要方式。细菌侵入后，刺激周围细胞加速分裂，形成肿瘤。病菌的潜育期从几周至一年以上，一般5月下旬开始发病，6月下旬至8月为发病的高峰期，9月以后很少形成新瘤。温度适宜、降雨多、湿度大时，癌瘤的发生量也大；土质黏重，地下水位高，排水不良及碱性土壤条件下，根癌病发病较严重。

葡萄根癌病主要危害根颈、主根和侧根。2年生以上的主蔓近地面处也常受害。苗木发病则多发生在接穗和砧木愈合的地方。肿瘤从根的皮孔处突起，有时能在2年生以上的茎蔓形成肿瘤，高的离地面可达1m，这往往与茎蔓受霜冻或机械损伤有着密切的关系。例如在北方冬季寒冷地区栽种的葡萄，冬季要下架盖土越冬，这样病菌很容易从伤口侵入，导致茎蔓上形成肿瘤。瘤的大小变化很大，直径0.5~1cm，球形，椭圆形或不规则形；幼嫩瘤淡褐色，表面旋卷，粗糙不平；如继续发展，瘤的外层细胞死亡，颜色逐年加深，内部组织木质化，成为坚硬的瘤。患病的苗木，早期地上部的症状不明显。随着病情的不断发展，根系发育受阻，细根少，树体衰弱，病株矮小，茎蔓短，叶色黄化，提早落叶，严重时可造成全株干枯死亡。

防治方法有：①繁育无病苗木。这是预防根癌病发生的主要途径。一定要选择未发生过根癌病的地块做育苗苗圃，杜绝在患病园中采取插条或接穗。在苗圃或初定植园中，发现病苗应立即拔除并挖净残根集中烧毁，同时用1%硫酸铜溶液消毒土壤。②苗木消毒处理。在苗木或砧木起苗后或定植前将嫁接口以下部分用1%硫酸铜浸泡5min，再放于2%石灰水中浸1min，或用3%次氯酸钠溶液浸3min，以杀死附着在根部的病菌。③加强田间管理。田间灌溉时合理安排病区和无病区排灌水的流向，以防病菌传播。④加强栽培管理。多施有机肥料，适当施用酸性肥料，改良碱性土壤，使之不利于病菌生长。农事操作时防止伤根。⑤生物防治。例如，内蒙古园艺研究所由放射土壤杆菌MI15生物防治菌株生产出农杆菌素；中国农业大学研制的E76生防菌素，均能有效地保护葡萄伤口不受致病菌的侵染。其使用方法是将葡萄插条或幼苗浸入MI15农杆菌素或E76放线菌稀释液中30min或喷雾即可。⑥药剂防治。在田间发现病株时，可先将癌瘤切除，然后抹涂石硫合剂渣液、福美双等药液，也可用50倍菌毒清或100倍硫酸铜消毒后再涂波尔多液，对此病均有较好的防治效果。络氨铜、叶枯唑、医用硫酸链霉素等也可用于防治根癌病。

201. 葡萄树干病的症状以及防治措施是什么?

葡萄树干病是由多种葡萄内生真菌一同诱发的,属多种真菌对葡萄共同造成的病害。 该病往往影响树龄大于 10 岁的葡萄树。 感染了这些疾病的木材和树叶会出现异常的虎斑条纹或变色图案(图 4-7,彩图)。 病症先出现在树叶上,然后是茎,最终整个植株会在生长期间完全枯萎。 病情从初期到晚期的发展速度很快,有的晚期症状可能在最初症状出现后几天内就发生。 在雨季过后的干燥天气中,发生葡萄树干病的可能性最高。

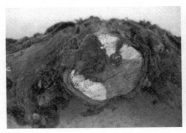

图 4-7　葡萄枝干病在主干、叶片上的症状

人们至今还没有找到合适的化学治疗药物。 尽管之前使用砷酸钠的治疗效果明显,但从 2003 年开始,砷酸钠被欧洲政府禁用。 另外两种用来保护伤口的药物,广谱杀菌剂苯菌灵和多菌灵也被禁用。 所以当葡萄藤开始出现树干病时,可用以下四种防治措施:①拔除整株葡萄藤;②砍掉受感染的葡萄藤,重新嫁接;③将受感染的葡萄藤树干全部砍掉,然后利用原来树干侧边生长的弱枝作为未来的树干部分来培养;④修复性手术,用小电锯将受感染的部分全部锯掉。 这些被移除的受感染枝条需要全部烧毁。

202. 葡萄酸腐病的症状以及防治措施是什么?

葡萄酸腐病是一种二次侵染病害。 病原菌为醋酸细菌、酵母菌、多种真菌,从伤口侵染。 病害发生程度与管理水平和方法关系很大。 葡萄酸腐病近几年在我国已成为葡萄的重要病害,危害严重。

酸腐病是果实成熟期病害。 发病果园内可闻到醋酸味,果穗周围可见小蝇子(长 4mm 左右的醋蝇),烂果内外可见灰白色小蛆,果粒腐烂后有汁液流出,汁液流到处即受感染,果袋下方被打湿(俗称尿袋),腐烂后果实干枯,只剩果皮和种子(图 4-8,彩图)。

图 4-8　葡萄酸腐病在果穗、果粒上的症状(李民提供)

防治方法分以下几个方面：①农业防治。做好葡萄园卫生。同一园内避免不同熟期品种混栽；避免果粒出现伤口；利用络氨铜、乙蒜素等防治真菌污染，利用杀虫剂防治果蝇。发现该病发生，立即清除病组织，剪除带出田外深埋。也可悬挂蓝板诱杀醋蝇成虫，达到防治酸腐病的目的。②药剂防治。以防病为主，病虫兼治。成熟期用 5% 水乳剂吡丙醚 250～400 倍诱杀果蝇，方法为用 10% 吡丙醚 500～800 倍液混配 10% 高效氯氰菊酯 500 倍液，把疏理下来的病果粒、裂果等放入杀虫液中浸泡 5～10min，捞出，把浸泡药液的烂果粒、病果粒、裂果粒放入容器中，每个容器 5～10 粒；在容器中和处理后的果粒上喷洒果蝇诱集剂，将容器悬挂于发生酸腐病果穗植株的周围，沿着主蔓每株放 3 个；超过 30d 时，把容器内的病果粒倒出（用土掩埋），重新用杀虫液处理诱集器，之后加入新浸泡的果粒，在诱集器内喷果蝇诱集剂，之后重新悬挂。

203. 葡萄根瘤蚜的症状以及防治措施是什么？

葡萄根瘤蚜，属同翅目，瘤蚜科。根瘤蚜是严重危害葡萄的害虫，为国际检疫害虫之一，1895 年从法国引入葡萄苗时被带入，见于山东、辽宁和陕西等广大地区。葡萄根瘤蚜在欧洲种葡萄上只危害根部，而在美洲种葡萄和野生葡萄上根系和叶片都可被害。被侵染的葡萄叶片在叶背面形成大量的红黄色虫瘿，阻碍叶片正常生长和光合作用。新根被刺吸危害后发生肿胀，形成菱形或鸟头状根瘤。粗根被侵害后形成节结状的肿瘤，蚜虫多在肿瘤缝隙处（图 4-9，彩图）。根瘤蚜不但直接危害根系，削弱根系的吸收、输送水分和营养功能，而且刺吸后的伤口为病原菌微生物的繁衍和侵入提供了条件，导致被害根系进一步腐烂、死亡，从而严重破坏根系对水和养分的吸收、运输，影响植株发育，使其逐渐衰弱，影响产量和品质，最后枯死，甚至使葡萄园毁灭。

防治方法分为以下几个方面：①苗木检疫及消毒。葡萄根瘤蚜是国内外植物检疫对象，在苗木引进和出圃时，必须严格检疫。种植前或出圃后用50%辛硫磷乳油800倍液浸15min后种植或出圃。②育苗。利用抗性砧木如420A、3309C、Gloire、101～14、5C、SO4、5BB等，实行嫁接栽培。育苗地冬季连续淹水2个月，能有效杀死越冬蚜虫。③土壤处理。对有根瘤蚜的葡萄园或苗圃，可用二硫化碳灌注。方法为在葡萄主蔓及周围距主蔓25cm处，每1m²打孔8～9个，深10～15cm，春季每孔注入药液6～8g，夏季每孔注入4～6g。但在花期和采收期不能使用，以免产生药害。根据该害虫在砂壤土中发生极轻，改良黏重土壤质地，提高土壤中砂质含量。④药剂处理。用1.5%蒽油与0.3%硝基磷甲酚的混合液，在4月份越冬代若虫活动时，喷洒根际土壤及二年生以上的粗根根叉、缝隙等处，对该害虫有较好的防治作用。

图 4-9　葡萄根瘤蚜

204. 金龟子对葡萄的危害以及防治措施是什么？

金龟子，成虫统称金龟子，幼虫称为蛴螬。主要危害葡萄叶片，有斑喙丽金龟子、铜绿金龟子、东方金龟子、苹毛金龟子、大黑金龟子、四纹丽金龟子、白星花金龟。

金龟子啃食葡萄根和块茎或幼苗等地下部分，为主要的地下害虫。也危害葡萄的叶、花、芽及果实等地上部分。成虫咬食叶片成网状孔洞和缺刻，严重时仅剩主脉，群集危害时更为严重。白星花金龟成虫喜欢在果实伤口、裂果和病虫果上取食。常数头聚集在果实上，将果实啃食成空洞，引起落果和果实腐烂（图4-10，彩图），常在傍晚至晚上10点咬食最盛。

防治方法分以下几个方面：

(1)物理防治。利用金龟子成虫的假死性，早晚振落扑杀成虫。但白星花金龟在白天活动时假死性不明显，一旦惊落地面后会立即飞走，在人工捕杀时，应趁其取食危害时，迅速用塑料袋将害虫连同果实套进袋内杀死。

(2)生物防治。利用性诱散发器诱杀雄虫。散发器的制作方法为用普通试管（18mm×30mm 或 15mm×20mm），或用塑料窗纱卷成 20mm×40mm 大小的圆筒，将雌成虫放入管或筒内，里面放少量树叶或蕾、花，用细纱布封口，另将诱杀盆（脸盆）埋在果园中，盆面与地面相平，盆内放水不要过满，水中加入少许洗衣粉。散发期挂在诱杀盆中央的水面上，早晨挂出，晚上收回。

(3)化学防治。在金龟子成虫盛发期，用 48%毒死蜱乳油 1000～1200 倍液，或 52.25%毒死蜱、氯氰乳油 1000～1500 倍液防治。早上或傍晚喷杀，采收前 15d 停用。对土壤施药，可用 50%辛硫磷乳油 800 倍液撒于树冠下的地面上。

图 4-10　金龟子对葡萄的危害

205. 斑衣蜡蝉对葡萄的危害以及防治措施是什么？

斑衣蜡蝉属同翅目蜡蝉科，杂食性昆虫，危害葡萄、梨、桃、李等果树。葡萄斑衣蜡蝉（图 4-11，彩图）在北方葡萄产区多有发生，零星危害。在黄河故道地区危害较重，以成虫、若虫群居在叶背、嫩梢上，以刺吸口器吸食汁液危害，一般不造成灾害，但其排泄物可污染果面，嫩叶受害常造成穿孔或叶片破裂。

防治方法：①清园。冬季结合剪枝铲除卵块。②药剂防治。若虫大量发生期喷药防治，可喷洒 10%吡虫啉可湿性粉剂 2000～3000 倍液或 25%噻虫嗪水分散粒剂 6000～7500 倍液或 2.5%溴氰菊酯可湿性粉剂 2000～3000 倍液。

图 4-11　斑衣蜡蝉对葡萄的危害

206. 绿盲蝽对葡萄的危害以及防治措施是什么？

　　绿盲蝽又名花叶虫，属半翅目，盲蝽科。绿盲蝽成虫飞翔、若虫爬行传播，其先在葡萄萌芽与展叶期危害，再危害幼果。后转移到豆类、玉米、蔬菜、杂草上等危害。

　　以成、若虫刺吸葡萄幼芽、嫩叶、花蕾和幼果，并分泌毒素使危害部位细胞坏死或畸形生长（图 4-12，彩图）。嫩叶被害后先出现枯死小点，后变成不规则的孔洞（似黑痘病危害后期症状）；花蕾受害后即停止发育，枯萎脱落；受害幼果先呈现黄褐色后呈黑色，皮下组织发育受阻，严重时发生龟裂，影响外观品质和产量。

(a) 绿盲蝽成虫　　　　(b) 绿盲蝽危害葡萄叶片　　　　(c) 绿盲蝽危害葡萄幼叶

图 4-12　绿盲蝽及其危害(李民提供)

　　防治方法有以下几个方面：

　　(1) 农业防治。剥除老皮，清除周边棉田棉枝叶和杂草，清园消毒，减少越冬虫源。

(2)物理防治。利用该虫趋光性，每 4 公顷果园挂一台频振式杀虫灯诱杀成虫。

(3)药剂防治。栽种指示品种如玉手指或红宝石无核或金手指，一经发现危害立即用药防治。 根据害虫危害习性，适宜在太阳落山后或在太阳未出现前的清晨喷药防治；因其具有很强的迁移性，同一栽培模式的葡萄园区不同业主应统一时间、统一用药。 早春葡萄芽绒球期，全树喷施 1 次 3~5° Be 的石硫合剂，消灭越冬卵及初孵若虫。 越冬卵孵化后，抓住越冬代低龄若虫期，适时进行药剂防治。 常用药剂有 10% 吡虫啉粉剂、3% 啶虫脒乳油、2.5% 溴氰菊酯乳油、5% 顺式氯氰菊酯悬浮剂等。 连喷 2~3 次，间隔 7~10d。 喷药一定要全树喷细致、周到，对树干、地上杂草及行间作物全面喷药，以达到较好的防治效果。

207. 葡萄缺钾的症状以及防治措施是什么？

葡萄缺钾症是葡萄最常见的营养失调症。 葡萄的需钾量较多，总量与氮的需要量接近，合成糖、淀粉、蛋白质均需要钾。 钾能促进细胞分裂，中和器官的酸，促进某些酶的活动和协助调整水分平衡。 葡萄有"钾质植物"之称，在生长结实过程中对钾的需求量相对较大。 缺钾时，常引起糖类和氮代谢紊乱，蛋白质合成受阻；植株抗病力降低，枝条中部叶片扭曲，叶缘和叶脉间失绿变干，并逐渐由边缘向中间焦枯，叶子变脆容易脱落（图 4-13，彩图）；果实小、着色不良，成熟前易落果，产量低，品质差。 钾过量时可阻碍钙、镁、氮的吸收，果实易得生理病害。

图 4-13　葡萄缺钾在叶片上呈现的症状

防治方法分为以下几个方面：

(1)根据钾肥吸收规律施肥。葡萄萌芽后 3 周开始吸收钾肥，至始花期占全年用钾量的 15%；始花至谢花期占全年用钾量的 11%；谢花期至转色期占全年用钾量的 50%；果实转色至成熟前占全年用钾量的 9%；采收后至落叶前占全年用钾量的 15%。

(2)校正。葡萄全年结合病虫害防治进行根外追肥，但重点在第二次膨大期，喷 2 次 0.2%磷酸二氢钾，含糖量可提高 0.5%~2%。9 月上旬喷 2 次 0.2%磷酸二氢钾，可促进枝蔓成熟，提高抗寒能力。

208. 葡萄缺镁的症状以及防治措施是什么？

镁是叶绿素的重要组成成分，也是细胞壁胞间层的组成成分，还是多种酶的成分和活化剂，对呼吸作用、糖的转化都有一定影响。坐果量多的植株从果实膨大期开始出现缺镁。葡萄缺镁症主要是土壤中缺少可吸收的镁引起的，其发病根源是有机肥质量差、数量少。肥源主要靠化学肥料，从而造成土壤中镁元素供应不足。缺镁在中国南方的葡萄园发生较普遍。钾肥施用过多，或大量施用硝酸钠及石灰的果园，也会影响镁的吸收，常发生缺镁症。

葡萄缺镁症状从植株基部的老叶开始发生，最初老叶脉间褪绿，继而叶脉间发展成带状黄化斑点，多从叶片的中央向叶缘蔓延，逐渐黄化，最后叶肉组织黄褐坏死，仅剩下叶脉仍保持绿色。因此黄褐色坏死的叶肉与绿色叶脉界限分明（图 4-14，彩图）。'红地球''大紫王'果实上的部分紫红色斑块即为缺镁症状。一般在生长季初期缺镁症状不明显，从果实膨大期才开始显症并逐渐加重，尤其是坐果量过多的植株，果实尚未成熟便出现大量黄叶，病叶一般不早落。缺镁对果粒大小和产量的影响不明显，但浆果着色差，成熟期推迟，糖分低，果实风味明显降低。

图 4-14　葡萄缺镁在叶片上呈现的症状

防治方法分为以下几个方面：

(1)了解品种与砧木特性。如'巨玫瑰''秋红'易缺镁；SO4 和 R110

作砧木时镁的吸收能力弱等。

（2）**根据需求规律施肥**。葡萄萌芽后 4 周开始吸收镁肥，至始花期占全年用镁量的 10%；始花至谢花期占全年用镁量的 12%；谢花期至转色期占全年用镁量的 43%；果实转色至成熟前占全年用镁量的 13%；采收后至落叶前占全年用镁量的 22%。

（3）**校正**。在施催芽肥时结合施硫酸镁校正，缺镁严重的土壤，每亩约 20kg；正常葡萄园每亩补镁肥 2～5kg。 田间偶然有植株出现缺镁症状时，叶面喷 3%～4% 的硫酸镁，生长季喷 3～4 次。 酸性土壤上适当施用镁石灰或碳酸镁，中性土壤中施用硫酸镁，补充土壤中有效镁的含量。 SO4 和 R110 砧木嫁接的品种对镁吸收能力弱，需及时补充。

209. 葡萄缺钙的症状以及防治措施是什么？

钙是植物体内重要的基本元素之一，是保持葡萄浆果硬度所不可缺少的元素，在一系列的生理变化过程中起着重要作用。 葡萄果粒特别是果皮中含钙量不足，是引起果肉腐烂褐变、果粒脱离果穗等不良现象的重要原因。 葡萄在采收前喷钙，可增加葡萄果实的含钙量，提高葡萄品质，增强耐贮运性。

葡萄缺钙时，枝、叶徒长，果实质地变软，糖分降低，香味变淡。 幼叶脉间及叶缘褪绿，随后在近叶缘处出现针头大小的斑点，叶尖及叶缘向下卷曲，几天后褪绿部分变暗褐色，并形成枯斑（图 4-15，彩图）。 由于缺钙，细胞壁变薄，在高渗情况下，尤其是浇完水以后，水就会顺着叶脉渗到叶肉中间，形成水渍状，出现叶片生理性充水。 缺钙时茎蔓先端顶枯，新根短粗而弯曲，根尖容易变褐枯死。

图 4-15　葡萄缺钙在叶片上呈现的症状

防治措施可以从以下两个方面进行：

(1)按以下吸收规律施肥。葡萄钙素的吸收有两个明显的高峰阶段，一是在谢花后至转色前达到高峰，占全年吸收总量的46%；二是在果实采收后到休眠前出现第二次吸收高峰，占全年吸收总量的22%，可供来年早春树体萌芽、展叶、花芽分化、开花、结果等所用。从幼果至膨大期，亩使用量硝酸钙5～10kg冲施或者滴灌；秋季施基肥时混施钙镁磷肥（含有20%～30%的氧化钙、16%氧化镁、14%～18%五氧化二磷、40%二氧化硅），可以适当补充葡萄所需要的中微量元素。

(2)校正。使用硝酸钙时，避免和磷肥一起使用，否则易产生磷酸钙沉淀，降低钙肥效果；同时应避免和钾肥一起使用，钾离子和钙离子的分子量大小相近，易产生拮抗作用。酸性土壤在秋冬季雨前撒施生石灰，pH5.5～6.5的酸性土壤每亩用50kg左右；pH4.5～5.5的强酸性土壤每亩用70～100kg，同时补充钙元素。

210. 葡萄果锈病的症状以及防治措施是什么？

葡萄果锈是一种生理性病害，表现为在果实果面浮生一层黄褐或赤褐色木栓组织。葡萄果锈病（图4-16，彩图）使果皮形成木核化组织，表皮细胞木栓化，造成锈果，严重时果粒开裂，种子外露。

图4-16　葡萄果锈在果实上呈现的症状

果锈的发生是多种因素综合作用的结果。内在因素主要指有利于果锈形成的果皮组织结构特征；外在因素则主要指不良环境条件以及人为因素的影响。多数发生在第2膨大期至果实成熟期后1个月内，少数发生在幼果期。果锈的产生还与品种自身遗传因素有关，绿黄色果皮较易发生，例如'无核白鸡心''京玉''奥古斯特''维多利亚''郑州早玉''贵妃玫瑰''白萝莎里奥'

'阳光玫瑰'等。

外在原因主要有：①花穗开花时间不一、成熟不一致时，先熟的果粒易产生果锈。②成熟期园内湿度高，水分直接刺激果皮，经过角质层裂缝进入果皮后，果皮至下皮细胞易因水压增加而破裂形成锈斑。③低温。幼果期如遇低温、空气阴冷、寒流霜冻、湿度过大，或保果膨大处理时赤霉酸过浓，易导致幼果受损，受害严重的果实出现褐色锈斑和霜环。④病虫危害。蓟马危害后出现褐色锈斑，二次果易发生果锈；茶黄螨落花后转移到幼果上刺吸危害，使果皮产生木栓化愈伤组织，变色形成果锈。霜霉、白粉病危害后出现浅褐色斑。⑤农药与植物生长调节剂的不合理混用，尤其是与杀虫乳油制剂混用时出现药害，形成斑块或脱皮。⑥用药不当易造成药斑果锈。⑦恶劣气候伤害易产生伤斑，如风刮擦伤、冰雹砸伤，太阳晒伤、热气灼伤等。

防治方法分为以下几个方面：

(1)选择不易发生果锈的品种和砧木种植。如'天工玉柱''瑞都香玉''玉手指'等。

(2)适时采收。一般来说收获期越靠后，果锈发生量越多，当田间已有果锈发生时，及时采收可在一定程度上控制果锈。

(3)科学用药。幼果期禁止使用易使果面形成果锈的有机硫或乳剂型杀虫剂、波尔多液、石硫合剂、含锌或铜制剂等农药；正确使用农药浓度，一般从农药使用下限浓度开始，以后逐渐增加；喷头远离果穗，避免造成机械伤害。

(4)合理施肥。增加有机肥和磷、钾肥用量，减少氮肥用量，使果皮发育正常。增施钙肥，提升果皮厚度，促进果实膨大，减少果锈的发生。

211. 葡萄日灼病的症状以及防治措施是什么？

葡萄日灼病是一种非侵染性生理病害。幼果膨大期强光照射和温度剧变是其发生的主要原因。果穗在缺少遮阴的情况下，受棚内高温热气层与阳光的强辐射作用，幼嫩的表皮组织水分失衡发生灼伤。

葡萄日灼病主要表现在葡萄果实和叶片上。果实受害部位颜色泛黄，继而形成火烧状的褐色椭圆形或不规则的斑点，边缘不明显，果实表面先皱缩后逐渐凹陷，严重的果穗变为干果，而未受害部分颜色表现正常。果实的被害部位都是阳光直接照射的果面。卷须、新梢尚未木质化的顶端幼嫩部位易受害，梢尖或嫩叶表现为萎蔫变褐干枯；叶片发生日灼时，出现烧焦呈红褐色斑块，影响光合作用，从而影响果实品质，还影响花芽分化，导致第二年减产（图4-17，彩图）。

防治措施主要分为以下几个方面：

图 4-17　葡萄日灼病在果实、叶片上呈现的症状

(1)**将篱壁、V 型叶幕改为飞鸟形或水平叶幕**。叶幕遮挡，对预防日灼病有良好的效果。

(2)**合理施肥灌水**。增施有机肥，合理搭配氮、磷、钾和微量元素肥料。生长季节结合喷药补施钾、钙肥。 葡萄浆果期遇到高温干旱天气及时灌水，降低园内温度，减轻日灼病发生。 雨后或灌水后及时中耕松土，保持土壤良好的透气性，保证根系正常生长发育。

(3)**果穗套袋**。套袋果穗部位多留枝叶，选择透气性强的果袋，推迟套袋时间；套袋时避免在高温、雨后操作；露地栽培果实进入日灼期，套白色纸袋能防止日灼。 用纸袋或纸遮果，使果穗不直接受光，进入硬核期后及时拿掉套袋。

(4)**安装遮阳网**。当外界阳光辐射强时，利用遮阳网保护棚内葡萄不受灼伤。

212. 葡萄烂果的原因及防治措施是什么？

葡萄烂果多发生在果实第二膨大期至采后销售期间，因裂果、吸果夜蛾、小鸟等危害而引起（图 4-18，彩图）。 尤其是吸果夜蛾造成的危害，常被误认为是炭疽病。 烂果一般发生在采收后 3~6d 的贮运销售期。 葡萄果粒烂果后易感染灰霉病、酸腐病，导致果实品质严重下降，有时会感染白腐病和炭疽病及其他杂菌。

防治措施主要是以下方面：①品种。 选择不易裂果的品种栽培，如'玉手指''宝光''阳光玫瑰'等。 对果粒过于紧密的品种通过拉花调节着生密度，及时疏花疏果。 ②均衡供水。 设施栽培的果实转熟期时防止土壤内水分变化过大造成裂果。 ③葡萄套袋。 防止虫害引起的烂果。 ④及时安装防鸟网，并且在销售或贮藏前剪除有害果。

图 4-18　葡萄烂果呈现的症状

213. 为什么在葡萄园里种玫瑰？

玫瑰不仅是爱情的见证者，还是葡萄园里的守护神。 葡萄种植者通常会在葡萄树中间栽培玫瑰花（图 4-19，彩图），这主要有以下几个方面具体的原因。

① 玫瑰花与葡萄在生长过程中存在相似的病害，而且玫瑰花对病原菌更加敏感，通常会比葡萄先感染疾病，起到了预先警告作用。 在气候潮湿的地带，葡萄藤容易感染疾病，栽种玫瑰可用来早期预测霉病（例如霜霉病、灰霉病）和根部坏死。 而且玫瑰对白粉菌特别敏感，当发现玫瑰有白粉病时，葡

图 4-19　法国波尔多地区葡萄园中的玫瑰花

农就可以及时给葡萄打药，防止白粉病大规模破坏葡萄，保证葡萄的品质，减少葡农的损失。

②纯种的玫瑰，枝干布满了密密麻麻的小刺，在早期葡农还用马耕地的时候，为了避免马匹毁坏标桩，种起了带刺的玫瑰花，阻止马匹继续向前。

③玫瑰花有很高的观赏性，伴有淡淡的迷人香气，所以给葡萄园带来了视觉嗅觉上的提升，庄园景色迷人，空气中弥漫着独有的芬芳，令人心旷神怡。所以如今的葡萄园还在继续这个传统。

214. 葡萄霜霉菌是如何繁殖的？

葡萄霜霉病是全球性葡萄病害，严重影响了葡萄植株的生长发育和葡萄产量。要防治葡萄霜霉病，首先需要关注病原菌本身。对其繁殖方式的了解可以帮助我们更好地认识葡萄霜霉菌。

葡萄霜霉菌生命周期分有性繁殖和无性繁殖两个阶段。

(1) 无性繁殖。孢子囊梗上生孢子囊，在水中萌发时产生游动孢子。游动孢子肾形，在扁平的一侧生有两根鞭毛，能在水中游动，游动 30min 左右后变成圆形静止孢子，并同时长出芽管，经气孔侵入寄主，7～10d 后从气孔长出新的孢子囊梗、孢子囊，如此反复。

(2) 有性繁殖。始于葡萄生长季后期，病叶组织内部的菌丝端部膨大形成雄器和藏卵器，产生融合细胞，随后二倍体卵孢子在寄主叶脉间海绵组织内形成。卵孢子厚壁，褐色，球形，表面平滑或略具波纹状起伏。卵孢子随病叶在土壤中越冬，是病害的初侵染源。来年环境条件适宜时，卵孢子长出芽管，在芽管顶端长出芽孢囊，再由芽孢囊萌发产生游动孢子。游动孢子通过雨水溅到葡萄幼嫩组织上，通过气孔侵入组织细胞进行侵染。

215. 为什么葡萄霜霉病菌不能用人工培养基离体培养？

依据病原菌对寄主植物营养获得方式的不同，可以将其分为三类：活体营养型（Biotroph）、半活体营养型（Hemibiotroph）和坏死营养型（Necrotroph）。活体营养型病原菌从活的寄主植物中获取所需要的营养，并不立即杀死寄主植物的组织或细胞，如拟南芥白粉病菌（Golovinomyces cichoracearum）；半活体营养型病原菌是既可以从活体中获取营养，也可以从坏死的寄主中获得营养，这种类型的病原菌在入侵初期会保持寄主植物组织和细胞的存活，如丁香假单胞菌（Pseudomomonas syringae）；坏死营养型病原菌是先杀死寄主植物的组织和细胞，然后以死亡的有机体作为营养来源，如灰霉菌

（*Botrytis cinerea*）。

通常情况下，只有半活体营养型和坏死营养型的病原菌可以用人工培养基离体培养。而对于许多植物活体营养型病原菌来说，它们与其宿主的活细胞建立了长期的饲养关系，而不是在感染过程中杀死宿主细胞。所以这类病原菌不能通过离体培养基培养。

216. 侵染葡萄的主要病原菌中，有哪些进行了全基因组测序？

在侵染葡萄主要的病原菌中，已有 3 类菌经不同的研究团队，进行了全基因组的测序。

（1）葡萄霜霉菌（*Plasmopara viticola*）。2017 年，葡萄霜霉菌首次全基因组测序的成果以 "Genome sequence of *Plasmopara viticola* and insight into the pathogenic mechanism" 为题在线发表在 *Scientific Reports* 杂志上。该成果由广西农科院重点实验室葡萄分子设计育种团队，与中国农业大学、北京理化测试中心、上海交通大学等单位合作完成。研究人员组装得到约 101.3Mb 的高质量葡萄霜霉菌全基因组序列，并成功预测出共 17000 多个编码基因和大量不同类型的致病相关蛋白。

（2）葡萄座腔菌（*Botryosphaeria dothidea*）。葡萄座腔菌是引发葡萄溃疡病的病原菌之一。2018 年，葡萄座腔菌首次全基因组测序的成果以 "Comparative genome and transcriptome analyses reveal adaptations to opportunistic infections in woody plant degrading pathogens of *Botryosphaeriaceae*" 为题在线发表在 *DNA Research* 杂志上。该成果由中国农业大学赵文生和李兴红团队合作完成，研究人员组装得到约 43.3Mb 的葡萄座腔菌全基因组序列。

（3）葡萄小镰刀菌（*Neofusicoccun parvum*）。葡萄小镰刀菌是引发葡萄溃疡病的病原菌之一。2019 年，中国农业大学李兴红团队的博士论文"葡萄溃疡病菌侵染葡萄的组学基础与分子机制的初步研究"中提到，葡萄小镰刀菌首次全基因组测序完成，得到约 42.1Mb 的葡萄小镰刀菌全基因组序列。

217. 葡萄病虫害物理防治的常用方法有哪些？

物理防治是利用光、热、电、辐射能等各种物理因素和机械设备来捕杀、诱杀、阻隔、窒息病虫害，理化诱控技术主要包括昆虫信息素（性引诱剂、聚集素等）、杀虫灯、诱虫板（黄板、蓝板）、防虫网和银灰膜等。

葡萄中主要的物理防治方法有：

（1）运用色板诱杀与灯光诱杀技术。 葡萄萌芽后，在温室内放置黄色粘虫板，用以诱杀葡萄蚜虫、白粉虱、斑叶蝉等害虫；萌芽期后，设施内悬挂蓝色粘虫板，用以诱杀葡萄蓟马等害虫。频振式杀虫灯采用的功率为 30W、输入电源 220V，距离地面 100~150cm，每天开灯时间为当日上午 9:00 至次日清晨 4:00 为宜。

（2）性诱剂与饵料诱杀技术。 采用性诱剂诱杀葡萄的害虫，采用斜纹夜蛾、甜菜夜蛾等性诱剂的诱芯，置于预先配套的诱捕器内，距离地面 80~100cm 处；将经过 30~40d 厌氧发酵过的牛羊马粪等置入，可将危害葡萄根系的蝼蛄、地老虎等地下害虫消灭。

（3）糖醋液与草木灰诱杀治虫技术。 将白糖、米醋、白酒和清水按 1:4:1:16 的比例混合并搅拌均匀，按 6 盆/亩的标准悬挂，并与性诱剂配合应用。另外，可将草木灰和水按 1:5 的比例进行配置，浸泡时间为 24h，取出滤液后在葡萄植株上进行喷洒，防治蚜虫等。

（4）使用银灰膜铺葡萄畦面，可以阻隔白腐病病菌传播；利用果实套袋、人工捕杀。

218. 葡萄病虫害防治的关键节点是什么？

葡萄病虫害受到环境条件以及植物本身发育阶段的影响，其中不同植物易感染发病的发育阶段不同，同一植物不同的阶段也往往出现不同受害程度，所以选择病虫害防治的关键点，可以起到事倍功半的效果，同时大大降低人力物力。病虫害防治有 7 个关键节点：

（1）萌芽前。 萌芽前是一年中最重要的一次病虫防治期，要结合彻底清园，认真地全园喷一次铲除剂，铲除各种越冬的病、虫、螨。这次用药以 5°Be 石硫合剂为主。有的地方用毒死蜱加甲基托布津。对于有老皮的要先剥老皮，老皮下面是病虫藏匿之所。认真清园，清除残枝，剥除老皮，剪口涂药，喷铲除剂。彻底清园，焚烧病虫残枝、残叶、残果，不能扔也不能埋。

（2）二三叶期。 二三叶期是当年预防各种病虫潜入侵染的关键时期，尤其是白粉病，白粉病还有一个防治关键期是幼果期。这一时期必须及时喷布保护性药剂，严防病虫侵染幼嫩枝叶，应抓紧时间喷布嘧菌酯加吡虫啉等烟碱类杀虫剂，或喹啉铜加菊酯类杀虫剂，重点防治绿盲蝽。

（3）开花前。 此期主要预防葡萄穗轴褐枯病和灰霉病，最常用的药剂是嘧霉胺、50% 异菌脲（扑海因）、咯菌腈等。在设施栽培中还可选用烟雾剂或粉尘剂，同时可结合喷施硼肥。葡萄花前、花后、幼果期喷药时，要注意在药液中加入适量的展布剂，以增强药液在花果上的附着力。

（4）坐果后。重点防治灰霉和穗轴褐枯病，葡萄开花结束后，要抓紧时节喷布一次农药，与花前配合，防好花果病害，这次用药要和花前用药相交叉，以增强防治效果，同时注意添加增效展布剂和微量元素锌肥，以防止大小粒情况的发生。

（5）套袋前。果实套袋前要对幼穗进行一次蘸药处理，主要预防套袋后在袋内发生灰霉病、白腐病、炭疽病。常用的药剂是 2000 倍 10% 苯醚甲环唑（世高）加 1500 倍嘧霉胺加噻虫嗪加糖醇钙加展着剂。

（6）结果生长期。预防霜霉病，可用石灰等量式波尔多液、烯酰吗啉、66.8% 丙森·缬霉威（霉多克）等药剂；预防因气候原因导致的白腐病，可选用世高、甲基硫菌灵等药剂，在灾害发生后立即用药；预防酸腐病，在加强检查的基础上，喷必备加高效氯氰菊酯（歼灭）等杀菌、杀虫剂。要长期贮藏的采前喷药防治灰霉病。果实成熟前 20d 停止使用一切农药，确保果品质量安全。

（7）采收后。果实采收后，主要防治霜霉病保叶，这个时间一般会施肥，可以随水用瑞毒霉锰锌灌根。也可以叶面喷必备、科博。入秋后使用肥料（底肥）并结合进行深耕、浇水等。

219. 常见农药的类型有哪些？

农药，是指用于防治危害农、林、牧、渔业生产的有害生物（虫、螨、线虫、病菌、杂草及鼠害等）和调节植物、昆虫生长的化学药品及生物药品。根据用药目的及农药的各种特性对农药进行了如下分类（图 4-20）。

（1）按照原料的成分和来源

① 无机农药：波尔多液、石硫合剂、磷化铝、石灰氮、高锰酸钾等。

② 有机农药

a. 天然有机农药，包括植物性农药（烟草、除虫菊、鱼藤、印楝、川楝及沙地柏），矿物油农药（石油乳剂、柴油乳剂等）；

b. 微生物农药，如苏云金杆菌、白僵菌、农用抗菌素、阿维菌素等；

c. 人工合成有机农药：有机氯类农药（百菌清等）、脒类、硫脲类、取代脲类和酰胺类等），有机磷类农药（敌百虫等），氨基甲酸酯类，拟除虫菊酯类（溴氰菊酯、氯氰菊酯、高效氯氰菊酯等）。

（2）按照用途分类，可分为杀虫剂、杀螨剂、杀菌剂、杀线虫剂、除草剂、杀鼠剂、植物生长调节剂。

（3）按作用方式

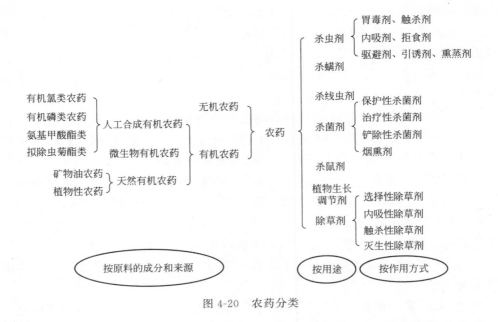

图 4-20　农药分类

① 杀虫剂：胃毒剂、触杀剂、熏蒸剂、内吸剂、拒食剂、驱避剂、引诱剂。

② 杀菌剂：保护性杀菌剂、治疗性杀菌剂、铲除性杀菌剂、烟熏剂。

③ 除草剂：按作用方式可分为内吸性除草剂、触杀性除草剂；按用途可分为灭生性除草剂、选择性除草剂。

220. 石硫合剂在葡萄生产中的用途有哪些?

石硫合剂是石灰硫黄合剂的简称，是一种应用极为广泛，深受果农欢迎的农药。石硫合剂在葡萄生产上主要具备以下优点：原料简单易得，成本低廉，配制方法简便，防病杀虫效果好。只要烧制的质量符合要求，适时使用，对葡萄病害和虫害都有显著的防治效果。在葡萄生产上主要有以下用途。

(1)防病害清园。石硫合剂具有抗菌、杀毒、防治病患的作用，通常被当作清园剂来使用，它对于灭杀潜伏在葡萄树上的越冬害虫有很好的作用。在葡萄树自然成长期间，通过使用石硫合剂可以有效防治病虫害，保护树体安全生长。

(2)越冬防冻。进入冬季，葡萄树特别是幼龄葡萄树，常遭低温冻害，轻者花芽冻伤，重者枝干或整株冻死。石硫合剂可以作为葡萄树的涂白剂来使用。在冬季由于气温冷热骤变，葡萄树干或大枝的向阳面白天受太阳直晒，局部温度上升，树皮细胞活跃，而夜间温度又急剧下降，树皮组织细胞来不及适应，造成组织受冻坏死，成为"日烧"。 树干涂白后，可利用白色反射光，反射部分热量，树体温度不会过快升高，保持温度稳定，避免冻化现象发生，可减少或避免日烧病的发生。

（3）**防治虫害**。葡萄树在施用石硫合剂后会在枝干表面处形成一层药效薄膜，这个薄膜可以长久有效地隔绝葡萄树遭受病虫害及细菌的感染，隔绝好氧性真菌与氧气的联系，使病菌因缺氧而死亡，大大降低其繁殖量，同时可以防止病菌的扩展和复发。 其次，树体表面的药膜可以防止外界水气渗入，表面原有多余水分可在薄膜的蒸发作用下逐渐减少，部分未被蒸发的水分同时被树干吸收。 如此，葡萄树体表可保持相对干燥和干净，大大降低病害感染繁殖的风险，对葡萄树形成了有效保护。

石硫合剂在实际使用过程中，应该掌握正确的操作方法，才能起到有效的作用。

221. 波尔多液在葡萄生产中的作用有哪些？

波尔多液一直被广泛应用于葡萄树体的病虫害防治，具有药效持久、不易产生抗药性、杀菌谱广、耐雨水冲刷、成本低、残留少等优点。

波尔多液是由硫酸铜、石灰乳配制而成的一种天蓝色黏稠状悬浮液体，有效成分为碱式硫酸铜，主要是利用铜离子（Cu^{2+}）凝固原生质的特性，致使病菌死亡，可有效地阻止孢子发芽，防止病菌侵染；并能促使叶色浓绿、生长健壮，提高树体抗病能力。 其主要具有以下作用：

（1）**葡萄园的保护药剂**。喷布于果树表面能形成一层保护薄膜，可防止病原菌的侵害，药效较长，在发病前或发病初期使用效果最佳。 在多雨年份，喷施 2～3 次波尔多液可防止早期落叶。

（2）**树干涂白**。对树体进行多量式喷布，并加上黏着剂等保持其白色，能够反射日光，降低树体温度变幅，提高光合效率。

（3）**杀灭害虫**。波尔多液喷上后树体发白，对金龟子、叶蝉等害虫具有忌避作用，减少害虫在树上产卵，从而达到防治目的。

（4）**补充营养**。药肥同源，波尔多液是一种药剂同时也是一种肥料，波尔多液在杀菌的同时，也为果树补充了钙和铜。

（5）**杀灭病菌**。对葡萄黑痘病、霜霉病等多种危害严重的病害具有较好的防治效果。

波尔多液在葡萄生产中很常用，然而在使用中存在很多误区，影响了其应有的效果，其使用的注意事项主要有以下几点。

（1）**波尔多液并非包治百病**。波尔多液是一种保护剂，防病效果好，而治病效果差。 葡萄一旦发病，不可再使用它，防止延误治疗时机。 另外，波尔多液对病害也有选择性，如其对白粉病的防效较差。

（2）**注意合理使用**。当波尔多液配制或使用不当时，会造成葡萄局部组织 Cu^{2+} 浓度过大，引起 Cu^{2+} 药害，造成铜胁迫，降低叶片光合作用，破坏叶片细胞膜。

（3）**防止与部分农药混用**。波尔多液呈碱性，而大多数农药呈酸性。 也就是说，波尔多液与大多数农药不能混合使用。 波尔多液和其他农药的使用间隔一般为 5~7d，才会产生良好的效果。

（4）**配制波尔多液不可马上使用，应确定药液的质量后再使用**。配制完成后等待 10~15min，观察药液的沉淀情况，如沉淀厚度低于 10cm，说明配制成功，可以使用；如沉淀厚度大于 10cm，说明药液防效差，要重配，否则不能达到防治效果。

（5）**注意不同时期的石灰用量**。常用的波尔多液根据石灰用量一般分为半量式（硫酸铜：石灰：水 = 1：0.5：200）、等量式（硫酸铜：石灰：水 = 1：1：200）、倍量式（硫酸铜：石灰：水 = 1：2：200），一般，半量式用于生长前期，等量式用于生长中期，生长后期用倍量式。

222. 石灰在葡萄生产中有哪些作用？

石灰是一种简单易得的材料，石灰粉是以碳酸钙为主要成分的碱性白色粉末物质。 在葡萄生产的过程中用途广泛，其不仅可以平衡土壤酸碱性、补充土壤钙离子，还在防治病虫害方面具有良好的效果。

（1）**土壤消毒**。夏季高温季节，每亩保护地施生石灰 100kg、碎稻草 500~1000kg，深翻入土，做垄后灌足水、铺地膜，密闭棚膜 15~20d，使土温上升到 45℃灭菌和杀灭线虫。

（2）**穴施灭菌**。在浇水前或降雨前拔除田间病株，在病穴内撒施生石灰 250g 灭菌，可以防治细菌和真菌引起的病害。

（3）**防治害虫**。翻耕土地后每亩撒施生石灰 25~40kg，并晒土 5~7d，可以灭除危害葡萄根系生长的害虫。

（4）**调节土壤酸碱度**。每亩施生石灰 100~150kg，耕翻入土，调节土壤酸碱度，提供适宜的生长环境。 通常施用绿肥时配合施入一些石灰，主要也是为了中和绿肥分解时产生的酸，调节适宜微生物活动的环境，以利于肥料的分解。

(5)**配制药液**。生石灰与硫黄粉配制石硫合剂，生石灰与硫酸铜配制波尔多液。

在使用石灰时，应注意用量，如果用量过大或施用不当，也会产生如下不良的影响：

① 用量过大或撒布不匀，会导致土壤局部碱性，形成一个不适宜作物及微生物生长活动的环境，甚至导致根系腐烂。

② 造成一些有效养分变成难溶性的化合物，使作物不能吸收利用，以致使作物发生缺素病。如可溶性磷酸盐变成磷酸三钙沉淀，铁、锰、铜、锌等形成氢氧化物沉淀，水溶性硼酸盐形成偏硼酸钙沉淀等。

③ 使土壤物理性变劣。施用石灰过多，黏粒增加，土壤黏性增大。

④ 消耗地力，破坏养分供应的平衡。

223. 喷施波尔多液，葡萄叶片内铜离子含量有无变化？

喷施波尔多液会影响葡萄叶片铜离子含量。波尔多液有效成分是碱式硫酸铜，主要是利用铜离子（Cu^{2+}）凝固原生质的方式，致使病菌死亡。Cu^{2+}在作用于病菌而达到防止病虫害效果的同时，也不可避免地被葡萄植株大量吸收。葡萄对于铜离子胁迫具有一定的耐受能力，但当波尔多液配制或使用不当时，则会造成葡萄局部组织 Cu^{2+} 浓度过大，引起 Cu^{2+} 药害。根据试验证实，高浓度铜（$50\mu MCuSO_4$）处理'黑比诺'葡萄组培苗后，叶片和根中的铜离子含量在 4～24h 内显著增加。其中，根中铜离子含量从（51.91±2.39）$\mu g \cdot g^{-1}$ 增加到（170.92±4.34）$\mu g \cdot g^{-1}$ 干重；叶片中铜离子含量从（10.39±0.53）$\mu g \cdot g^{-1}$ 增加到（30.41±1.13）$\mu g \cdot g^{-1}$ 干重，根和叶中铜离子含量均超过了维持植物体正常生长发育所需要的铜含量。葡萄新叶生长明显受到抑制，失绿并伴有轻微的萎蔫，而老叶边缘发黑，这可能是铜离子的直接毒害造成的结果。

当波尔多液用药量大或喷布不均时，葡萄树体均会出现不同程度药害，表现为叶片叶缘变黑、干枯，并向叶柄方向蔓延，出现死斑穿孔；有的嫩梢幼叶干枯；还有的叶片变厚粗糙畸形；果粒受害出现锈斑、麻点、果皮僵硬等症状。铜胁迫会抑制葡萄的生长、降低叶片光合作用、破坏叶片细胞膜。

224. 葡萄生产中雪灾的预防和灾后管理有哪些？

近年来，长江中下游的上海、苏南、安徽南部、江西北部、湖南等的部分地区设施葡萄生产经常受到雪灾的严重影响，对避雨栽培设施和促成栽培的设施、露地栽培的架材、葡萄园的辅助设施以及露地树体都造成了严重的损坏（图 4-21）。2008 年雪灾造成 66.7hm² 促成栽培、1333～2000hm² 避雨栽培、2333.3hm² 露地栽培受害。以避雨栽培为例，它是长江中下游地区普遍采用的一种栽培形式，葡萄收货后未将塑料薄膜及时拆除，雪灾造成了薄膜和架材的损坏，而短时间的迅速降温也引起了葡萄树体冻害。

图 4-21 葡萄雪灾（依次为避雨棚受害、大棚受害、设施受害）

预防措施：①灌水。低温来临前，及时浇灌水，溶解大量树体养分，树体内部冰点降低，提高抗寒能力。②熏烟。可提高气温 3～4℃，减少地面辐射散发，吸收空气湿气，抗寒抗冻。以麦秸、碎柴禾、锯末、糠壳等为燃料，气温下降到葡萄受冻的临界点时（一般为 -3～-7℃）点燃，并控制烟雾在葡萄园区域，一般每亩设置 2～3 个火点，每堆用燃料 15～20kg。

受害后的枝蔓管理：①结果母枝未冻伤，萌发的新梢全冻害致死的情况。抹除或截去相应的结果母枝，逼迫隐芽和靠近主干的冬芽。②结果母枝未冻伤，50%萌发的新梢冻害致死的情况。抹除冻害梢，集中营养，适当灌水，逼出未萌发芽。③新梢 4 叶以上出现冻害时，留 2～3 叶摘心，培养 1～2 个副梢，作为明年结果母枝或利用葡萄多次结果特性进行二次结果。④新梢长至 5～10 叶，花序周围 2～3 叶出现冻害，花序、新梢生长点未冻伤的，保留 1 个花序，利用副梢弥补叶面积不足。⑤结果母枝出现冻害的植株，在需要抽枝的部位上进行环割，逼迫结果母枝基部或主干上隐芽萌发，培养来年的结果母枝。⑥对基本无收的葡萄，气温回升后要尽早撤掉围膜，以减缓新梢生长，以免影响明年产量。

雪灾后的病害控制：雪灾后葡萄遭受冻害，植株长势将会减弱，有利于一些弱寄生菌引起的病害发生，如葡萄灰霉病和枝干溃疡病等。灰霉病的防治适期是花期，药剂可选用 40%嘧霉胺悬浮剂 800～1000 倍，或 50%腐霉利可湿性粉剂 1000～2000 倍液等；葡萄枝干溃疡病的药剂防治可结合葡萄炭疽病和白腐病等病害的药剂进行兼治。

225. 葡萄的倒春寒现象是什么?

倒春寒是指进入春季,气温回升较快,各种作物物候期提前,抗寒力下降,当低温来临时引起冻害的现象(图4-22)。倒春寒易造成葡萄芽和新梢发生冻害,已成为葡萄产业发展的限制因子之一。除异常天气影响外,越来越多的葡萄在非适宜地区种植也是造成倒春寒危害的主要原因之一。

葡萄倒春寒的表现:葡萄遭受霜冻危害后,受害程度轻的会导致萌发推迟,萌芽后叶芽发育不完全或畸形。受害程度重的会造成不发芽,呈现出僵芽、干瘪状。幼叶冻害后大多变成黄褐色,叶脉干枯,失水失绿,进而干缩,类似开水烫灼状,受害严重时幼嫩叶全部枯死,枝条冻害受伤部位由表皮至木质部逐步失水,皮层腐烂干枯,像火烧过一样。

预防倒春寒的措施:①适地适种;②注意春天的天气预警,预知霜冻发生的时间和强度,提早采取措施,如霜冻前盖膜、熏烟、喷施防冻剂等;③霜冻前灌水,增加土壤热能和导热率,增加空气湿度,减少辐射冷却,提高树体抗冻能力;④利用保护地设施栽培;⑤增加枝条秋季修剪的长度等。

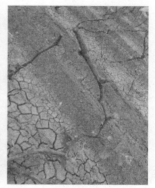

图4-22 葡萄倒春寒(依此为叶片受害、新梢受害、芽受害)

226. 台风对葡萄园有什么影响?

台风是形成于热带或副热带26℃以上广阔洋面上的热带气旋。台风对葡萄的危害主要是由狂风(8级以上)和暴雨造成的,并且二者相互叠加会引发更大的灾害,不仅危害葡萄当年的生长发育、产量和产值,而且还会影响下一年的花芽分化。

(1)台风对葡萄危害的主要表现:①刮塌大棚和葡萄架、刮破棚膜、刮烂果穗、刮落叶片、刮断枝蔓。 ②根系的吸收能力、叶片的光合能力明显下降。③暴雨引发洪涝而淹没果园,根系因窒息而致死,如宁波鄞州区姜山镇2012年遭遇台风"海葵"袭击,70hm² 葡萄园受淹长达72h以上,导致树体死亡。④暴雨引发的洪水使水土流失严重,肥料大量流失。 ⑤创造了病害流行的条件,病原菌易从受损部位入侵,如海盐县2012年遭台风"海葵"袭击,台风过后'红地球'葡萄炭疽病大暴发,产量下降,果实售价降低,经济损失达500多万元。

(2)台风灾后恢复

① 树体管理:树体扶正,绑好枝、蔓;如果叶被吹光或所剩无几,顶端留2~3节绿色枝芽,让其萌发,等长至5叶时留4叶摘心,顶副梢留2~3叶反复摘心,9月中下旬统一摘心促进枝条成熟。 顶端芽未萌发前土壤、叶均不能用肥。

② 病虫害防治:葡萄园枝叶受伤后,果采收完成的葡萄园可用化学农药防治灰霉病、霜霉病、白腐病、酸腐病、炭疽病、枝干溃疡病等病害,叶蝉、红蜘蛛、粉蚧、蓟马、吸果夜蛾等虫害。

③ 修整设施:重新搭棚或修棚,果实未销售完的葡萄园重新盖棚膜;对无果的设施不再盖棚膜。

(3)预防措施

① 建园方面,将把两个棚之间的钢管相互交叉扎紧,形成三角稳定性。另外,在建园时应该考虑有可防风阻隔物,比如,远处有高山或建造防护林等。 其中,前者受园址选择的影响,而后者是可以根据实际情况人为建造,也是更为普遍的防风措施。 防护林不仅保护葡萄免遭风害,而且对于土壤保持也具有重要作用。 建造防护林的标准是所用植物量大约是密闭型的60%~80%,以允许通过一定量风为佳。

② 选用品种方面,适宜台风地区栽培的早、早中熟葡萄品种有'寒香蜜''碧香无核''夏黑''火焰无核''维多利亚''早甜''醉金香''藤稔''玉手指'等,采用设施促成栽培的方式,开展避灾抗台风栽培。

③ 设施管理上,对抗风能力强的设施大棚做好加固工作,检查压膜绳是否松懈,台风来临时放下边膜,关闭棚门,收起遮阳网,简易大棚、避雨棚等抗风能力弱的设施大棚有可能情况下拆除薄膜,确保棚架的安全。

④ 采收时,对于已经成熟的早熟品种,尽量在台风来临之前采摘完毕,做好抢收工作。

第五章
葡萄贮藏与加工

227. 葡萄主要含有哪些营养成分？

葡萄营养成分丰富，主要有糖类、有机酸、芳香物质、矿物质、维生素、氨基酸、蛋白质、抗坏血酸、白藜芦醇等。不同的品种、地区、栽培条件等也会使葡萄的营养成分产生一定差异，以鲜食葡萄'葡萄园皇后''美人指'和酿酒品种'霞多丽''赤霞珠'为例，营养成分如表 5-1 所示。

表 5-1 '葡萄园皇后''美人指''霞多丽''赤霞珠'营养成分表

葡萄品种	营养指标								
	维生素 B1 /(mg/100g)	维生素 B2 /(mg/100g)	维生素 C /(mg/100g)	蛋白质 /(g/100g)	脂肪 /(g/100g)	可溶性固形物 /(g/100g)	钙 /%	磷 /%	铁/ (mg/kg)
葡萄园皇后	0.004	0.016	40.0	0.83	0.081	18.2	0.012	0.017	15.4
美人指	0.033	0.090	46.2	1.08	0.052	18.7	0.025	0.020	16.5
霞多丽	0.004	0.150	68.6	1.04	0.046	26.7	0.026	0.028	27.9
赤霞珠	0.016	0.120	37.8	1.29	0.066	22.3	0.033	0.027	25.2

228. 葡萄成熟过程中主要营养成分的变化特征

葡萄的成熟伴随着一系列外在及内在品质的变化，其中营养成分含量变化显著，糖类、芳香物质、矿物质、维生素、蛋白质等含量增加；单宁、可滴定酸含量降低。部分营养成分变化如图 5-1 所示。

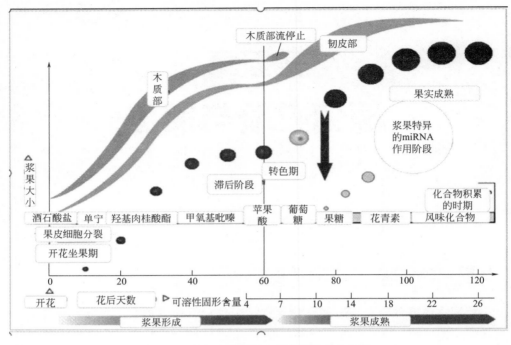

图 5-1　葡萄成熟过程主要营养成分变化图

229. 葡萄果实中有机酸的主要成分有哪些?

　　葡萄果实中的有机酸主要是苹果酸和酒石酸，二者在含量上大致相等，其他还有少量柠檬酸、草酸、微量琥珀酸和乳酸。随着树种、品种、地区、栽培条件以及生长发育期的不同，其有机酸的成分和含量也有所不同。表 5-2 为不同葡萄品种中草酸、酒石酸、苹果酸和柠檬酸含量。

表 5-2　不同葡萄品种中草酸、酒石酸、苹果酸和柠檬酸含量　　　　单位:%

有机酸	赤霞珠	品丽珠	马瑟兰	西拉	小味儿多
草酸	0.07 ± 0.01^a	0.01 ± 0.01^{bc}	0.01 ± 0.03^b	0.03 ± 0.01^d	0.03 ± 0.07^{cd}
酒石酸	0.59 ± 0.25^a	0.55 ± 0.01^c	0.07 ± 0.01^a	0.64 ± 0.25^b	0.52 ± 0.15^c
苹果酸	0.31 ± 0.04^b	0.44 ± 0.04^a	0.29 ± 0.06^c	0.31 ± 0.15^c	0.44 ± 0.32^a
柠檬酸	0.04 ± 0.01^{cd}	0.01 ± 0.03^c	0.01 ± 0.02^c	0.02 ± 0.09^a	0.01 ± 0.02^{bc}

注:同列不同小写字母表示差异显著($p<0.05$)。

230. 测定葡萄果实中糖的方法有哪些?

对于糖的测定方法有很多,大致可分为以下三类:

(1)物理法。包括旋光法、折光法、比重法。

(2)物理化学法。包括点位法、极普法、光度法、色谱法。

(3)化学方法。包括斐林氏法、高锰酸钾法、碘量法、铁法、蒽铜比色法、咔唑比色法

231. 测定葡萄果实中酸的方法有哪些?

葡萄果实中的酸具有多种测定方法,举例如下:

(1)酸碱滴定法。可滴定酸包括所有的游离酸和酸式盐。 测定时,用热水将果实中的可滴定酸提取出来,滤液用 0.1mol/L NaOH 溶液滴定,然后算出 100g 鲜果实中的含酸量,用酒石酸表示。

(2)高效液相色谱法。高效液相色谱法的原理是以液体为流动相,采用高压输液系统,将具有不同极性的单一溶剂或不同比例的混合溶剂、缓冲液等流动相泵入装有固定相的色谱柱,在柱内各成分被分离后,放入检测器进行检测。

(3)水果酸度测定仪。GMK-835F、GMK-835N、GMK-706R、GMK-708 均可以测定葡萄中的酸。

232. 拔出果刷后,葡萄果肉会变色吗?

在贮运和清洗葡萄果实过程中,果刷易脱落形成果洞(拔掉果刷后在果实上造成的伤口)。 果洞内的组织暴露在空气中会造成明显的褐化现象,影响果实的食用。 根据褐化的严重程度将其分为 0、1、2、3、4、5 级,共 6 个级别。

0 级:无褐化;

1 级:果洞外边缘轻微褐化,颜色浅;

2 级:果洞外边缘褐化颜色加深,果洞内部果肉出现轻微褐化,颜色较浅;

3 级:果洞内部果肉褐化明显,颜色加深;

4 级:全洞褐化,颜色深;

5 级:果洞周围果肉皱缩,洞内果肉轻微腐烂。

葡萄果肉褐化速度因品种不同而存在较大的差异。根据各品种褐化严重程度出现的早晚，分为3类：易褐化品种、较难褐化品种、难褐化品种。①易褐化品种，如'牛奶'，拔掉果刷15min后即出现褐化现象，30min内褐化程度达到1级水平，1h后褐化现象明显达到2级水平，24h后褐化严重，达到3级水平，48h后出现腐烂现象即5级水平，见图5-2（a）。②难褐化品种，褐化速度较慢，拔掉果刷30min后几乎不褐化，1h后褐化程度达到1级水平，24h后达到2级水平，一般48h后只达到3级水平，少数达到4级水平，见图5-2（b）。③较难褐化品种，褐化速度介于两者之间，见图5-2（e）。

同一品种不同成熟度果实间果洞褐化也有差异。同一品种中果实成熟度愈高，相同时间内褐化程度愈低，但差异不是很大。以'沈阳玫瑰'为例，3个时期开始褐化的时间存在差异，绿果期在拔掉果刷20min后开始褐化，转色期在拔掉果刷50min后观察到轻微褐化，成熟期在拔掉果刷1h后才出现褐化。由此可以看出，转色期和成熟期分别在绿果期出现褐化30min、40min后出现褐化，且转色期与成熟期出现褐化时间相差较短，转色期与绿果期出现褐化时间相差较长，差异更明显（图5-2，彩图）。因此，大家在清洗葡萄的时候，尽量不要用手拔果刷，而是用剪刀剪，保留少量果刷。

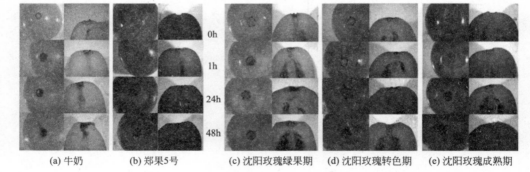

图5-2　不同品种及同品种不同成熟度间拔掉果刷后的褐化差异

（每个分图中左侧为果蒂处俯拍，右侧为果粒纵切面）

233. 测定葡萄果实硬度的方法有哪些?

葡萄果实硬度的科学测定，对于葡萄品种评价、成熟度判断以及了解葡萄发育变化规律等非常重要。果实硬度主要由果实硬度计测定，不同型号及品牌的硬度计测定的水果范围不同。举例如下：

(1)德国STEPS便携数显果实硬度计。可用来测量大多数水果的硬度，如苹果、梨、草莓、葡萄、大/硬水果，小/软水果。

（2）JC10-GY 水果硬度计。该系列分 JC10-GY-1、JC10-GY-2、JC10-GY-3 三种型号，用以测量苹果、梨、草莓、葡萄等水果的硬度。

（3）41050 葡萄水果硬度计。

（4）FT-02 意大利水果硬度计。可以测定樱桃、葡萄、草莓、蓝莓等果实硬度。

234. 电子鼻能够鉴定葡萄香气吗？

电子鼻又称气味扫描仪，是 20 世纪 90 年代发展起来的一种快速检测食品的新颖仪器。 它是由选择性的电化学传感器阵列和适当的识别方法组成的仪器，能识别简单和复杂的气味，可得到与人的感官品评相一致的结果，它与人和动物的鼻子一样，闻到的是目标物的总体气息，电子鼻能够识别区分不同葡萄香气的差异，但不能鉴定葡萄的香气成分。

工作原理：电子鼻主要由气敏传感器阵列、信号预处理和模式识别三部分组成。 某种气味呈现在一种活性材料的传感器面前，传感器将化学输入转换成电信号，由多个传感器对一种气味的响应便构成了传感器阵列对该气味的响应谱。 显然，气味中的各种化学成分均会与敏感材料发生作用，所以这种响应谱为该气味的广谱响应谱。 为实现对气味的定性或定量分析，必须将传感器的信号进行适当的预处理（消除噪声、特征提取、信号放大等）后，采用合适的模式识别分析方法对其进行检测。 理论上，每种气味都会有它的特征响应谱，根据其特征响应谱可区分不同的气味。 同时，还可利用气敏传感器构成阵列对多种气体的交叉敏感性进行测量，通过适当的分析方法，实现混合气体分析。 电子鼻正是利用各个气敏器件对复杂成分气体都有响应却又互不相同的这一特点，借助数据处理方法对多种气味进行识别，从而对气味质量进行分析与评定。

235. 葡萄成熟衰老的过程中会发生哪些感观变化？

葡萄成熟衰老的过程中会发生一系列感观变化。

（1）颜色的变化。叶绿素降解，叶绿体的片层也受到破坏，逐渐褪绿。 红色品种如'巨峰'褪绿后会慢慢积累花色素，最后变红；黄色品种如'阳光玫瑰'褪绿后会慢慢积累类胡萝卜素，最后变黄。

（2）香气的变化。葡萄果实具有特殊的香气，这是由于它们成熟过程中产生一些挥发性物质的缘故。 目前已知葡萄香气中有 800 多种挥发性化合物，主要包括醇、萜醇、羰基化合物、酯、含氮化合物等。 萜烯类化合物能直接刺激人的嗅觉细胞，从而使人产生嗅觉反应，如橙花醇具有青甜的橙花和玫瑰花香气；萜品醇具有带甜的浓青香和木青香；香叶醇具有淡甜的玫瑰花香气味；柠檬烯具有令人愉快的柠檬香气。 其中里那醇（里啦醇）气味最重，具有玫瑰木的气味，存在于所有葡萄品种中。

(3)味感的变化。随着果实的成熟，果实的甜度逐渐增加，酸度减少，过熟会有酒精味。

(4)质地的变化。果实成熟的一个主要特征是果肉质地变软，有些果皮会出现皱缩。 这是由于果实成熟时，细胞壁的成分和结构发生改变，使细胞壁之间的连接松弛，连接部位也缩小，甚至彼此分离，组织结构松散，果实由未成熟时的比较坚硬状态变为松软状态。

236. 葡萄成熟和采收的标准是什么？

葡萄采收期主要是由果实成熟度及发育期决定的，应按照生产用途做到适时采收。

(1)果实发育期。葡萄从萌芽到果实成熟所需要的天数是衡量葡萄成熟的重要依据。 正常生产中，一般按照 95～105d、105～115d、115～130d、130～150d、150～170d 划分极早、早、中、晚、极晚熟葡萄品种。

(2)根据用途适时采收。鲜食品种要根据市场的需求决定采收时期。 一般供应市场的鲜果，果实色泽鲜艳，糖酸比适宜，口感好，即成熟度八成左右即可采收，同时要结合葡萄果实的外观性状，适当提前供应市场。 贮藏用葡萄果实，多选用晚熟品种，生理成熟期采收，此时果实有弹性，耐贮运。 采摘园中进行采摘的葡萄应达到九成熟或者生理成熟度，此时葡萄果实体内可溶性固形物含量达到最大，保持变化趋势变小，可滴定酸含量、硬度达到最低，变化趋势变小。 即在果实达到该品种应有的色、香、味时进行采摘。

酿酒葡萄：生产中常以含糖量和含酸量的比值作为成熟系数来表示葡萄的成熟度。 虽然不同葡萄品种的成熟系数在同一自然条件下是不同的，但一般认为，要获得优质葡萄酒，成熟系数必须在 20 以上。 对于酿造红葡萄酒的品种而言，浆果中酚类物质的变化也是确定成熟度和采收期的重要指标。 另外，果实中香气物质的变化也是决定葡萄成熟和采收的指标。

(3)根据果实成熟度采收

① 外观性状：当葡萄开始成熟时，有色葡萄品种的表皮颜色会从绿色慢慢变成红色，而无色葡萄品种果实则变得更加透明、柔软。 如果已达到完全成熟的状态，葡萄果皮上会出现比较明显的白霜，即果粉。 此外，观察果梗和籽的颜色也可以帮助判断葡萄是否成熟。 葡萄成熟后，果梗和籽会由原来的绿

色变成棕色，此时再结合葡萄果实的内在品质进行判断。

② 内在品质：当果实在成熟过程中果粒质量、可溶性固形物达到最大，硬度、可滴定酸变化趋势变小基本保持不变，说明达到了最佳的成熟度，可以进行适时采收。

237. 什么是跃变型果实与非跃变型果实？ 葡萄属于什么类型？

呼吸是果实生长发育过程中的重要生理现象。 根据果实成熟过程中的呼吸速率变化特点，可以将果实分为呼吸跃变型和非呼吸跃变型两类。 葡萄果粒在成熟过程中不出现呼吸高峰，属于非呼吸跃变型（葡萄穗轴与果梗会出现呼吸高峰）。

有些果树的果实从发育成熟至衰老的过程中，其呼吸强度的变化模式是在果实发育定型之前，呼吸强度不断下降，此后在成熟开始时，呼吸强度会骤然升高，当到达一个高峰值后又快速下降，这一现象称为呼吸跃变（respiratory climacteric），这类果实称为跃变型果实。 常见的呼吸跃变型果实包括芒果、苹果、梨、桃、杏、李、番茄、西瓜、甜瓜、香蕉、石榴、番木瓜、鳄梨等。呼吸强度的最高值即呼吸高峰，在呼吸跃变期间，果实体内的生理代谢发生了根本性的转变，是果实由成熟向衰老转化的转折点。 所以，跃变型果实贮运时，一定要在呼吸跃变出现以前进行采收。 一般来说，跃变型果实对乙烯很敏感，成熟期间自身能产生乙烯，只要有微量的乙烯，就足以启动果实成熟，随后内源乙烯迅速增加，达到释放高峰，期间组织中的乙烯累计浓度可高达10~100mg/kg。 虽然乙烯高峰和呼吸高峰出现的时间有所不同，但就多数跃变型果实来说，乙烯高峰常出现在呼吸高峰之前，或与之同步，只有在内源乙烯达到启动成熟的浓度之前采用相应的措施，抑制内源乙烯的大量产生和呼吸跃变，才能延缓果实的后熟，延长产品贮藏期。

与跃变型果实不同，另一类果实在其发育过程中没有呼吸高峰的出现，在其成熟过程中呼吸强度缓慢下降或基本保持不变，此类果实称为非跃变型果实。 除葡萄外常见的非呼吸跃变型果实还有柑橘类、樱桃、黄瓜、菠萝等。贮运这类果实时，可适当晚收。 非跃变型果实成熟期间自身不产生乙烯或产量较低，因此后熟过程不明显。 另外，生产上采用气调贮藏可明显延长跃变型果实的贮藏保鲜期。

238. 葡萄采收应注意什么问题？

(1)采后进行预冷处理。采收后的葡萄仍然是一个活体，在呼吸代谢活动中，会释放出大量的热；同时采收时气温较高，果穗自身带有田间热，装箱装车后热量汇集，果温不断升高；若运输时间过长，再加上运途中的机械损伤，将加大"伤热"的程度，葡萄的耐贮性会下降并且导致病害危害程度的加重。因此，采收后及时预冷很重要，一般是将采收后的葡萄置于-1℃，快速制冷到0℃，预冷时间一般不能超过12h，防止在贮藏期间发生干梗脱粒。

（2）应避免雨天或正午采收果实。 田间温度最低时采收，呼吸低，细胞膨压低。晴天太阳猛烈，果蔬温度高，呼吸旺盛，此时采收会降低贮运品质。雨露天果实表面水分多，容易遭到病虫危害。

239. 二氧化硫的熏蒸在葡萄生产中有什么作用？

二氧化硫的熏蒸在葡萄生产中具有多种作用，包括以下五个方面：

① 减少水分蒸发，保持葡萄新鲜和硬度。

② 抑制呼吸，处理后在葡萄表面形成一层膜，抑制了气体交换，故降低呼吸强度，从而减少营养物质的消耗。

③ 减轻病虫蔓延，可减少病原菌的侵染，起到防腐剂的作用。

④ 增加光泽，改善商品外观，提高商品价值。

⑤ 减轻机械损伤。

240. 葡萄采后常见生理病害有哪些？

常见的生理病害有褐变、黑心、干疤、斑点、组织水浸状等。致病原因有低温伤害（冷害、冻害）、呼吸失调、营养失调以及其他生理失调。

241. 哪些性状可以作为鉴定葡萄品质的依据？

葡萄的品质可以分为内在品质和外在品质，内在品质主要参考可溶性固形物、酸、硬度、风味、香气；外在品质主要参考果色、果形、果粒大小及果粉。一般来讲优质高价葡萄应该具有果穗美观、疏密适中，果粒大小均匀、无伤口，果粉足，果汁甘甜可口有香味、果肉松紧适中、果皮无涩味等特点。

依据这些品质特征，人们发明了一些不同品质的鉴定方法，如近红外分析法。力学成熟度空洞分析法。可见光成熟度分析法。激光糖度分析法。X射线分析法。电子鼻分析法。

242. 乙烯对葡萄的成熟有影响吗?

乙烯对葡萄成熟有影响。 尽管葡萄为非呼吸跃变型果实,其生长发育过程中没有呼吸峰值的出现,其成熟过程对乙烯不敏感,但是在果实转色期利用一定浓度的乙烯处理葡萄果实会促进果实着色,对成熟有一定的影响。 乙烯是由果品本身产生和释放的一种内源激素,呈气态,分子很小,但活性很大,当环境中的乙烯浓度达到 1×10^7 (千万分之一) 时就会促进呼吸强度的增强,促进成熟衰老的进程;而且其浓度越大,效应也越大。 所以乙烯有成熟激素的称谓。 在葡萄贮藏过程中,往往由于库内通风不良而聚集较高浓度的乙烯,加速葡萄成熟衰老不利于贮藏。 尤其是在气调贮藏时,密闭的环境更容易积累大量的乙烯,因此要设法将其排除。

243. 硬肉葡萄和软肉葡萄贮藏期有差异吗?

葡萄按果实硬度分为硬肉葡萄和软肉葡萄,两者的贮藏期有差异。 在相同的贮藏条件下,硬肉葡萄对外界环境的抗性更强,贮藏期普遍高于软肉葡萄。 葡萄果实耐贮性与果实生理和结构有关。 '巨峰''醉金香''凯旋''红富士'属于软肉品种,而像'红地球''无核白鸡心''里扎马特''矢富罗莎'等属于硬肉,果粒能切片。 在外观、皮肉分离、味道、口感上都不一样。 欧亚种的葡萄普遍是硬肉,欧美杂交的多是软肉。 现在不少消费者喜欢吃硬肉、大粒、无核、有香味的葡萄品种。

244. 什么是 F 值? 在杀菌过程中如何确定其大小?

F 值是指在恒定的加热标准温度下 (121℃ 或 100℃),杀灭一定数量的细菌营养体或芽孢所需要的时间,也称杀菌效率值、杀菌致死值或杀菌强度。在制订杀菌规程时,要选择耐热性最强的常见腐败菌或引起食品中毒的细菌作为主要杀菌对象,并测定其耐热性。 计算 F 值的代表菌一般采用肉毒梭状芽孢杆菌。

245. 什么是冷链运输? 葡萄物流中的冷藏链包括哪几个阶段?

冷链运输,是指在运输全过程中,如装卸搬运、变更运输方式、更换包装设备等环节,使所运输货物始终保持一定的温度运输。 冷链运输方式可以是公路运输、水路运输、铁路运输、航空运输，也可以是多种运输方式组成的综合运输。冷链运输可以保鲜。

葡萄物流中的冷藏链包括：①生产阶段。果品采收后的现场低温保鲜至低温贮藏阶段。主要冷藏设施为恒温冷藏库，温度一般维持在 0℃ 左右。②流通阶段。流通过程的冷藏运输，包括冷藏火车、冷藏汽车、冷藏船和冷藏集装箱等。③消费阶段。消费阶段的硬件设施从 20 世纪 90 年代初期有了快速发展，各种用途和各种形式的商用冷库不断推进，促使市场商业批发零售基本配置了冷库和小冷库，基本上满足了葡萄消费阶段冷链的需要。

246. 葡萄发展冷藏气调集装箱的优势是什么？

冷藏气调集装箱是连接果品产、供、销中冷链的中间环节。采用冷藏气调集装箱，不仅可以保证易腐果品不受损坏，达到保鲜的目的，而且可使港口装卸效率提高 8 倍，铁路车站装卸效率提高 3 倍，便于运输。

由于与国际贸易接轨的需要，未来应发展标准化冷藏气调集装箱，不但要发展其数量，还要发展集装箱内相应的设备，如制冷设备、除气与除臭设备、气调设备等。冷藏气调集装箱是现代化冷链运输系统的核心部分，冷藏箱内温度能在较大范围内（ - 18 ~ 15℃ ）自由调节。它依靠自身的机械设备制冷，不受外界气候条件的影响，而且温度稳定、贮运效果好，虽然成本较高，但能收到良好的效益。使用冷藏气调集装箱是果品和其他生鲜食品贮运保鲜发展的方向。

此外，还应研究和推广使用能降低压力、辐射、高压电场等先进的保鲜技术和设备，加快发展我国果品保鲜技术和设备，促进我国果品贮藏保鲜业产、供、销各环节的全面繁荣。

247. 什么是葡萄货架期？

货架期指葡萄被贮藏在推荐的条件下，能够保持其品质，确保理想的感官、理化和生物特性的一段时间。

由于葡萄果实组织娇嫩，柔软多汁，水分含量高，因此在架贮藏过程中极易出现腐烂、脱粒干梗等现象，影响鲜食葡萄的食用价值，导致货架期缩短，影响其商品价值和经济效益。与传统保存方式相比，现代技术利用气调、SO_2 及硫化物熏蒸、SO_2 保鲜纸等方法，可以将葡萄货架期延长至数月甚至一年之久。

248. 葡萄贮藏的主要方式有哪些?

(1)气调贮藏。是未来发展的一个趋势。 在气调条件下,温度的控制是关键因素。 0℃是灰霉病危害的临界温度。 葡萄在0.5℃冷库贮藏的腐烂率是0℃冷库贮藏时的2~3倍。 因此,葡萄贮藏的温度应严格控制在0℃以下。 在贮藏过程中,可根据葡萄的耐低温能力,调节贮藏温度。 通常情况下,贮藏前期的葡萄耐低温能力比后期强。 前期库温下限可控制在-1℃,干旱年份可控制在-1.5℃,上限相应提高0.5℃。 随着时间的延长,贮藏温度应适当提高,贮藏后期的湿度应控制在-0.5~0℃。 库温要保持稳定,波动幅度不超过0.5℃。 如果前期的库温长期偏高,并且库温设在(0±0.5)℃,在这种情况下,塑料袋内的温度比库温要高出5℃左右,会加快葡萄新陈代谢,缩短贮藏寿命。 塑料袋小包装贮藏效果更好。 葡萄对二氧化碳的耐受性较强,用较高二氧化碳浓度(20%~25%)贮藏,可使葡萄保持极好的外观,并可抑制落粒和霉菌滋长。 在葡萄采前10d左右,用1.5%硝酸钙喷果穗。 葡萄收后,用0.04mm厚的聚乙烯薄膜制成可装4~5kg葡萄的贮藏袋,装入葡萄后,加入果重0.2%的保鲜剂,扎紧袋口,在3~5℃的库内贮藏123~133d,损耗率比对照减少64.3%~76.2%,可抑制浆果内部褐变。

(2)冷库贮藏。在果箱的底板和四周衬上3~4层软纸,放入0.04~0.06mm厚的薄膜压制成的贮藏袋,装入预冷的果穗,每袋10~15kg,袋内放1片二氧化硫防腐剂,封扎袋口,然后将果箱码在库内。 也可在库内竖柱搭架,架上每隔30cm穿担搭竿,竿上铺细竹帘或草席,把果穗依次单层平放,以免压伤果粒。

(3)地窖贮藏。地窖建筑与苹果窖相同,先把窖内清扫干净,喷1000倍液菌毒清消毒。 在果箱上每隔12~15cm纵放一根竹棍,把果穗依次悬挂在棍上,然后移入窖内码垛,高3层为宜,然后封窖。 也可在窖的两边分别竖柱搭架,分层放竿,层距30~35cm,竿距15~20cm,把果穗悬挂在竿上,穗距4~5cm,以4层为宜。

(4)膜袋贮藏。用0.04~0.06mm厚的聚乙烯膜,压制成长40cm、宽30cm的小袋,每袋装果1.5~2.0kg,扎好袋口,放入底部垫有4~5cm厚锯末或碎稻草的浅箱中,每箱只摆一层果,将箱放入冷凉室内或贮藏库内。 检查时可搬动木箱,但不能开袋,即使有1~2粒果霉烂也不要开袋,一旦开袋,袋内氧气骤然增多,就很难继续贮箱了。

249. 为什么'巨峰'葡萄采后贮藏过程中常出现脱粒现象？ 如何避免这种现象的发生？

空气湿度偏低，使果粒失水、果柄干缩，是葡萄贮藏过程中造成大量脱粒的重要原因。 葡萄采后果粒脱落是贮藏过程中的常见现象，严重影响其商品价值。 不同葡萄品种脱粒现象存在差异，和其他品种相比，'巨峰'采后脱粒现象严重。 这归于：①'巨峰'果梗组织结构脆弱，容易折断而脱粒；②'巨峰'果刷纤细，易从果粒中脱出，造成脱粒；③'巨峰'采后果梗易失水衰老，果粒和果柄间易形成离层而脱落；④由于微生物侵染，穗梗、果梗腐烂而造成'巨峰'果实的散穗和脱粒；⑤'巨峰'果粒大，容易碰撞脱粒。

因此在采收'巨峰'葡萄时，应当注意下面事项：适当晚采，严格挑选果穗，择优入贮。 当'巨峰'葡萄果实充分成熟，可溶性固形物含量达 16% ～ 18%时，即可采收。 但适当晚采，可充分利用秋季昼夜温差大的有利条件，使果霜增厚，糖分提高，还可节省预冷工序及预冷所需的能量，提高果实抗病力。 采收时以天气晴朗、气温较低的上午或傍晚为好，早晨果面露水干后开始采收，雨天和雾天不宜采收。 采收时，将果穗从穗梗处剪下，避免碰伤果穗、穗轴和擦掉果霜，同时将病果、伤果、小粒、青粒一并疏除。 盛装葡萄的箱子底部及四周衬一层纸，再将完好的 0.04mm 厚度 PE 塑料袋敞口放入箱中，使塑料袋与箱子四周相贴（箱子要浅而小，以装 5kg 为宜，塑料袋不可破裂或有漏洞），然后将果穗整齐地放入 PE 塑料袋中。 葡萄不可超出箱子，以免在运输、码跺中造成烂粒现象。 箱装满后即可预冷。 在采收、装箱、运输过程中，应轻拿轻放，避免人为损伤果实。

采后贮藏保鲜的库房准备：入贮前 2～3d 按 20g/m^3 进行硫黄熏蒸，然后密闭一昼夜，打开门和排气孔，驱除二氧化硫气体。 不熏蒸也可喷洒福尔马林等库房消毒液。 入贮前 1～2d，将制冷机启动降温，使库温下降至 1～0℃ 。

果实预冷：将装有葡萄的箱子运到库房敞开塑料袋口，在 -1～0℃ 下，放置 20h。 之后，将准备好的葡萄保鲜剂放入 PE 塑料袋中，并扎紧袋口，封好箱盖，进行码跺。

库房温湿度的调节：贮藏'巨峰'葡萄最适宜的温度为 -0.5～0℃ 。 需将库温维持在 -1～1℃，不可忽高忽低。 最佳湿度为 90%～95%，当湿度高于 95%时，应打开门及排气孔通风排湿；当湿度低于 90%时应在地面洒水，或者在墙壁等处挂湿草帘。 在'巨峰'葡萄贮藏过程中，要作好库房巡查，作好记录，发现异常情况及时处理。

250. 葡萄果实出现空心现象的原因有哪些?

葡萄生产中出现的空心现象多是由于喷施过高浓度氯吡脲造成的。氯吡脲与赤霉素用于膨果处理时,若氯吡脲浓度过高易引起葡萄果实空心现象。

251. 白藜芦醇在葡萄生长发育过程中的含量是如何变化的? 其对葡萄及其加工品的品质有何影响?

白藜芦醇是一种非黄酮类多酚化合物,在葡萄的不同组织器官及不同的品种中,白藜芦醇的含量不同,且差异很大,葡萄果实中白藜芦醇主要存在于果皮和种子中,果肉中很少或没有。其被誉为天然抗氧化剂,可有效延缓机体生理性氧化进程,具有清除自由基、抗炎、抗菌等生理功能,同时能降低心血管疾病和糖尿病的患病率。

李阿英等(2014)以'藤稔''峰后''美人指'和'黄意大利'4 个鲜食葡萄品种为试材,应用 HPLC 技术,测定了葡萄生长发育过程中重要器官中白藜芦醇含量的变化,发现 4 个葡萄品种各个时期果皮和籽粒中白藜芦醇含量变化呈现的是一种波形趋势,在葡萄整个生长发育过程中白藜芦醇含量均呈先逐渐增长达到峰值后又逐渐下降的趋势(图 5-3)。果皮中白藜芦醇含量最高时期均出现在始熟期(7 月 4 日),籽粒中白藜芦醇含量最高时期均出现在硬核期前的果实膨大期(6 月 15 日)。

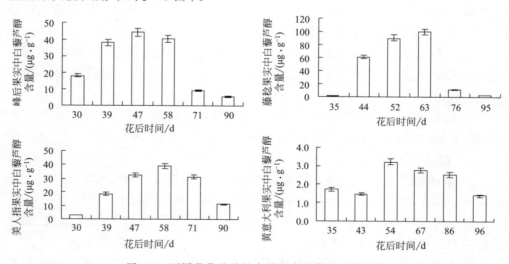

图 5-3 不同葡萄品种整个果实中白藜芦醇的含量

白藜芦醇含量影响葡萄酒的外观品质，白藜芦醇含量高的葡萄酒颜色更加浓郁。 但其对葡萄酒风味和口感并无直接影响。

252. 什么是葡萄酒的"风土"?

"风土"源于法语（Terroir）一词，广义上包括地质、土壤、气候、品种、文化、生产方式等内涵，更科学的解释为葡萄生长环境的综合。 特别是对特定产区内葡萄及葡萄酒质量和风格产生重要影响的土壤、气候、环境及地形地貌等。 一般说，葡萄园的气候因素主要有光照、温度、降水等，土壤因素主要包括土壤质地、土壤容重、pH 值、电导率、阳离子交换率和有机质含量等。一方水土养一方人，一方风土产一方酒。 因此，风土在极大程度上影响当地葡萄果实的品质。 在葡萄酒行业有"七分原料，三分酿造""好的葡萄酒是种出来的"说法，以此强调葡萄原料的重要性。 因此，风土是影响葡萄酒品质极为重要的因素。

253. 如何对葡萄酒进行分类?

市面上葡萄酒的类型纷繁多样，让人眼花缭乱，那么葡萄酒究竟是怎么分类的? 按照不同的分类标准，一般有如下五种分类方法。

(1)按颜色分类

① 红葡萄酒：用皮红肉白或皮肉皆红的葡萄带皮发酵而成，酒液中含有果皮或果肉中的有色物质，使之成为以红色调为主的葡萄酒。 这类葡萄酒的颜色一般为深宝石红色、宝石红色、紫红色、深红色、棕红色等。

② 白葡萄酒：用白皮白肉或红皮白肉的葡萄经去皮发酵而成，这类酒的颜色以黄色调为主，主要有近似无色、微黄带绿、浅黄色、禾秆黄色、金黄色等。

③ 桃红葡萄酒：用带色葡萄经部分浸出有色物质发酵而成，它的颜色介于红葡萄酒和白葡萄酒之间，主要有桃红色、浅红色、淡玫瑰红色等。

(2)按含二氧化碳压力分类

① 平静葡萄酒：也称静止葡萄酒或静酒，是指不含二氧化碳或很少含二氧化碳（在 20℃ 时二氧化碳的压力小于 0.05MPa）的葡萄酒。

② 起泡葡萄酒：葡萄酒经密闭二次发酵产生二氧化碳，在 20℃ 时二氧化碳的压力大于或等于 0.35MPa。

③ 加气起泡葡萄酒：也称为葡萄汽酒，是指人工添加了二氧化碳的葡萄酒，在 20℃ 时二氧化碳的压力大于或等于 0.35MPa。

(3)按含糖量分类

① 干葡萄酒：是指含糖量（以葡萄糖计，下同）小于或等于 4.0g/L 的葡萄酒。 由于颜色的不同，又分为干红葡萄酒、干白葡萄酒、干桃红葡萄酒。

② 半干葡萄酒：是指含糖量 4.1~12.0g/L 的葡萄酒。 由于颜色的不同，又分为半干红葡萄酒、半干白葡萄酒、半干桃红葡萄酒。

③ 半甜葡萄酒：是指含糖量 12.1~50.0g/L 的葡萄酒。 由于颜色的不同，又分为半甜红葡萄酒、半甜白葡萄酒、半甜桃红葡萄酒。

④ 甜葡萄酒：是指含糖量大于或等于 50.1g/L 的葡萄酒。 由于颜色的不同，又分为甜红葡萄酒、甜白葡萄酒、甜桃红葡萄酒。

(4)按酿造方法分类

① 天然葡萄酒：完全用葡萄为原料发酵而成，不添加糖分、酒精及香料的葡萄酒。

② 特种葡萄酒：是指用新鲜葡萄或葡萄汁在采摘或酿造工艺中使用特种方法酿成的葡萄酒，又分为 a. 利口葡萄酒。 在天然葡萄酒中加入白兰地、食用精馏酒精或葡萄酒精、浓缩葡萄汁等，酒精度在 15%~22% 的葡萄酒。b. 加香葡萄酒。 以葡萄原酒为酒基，经浸泡芳香植物或加入芳香植物的浸出液（或蒸馏液）而制成的葡萄酒。 c. 冰葡萄酒。 将葡萄推迟采收，当气温低于 -7℃，使葡萄在树体上保持一定时间，结冰，然后采收，带冰压榨，用此葡萄汁酿成的葡萄酒。 d. 贵腐葡萄酒。 在葡萄成熟后期，葡萄果实感染了灰葡萄孢霉菌，使果实的成分发生了明显的变化，用这种葡萄酿造的葡萄酒。

(5)按饮用方式分类

① 开胃葡萄酒：在餐前饮用，主要是一些加香葡萄酒，酒精度一般在 18% 以上，我国常见的开胃酒有"味美思"。

② 佐餐葡萄酒：同正餐一起饮用的葡萄酒，主要是一些干型葡萄酒，如干红葡萄酒、干白葡萄酒等。

③ 餐后葡萄酒：在餐后饮用，主要是一些加强的浓甜葡萄酒。

254. 新世界葡萄酒国家如何划分葡萄酒等级？

世界上主要的葡萄酒生产国被分为旧世界葡萄酒国家和新世界葡萄酒国家。 旧世界指的是法国、意大利、德国、西班牙等酿酒历史悠久的欧洲国家；而新世界则指的是北半球的北美洲、南半球所有的葡萄酒产区，这些地方葡萄酒酿造历史较短，且酿造技术多由移民带来。 中国虽然开始酿造酒的年代久远，但是葡萄酒在中国的兴盛也只是近几十年的时间，因此也被归为新世界葡萄酒国家。 与旧世界葡萄酒国家严格的等级标准相反，新世界国家葡萄酒的分级有相关法规，但并不严格。 例如，澳大利亚葡萄酒产区分为 3 级，即地区、区域或次区域；葡萄酒大致上分为 3 个等级：普通酒、高级品种酒、高级混酿酒。 美国没有正式的葡萄酒分级制度，只有葡萄酒产地管制条例，称为美国葡萄种植区（AVA）。 智利的葡萄酒分级制度比较简单，类似于美国的葡萄酒法规，对产区、品种、栽培方法、酿酒方法等都没有具体要求。 其分级制度如下：品种酒、珍藏级、极品珍藏级、家族珍藏、至尊限量级。 南非也没有葡萄酒分级系统。 目前国内葡萄酒质量等级划分还没有统一的行业规范，执行的标准也不统一。 企业方面，张裕公司最先将其生产的葡萄酒由低到高分为优选级、特选级、大师级和珍藏级。 产区方面，宁夏于 2016 年开始对葡萄酒质量进行了划分，发布《宁夏贺兰山东麓葡萄酒产区列级酒庄评定管理办法》，这一制度与法国波尔多 1855 年的葡萄酒分级制度类似。 办法中明确了列级酒庄实行五级制，分为一至五级酒庄，一级酒庄为最高级别。 列级酒庄评定每两年进行一次，实行逐级评定晋升，晋升到一级酒庄后，每 10 年再参加一次评定。 这算是国内首个葡萄酒分级制度。

255. 干红葡萄酒和干白葡萄酒对原料分别有哪些要求？

"干红"是用皮红肉白或皮肉皆红的葡萄带皮发酵而成，采用皮、汁混合发酵，然后进行分离陈酿而成；而"干白"是用白葡萄或浅色果皮的酿酒葡萄，经过皮汁分离，取其果汁进行发酵酿制而成。 干红葡萄酒要求原料色泽深，风味浓郁，果香典型，单宁和糖分含量高（210g/L 以上），酸度适中（6～12g/L），完全成熟，糖分、色素积累到最高而酸适宜时采收。 干白葡萄酒要求原料果粒充分成熟，即将完熟，具有较高的糖分和浓郁的香气，出汁率高。

256. 对于葡萄酒的酿造用水有何要求？

一般水中常含有钙、镁等离子，带入葡萄酒中容易引发沉淀（碳酸钙、酒石酸钙、碳酸镁），影响葡萄酒的品质。 因此，在葡萄酒生产过程中宜采用事先经过滤处理，去除全部或大部分钙、镁离子的软化水。 软化水主要用于管道、设备、发酵罐等的清洗及某些用酒不易溶解的辅料的溶解。 另外，严格禁止人为添加水稀释葡萄酒或葡萄汁。

257. 酒度对葡萄酒品质有哪些影响？

欧盟规定，静止葡萄酒的酒精度至少要达到 8.5%，酒精度超过 14% 的葡萄酒属于高度葡萄酒。 一般来说，葡萄酒的酒精度对酒的品质有如下影响：

① 酒度太低，酒味寡淡，通常 11% 以下的酒很难有酒香。

② 影响葡萄酒的稳定性与陈酿。 发酵过程中，乙醇含量的增加抑制了大多数微生物的生长，并且乙醇的抑菌作用使葡萄酒可在低酸、无氧条件下保存多年。

③ 影响葡萄酒的感官特征。 在红葡萄酒酿造过程中，乙醇是浸提色素和单宁的重要溶剂，同时还会影响酵母产生香味物质的种类和含量，乙醇也作为底物合成挥发性化合物。

④ 在口味与口感上具有多重作用。 乙醇味甜，可增强葡萄酒的甜味，间接修饰酸味，使酒中酸的刺激减弱而更加协调；乙醇还可增强苦味，降低单宁涩味；乙醇还有助于溶解发酵生成及木桶陈酿浸提出的芳香物质。

258. 葡萄酒对葡萄中的单宁含量有要求吗？

有要求。 单宁是多酚聚合物，在红葡萄酒中含量较多，是红葡萄酒的"骨架"。 当葡萄酒入口后口腔会有紧致和收敛感，那便是单宁在起作用。 单宁与舌头上的蛋白质以疏水键和氢键等方式发生聚合反应，使人产生收敛的感觉。 葡萄酒的单宁主要来自果皮浸渍。

单宁的多少可以决定酒的风味、结构与质地。 缺乏单宁的红葡萄酒质地轻薄、寡淡，薄若莱红酒就是典型代表。 单宁丰富的红酒可以存放陈酿，并且逐渐酝酿出香醇细致的陈年风味。

儿茶素、原矢车菊啶与缩合单宁是红葡萄酒中的优质单宁，是主要的涩味与苦味的来源；小分子缩合单宁既苦又涩，大分子缩合单宁对口味几乎没什么影响。

259. 为什么葡萄酒不要满杯？

参考世界侍酒师比赛的国际标准，通常需倒满酒杯容积的三分之一。 更为确切地说，即让酒液面落在靠近杯肚直径最大的位置，以不超越此高度为佳。 原因如下：

(1)把香气留在杯里。 杯体三分之二的留白能让酒液有足够的空间与空气充分接触，利于酒中的香气在杯中苏醒展开；反之"一次倒满"会使酒液与空气的接触面缩小，不仅不利于香气的释放，逐渐打开的香气也会散落在空气中，酒杯里就很难闻到酒香。

(2)方便闻香观色。 为了更好地辨别葡萄酒的颜色，要找光线好的环境，以白色为背景，将酒杯倾斜约 45°，使酒平摊在杯壁上薄薄一层来欣赏。

(3)便于深度醒酒。刚倒出来的葡萄酒香气比较封闭，通过摇杯可以手动打开香气的各种层次，捕捉其变换的每个瞬间。

260. 葡萄酒喝前为什么需要醒酒？怎样醒酒？

饮用前，将葡萄酒倒入大肚玻璃容器（醒酒器）中放置一段时间称为醒酒。通常而言，醒酒的主要目的是让葡萄酒与空气接触，让酒液中的各类物质被适当氧化，使香气充分释放；同时释放酒中不好的气味，移除沉淀，使酒从艰涩强劲过渡到柔顺适饮。根据酒的类型、年份、特性等，一般醒酒时间为半小时至数小时不等，并且醒酒方式存在差异。

(1)年轻红葡萄酒。一些以果味主导，单宁密实的年轻红葡萄酒，在刚开瓶的时候，所有的香气抱成一团，很难让人分辨出具体有什么香气。这种情况需要将酒倒入"大肚"醒酒器中放置较长时间醒开。具体时间根据葡萄酒的质量和特色来决定。当然对于普通质量（售价在 300 元以下）的葡萄酒通常不需要特别醒酒，此类酒如果开瓶后放置过长时间，容易失去新鲜的果香，所以开瓶后越快饮用越好。

(2)老年份葡萄酒。有些很老年份的葡萄酒已经非常脆弱，且有沉淀，这时候就需要瓶身较小的醒酒器，将酒液倒出的同时把酒渣留在瓶中。而有些老酒氧化的气味过多，会遮盖果香，这时候醒酒可以疏散掉一些多余的氧化气味，让果香和氧化气味达到平衡。不过普遍来讲，老酒不需要醒很长时间，0.5h 到 1h 待异味挥发掉就好。判断老酒是否醒到位，需根据经验，看酒是否达到平衡了。低单宁、轻酒体的老酒醒酒的时间可能低于 1h，但如果是高单宁饱满酒体的老酒也可能超过数小时。

(3)年轻甜酒。有些甜酒因为葡萄酒自身含有较多糖分，极利于酒中残留的酵母菌或者其他微生物的生长代谢，所以酿酒师通常会在装瓶前加入比干型葡萄酒更多的硫酸盐来保证葡萄酒的稳定性（当然严格控制在法律和健康规定的范围内），但这会导致酒中残有硫的味道等，这种情况可以通过一段时间的醒酒得到改善。醒酒时可以将醒酒器放置在冰水中，同时起到了冰酒降温的作用。

(4)起泡酒。由于酒中存在大量的二氧化碳，如果将其倒入普通的"大肚"醒酒器，会消耗过多的气泡，所以这类酒基本不需要醒。不过，对于一些年份香槟或者高品质起泡酒，可以放在细长的醒酒器中，但时间不宜过长，一般不超过半小时。

(5)其他方式

① 酒瓶醒酒。这种醒酒方式，只需要把酒塞起出，倒出一小杯葡萄酒，

余下葡萄酒在瓶中静置，利用瓶口让酒液与空气进行小面积的交流。 这种方法虽然醒酒时间很长，但却是最温柔的醒酒方式，可在时间充足的情况使用，美中不足的是该法无法去除老酒里的沉淀。

② 二次换瓶。 有经验和技术的侍酒师会将酒液倒入醒酒器中或另一个空酒瓶中，待瓶中酒渣被去除后，再将醒酒器中"干净"的酒液倒回原酒瓶中，这就是传说中的"二次换瓶"。 这种醒酒方式既保留了酒瓶醒酒的温柔，又去除了酒渣，同时可以加快醒酒时间。

③ 酒杯醒酒。 对于那些不需要"认真"醒酒的开瓶即饮的酒，在杯中转悠几分钟已足够舒展香气。 喝慢一点，也能达到醒酒的效果。

261. "酒庄装瓶"是百分百的品质保证吗？

否。 起初，葡萄酒都是以散装的形式出售给酒商，由酒商负责装瓶，然后出售。 装瓶地点可以是葡萄酒的产地或是消费地，这使得制假和仿造变得尤为容易。 直到 1924 年，波尔多木桐酒庄率先开始酒庄装瓶模式，并说服其他1855 评级中的一级酒庄自主装瓶各自的正牌酒。

其实并不是所有酒庄都拥有完备的酿酒和灌装硬件。 一些比较小的庄园仅拥有葡萄园，但是由于产量不高，对酿酒设备、贮存条件和后期销售的投入力不从心，故而将酒交给更具实力的酒商。 大型酒商拥有专业的酿酒团队和生产设备，有实力酿制出高品质葡萄酒。 比如勃艮第的"路易亚都"罗纳河谷的"吉佳乐世家"，以及众多香槟品牌都有"酒商装瓶"葡萄酒出品。

回到 20 世纪初期，"酒庄装瓶"还可以代表高品质，但如今无论"酒庄装瓶"还是"酒商装瓶"都无法说明瓶中酒质，葡萄酒的好坏还需"开瓶定论"。

262. "起泡酒 = 香槟"吗？

起泡酒不一定是香槟，但香槟一定是起泡酒。 事实上，只有在法国香槟产区，采用特定的葡萄品种，并且运用传统的香槟工艺酿成的起泡酒才能叫做香槟。

(1)香槟酿造的 3 个火枪手是什么？

酿造香槟最重要的 3 个品种是'黑皮诺''霞多丽''莫尼耶比诺'。 香槟产区在法国的最北部，是一个寒冷、贫瘠的地方。 它霜冻、严寒和极度贫瘠的土地不适宜绝大多数品种的种植，而这 3 个品种因为其强的抗寒性和适应性成为当地葡萄酒产业发展的中流砥柱。

（2）为什么大多数香槟是无年份香槟？

香槟地区因为极度严寒，时常有葡萄达不到酿制香槟成熟度的情况发生。每 10 年中有 6~7 年成熟度不足，所以酿酒师常常把多个年份的酒混在一起得到稳定的、统一的液体。而只有少数较好年份，香槟酒厂才会酿成年份香槟，这也是为什么年份香槟价格常年居高不下的原因。

（3）传统的香槟制作工艺是什么？

①第一次发酵。采收完成的葡萄去梗压榨后，将葡萄汁转移至大型不锈钢发酵桶中，然后添加酵母进行第一次发酵。②进行混酿。确定 3 种葡萄品种混合的比例。③第二次发酵。将酵母和蔗糖加入混合好的葡萄酒中，装瓶后放入酒窖陈贮。④转瓶。将瓶子倒置，让沉淀堆积在瓶口。为了让沉淀全部集中在瓶口，每隔 8min 要专人转动一下酒瓶，持续 6 周到 3 个月。⑤去渣。沉淀全部落在瓶口后，将瓶口冷冻，拔开瓶塞后香槟会随凝固的沉淀物少量喷出。⑥填料。去渣后损失的酒要用蔗糖和葡萄酒的混合物补充。糖分决定香槟的甘甜程度与口感。

（4）香槟如何分类？

① 按照残糖来分，香槟可以分为：天然干型（Brut Nature），残糖量低于 3g/L；超干型（Extra Brut），残糖量 3~6g/L；极干型（Brut），残糖量 >6~12g/L；绝干型（Extra-Sec），残糖量 >12~17g/L；干型（Sec），残糖量 >17~32g/L；半干型（Demi-Sec），残糖量 >32~50g/L；甜香型（Doux），残糖量高于 50g/L。

② 按照风格分，香槟可以分为：无年份香槟（Non-Vintage）、年份香槟（Vinage）。

③ 粉红香槟（Rosé）：粉红色的香槟白中白（Blanc de Blancs），只用'霞多丽'酿造；黑中白（Blanc de Noirs），只用'黑比诺'和'莫尼耶比诺'酿造；顶级香槟（Krug Champagne），其基酒经过更严格的挑选，品质极佳，而产量稀少。

（5）香槟的主要风味有哪些？

香槟的香气主要有以下 3 类：①烘焙类香气。二次发酵添加酵母，使得大多数香槟都含有酵母提供的烤面包、烤饼干的香气，陈年后有白巧克力、核桃等风味。加入了老酒的香槟会有焦糖、干花，甚至坚果的香气。②花香果香。在年轻的香槟酒中很容易感知到，加强了香槟的凉爽清新感。③矿物质感。好的香槟在咽下去之后的余味中，很容易留给人矿物质感。

（6）香槟杯子怎么选？

传统的香槟杯分为笛形和碟形杯。白葡萄酒杯等也可以用来喝香槟。

（7）顶级香槟品牌有哪些？

世界上顶级香槟品牌共有 7 个：唐·培里侬香槟（Dom Perignon Champagne）、凯歌皇牌香槟（Veuve Clicquot Champagne）、黑桃 A 香槟（Ace of Spades Champagne）、堡林爵丰年香槟（Bollinger Champagne）、水晶香槟（Cristal Champagne）、巴黎之花香槟（Perrier Jouet Champagne）、库克香槟（Krug Champagne）。

（8）除了香槟还有哪些知名起泡酒？

意大利普罗塞克（Prosecco）、西班牙卡瓦（Cava）、德国塞克特（Sekt）以及美国和法国其他地区的起泡酒。

（9）香槟如何配餐？

一般干型的香槟，通常最适合当餐前开胃酒，搭配精致小巧的餐前小点，或者与生蚝、鱼子酱的配对也是最经典的。当然香槟尤其是采用大比例红葡萄酿成的香槟也可以搭配其他海鲜、油炸鸡肉、沙拉甚至小牛排。

263. 葡萄酒迷人的"酒腿"是什么？

"酒腿"，又称"酒泪""酒脚""挂杯"。斟好酒后，轻轻摇晃，让酒液在杯壁上均匀地转圈流动，停下后酒液回流。稍后，就会看到酒液达到的最高处有一圈略为鼓起的水迹，沿酒杯慢慢下滑，看起来就像"长长的细腿"，这就是酒腿。

（1）酒腿是如何形成的？

酒腿的形成涉及 4 个要素，分别是酒精、蒸发、水和表面张力。

酒液挂在杯壁上，和空气的接触面增大，蒸发作用加强，而酒精的沸点比水低，首先蒸发，于是形成一个向上的牵引力；同时由于酒精蒸发，水的浓度增高，表面张力增大，在杯壁上的附着力也增大，所以酒液所到之处便累积形成一个拱起，由于万有引力的作用，重力最终破坏了水面的张力，酒液下滑释放出"酒腿"，也就形成了人们所说的"酒腿"现象。酒腿是酒精和水的互作结果。

（2）酒腿和葡萄酒的品质有关系吗？

很多人都认为酒腿的出现跟葡萄酒品质有关，其实，"酒腿"现象的形成反映的只是一个简单的事实，只能说明酒精、残糖的含量高低，不能说明酒质高低。

（3）酒腿形成的影响因素有哪些？

葡萄酒的酒精含量越高，"酒腿"形成的速度越快，持续的时间也越长。这是由于同样时间内，酒精含量高的葡萄酒酒精蒸发量高，由于重力的作用，酒液向下滑落的速度也快，而只要酒精蒸发一直进行，"酒腿"就会反复形成。

酒液当中的残糖量与酒腿的数量和粗细并无关系，但会影响酒腿的滑落速度。葡萄酒的含糖量越高，意味着酒体越黏稠，表面张力和引力也相应增大，"酒腿"滑落的速度就会慢下来。

酒中的其他成分也与"酒腿"现象有关系，微量物质、还原糖、甘油、挥发性成分、非挥发性物质等这些构成酒体的因素，虽然不是造成"酒腿"现象的主因，但对"酒腿"形成的速度、密度、粗细、滑落的快慢都有影响，反映着酒体的黏稠度和酒中成分的丰富性。

当然还有另外一个的因素，那就是酒杯。玻璃杯表面的附着力没有水晶杯强，所以水晶杯的酒腿要比玻璃杯漂亮，而无论什么酒杯，如果没洗干净就一定会影响到"酒腿"。

264. 如何品鉴葡萄酒？

葡萄酒是自然和时间完美结合后的佳酿，它需要品饮者足够的耐心。通过专业的品酒过程，也可鉴别葡萄酒的品质。

(1)启瓶。一般应先将酒让客人观看，并说出酒的产地和年份，展示面应使客人直观地看到酒的标签。最常用的开瓶工具是一把带木柄的螺旋钻、杠杆式开瓶器及蝴蝶型开瓶器。开瓶时先用小刀从瓶口外凸处将封口割开，除去上端部分。接着对准中心，将螺旋锥慢慢拧入软木塞，然后扣紧瓶口，进而平稳地将把手缓缓拉起，将软木塞拉出；当木塞快脱离瓶口时，应将瓶塞轻轻拉出。开瓶取出软木塞，让客人看看软木塞是否潮湿，若潮湿则证明该瓶酒采用了较为合理的保存方式，否则，该瓶酒很可能会因保存不当而变质。客人还可以闻闻软木塞有无异味，或进行试喝，以进一步确认酒的品质。在确定无误后，才可以正式倒酒。

(2)斟酒技巧。倒酒时先从主人的右方起依次斟酒，注意女士、长者优先。倒酒时应让每位客人都能看到酒的标签。酒杯总是放在客人的右边，所以倒酒也是从客人右边倒。倒酒时，一般白葡萄酒斟入酒杯容量的 2/3，红酒斟入酒杯容量的 1/3。

(3)饮用顺序。葡萄酒的饮用顺序会影响到对其品质的品鉴。为了减少先品的酒对后品的酒造成干扰，安排品酒的次序时，最好将较清淡的酒排在前面，味道略重、香甜浓郁的酒尽量留在后面。所以，通常白葡萄酒会在红葡萄酒之前，甜型酒会在干型酒之后，年份新的酒在年份老的酒之前，酒精度高的酒在酒精低的酒之后。在国外有餐前酒、佐餐酒、餐后酒之分，餐前酒可准备一些起开胃作用的味美思和鸡尾酒等；佐餐酒则要因菜而异，一般选用干红或干白葡萄酒及香槟酒等；餐后酒则选用甜食酒、白兰地及威士忌等。

(4)品酒

① 观色。 明亮的光线下，握住杯脚或杯底，倾斜45°，并对着白色的背景，观察酒的外观和颜色。 对红葡萄酒外观的评定，主要有颜色、清澈度、浓度以及光泽等要素。 对于质量好的红葡萄酒，其澄清、透亮、有光泽、宝石红或深宝石红是给人的第一感觉，也是好酒的基本素质。

② 摇晃。 手握酒杯底托，不停地摇晃杯中酒，使酒体挂于杯壁上。 摇晃会使酒中的酯、醚和乙醛释放出来，使氧气与酒充分融合，最大限度地释放出酒的独特香气，从而使品者根据香气来判断酒的优劣和特色。 从酒杯正面的水平方向看，摇动酒杯，看酒从杯壁均匀流下时的速度。 酒越黏稠，速度流得越慢，酒质越好。

③ 闻香。 鼻子是最敏感的器官。 实际上，鼻闻的气息和口尝的味道关系密切，口腔感觉会证实鼻闻的经历。 在未摇动酒的情况下闻酒，所感知的气味称为酒的"第一气味"，也叫"前香"。 闻酒前最好先呼吸一口室外的新鲜空气，然后紧握杯脚，把杯子倾斜45°，鼻尖探入杯内闻酒的原始气味，此刻细腻悦人、幽雅浓郁的香气会扑鼻而至。 短促地轻闻几下，感知酒的香气，从而判断酒的香气类型及优劣。 不可长长地深吸，因为嗅觉容易钝化和疲劳。

④ 品尝。 品酒前不要吃过甜的食物，否则会有酸、苦、涩之感。 让酒布满口腔四周、舌头两侧、舌背、舌尖，并延伸到喉头底部。 舌头上的味蕾能分辨4种基本味道：甜、咸、酸、苦。 舌尖尝甜味，舌两旁边沿尝咸味，舌上部两旁尝酸味，舌根尝苦味。

⑤ 回味。 品尝者可以安静地体会奇妙的酒香、滋味和特性，看酒是否清淡，是中度浓郁，还是比较浓郁？ 红酒丹宁酸太强或太涩？ 令人感到愉快吗？ 余味持续多久？ 最重要的是你喜不喜欢这款酒？

265. 如何存放葡萄酒？

葡萄酒的存放最好能做到平放、恒温、恒湿、通风、避光、避震，而不同瓶塞的葡萄酒也会存在一定的区别。

(1)平放。葡萄酒以平放摆置较理想，这样才能让软木塞和葡萄酒接触到，以保持它的湿润度，否则若将酒直放，时间太久，会使软木塞变得干燥易碎，而无法完全紧闭瓶口，造成葡萄酒的氧化。

(2)恒温。葡萄酒贮藏环境的温度，最好维持在12~15℃，否则温度变化太大，不仅破坏葡萄酒的酒体，在热胀冷缩的作用下，会影响到软木塞而出现渗酒现象。 所以，贮酒环境维持在5~20℃的某一温度下，保持±2℃的变化范围比较理想。

然而在夏天高温的时候，没有任何辅助条件（恒温柜、地窖等）的情况下，应让葡萄酒的贮存恒定在一个温度上，如 2℃，保持 ±2℃ 的变化内，这样也能保证几个月内葡萄酒的品质没有太大的影响。 家里有葡萄酒存放时，应该注意空调的使用。

(3)恒湿。若贮酒环境太湿，容易造成软木塞及酒标的腐烂，太干则容易使软木塞失去弹性，无法封紧瓶口，所以 70% 左右的湿度是最佳的贮酒环境。

(4)通风。在贮酒环境中，最好能保持通风状态。 而且不要在同一个环境中摆放味道太重的东西，以免破坏酒的味道。

(5)避光。贮酒的环境，最好不要有光线，否则容易使酒变质，特别是日光灯容易让酒产生还原变化，而发出浓重难闻的味道。

(6)避震。剧烈的震动会加速酒的成熟和老化。

266. 葡萄酒开瓶后喝不完，放几天还可以喝吗？

当葡萄酒开瓶后没有饮用完时，可以进行如下处理：

(1)把塞子塞回并放冰箱。把软木塞塞回瓶口或者拧紧螺旋盖，这是最为简单的权宜之计。 常见的较新年份的红白葡萄酒，在冰箱较低的温度下可以存放 1～3d，基本保持本来的状态。

(2)真空保存法。通过抽出瓶中剩余的空气营造氧气含量低的准真空环境来延长葡萄酒的保存寿命，通常会用到抽气阀和真空塞。 抽真空后存放在冰箱的葡萄酒可以保存更长的时间，如果选择好的抽真空工具可以达到 3～4d 不坏。 这类工具的密封度通常良莠不齐，有时候还不如直接塞回瓶塞效果好。

(3)气体覆盖保存法。采用比空气重的气体或者液态气体封存瓶中酒液，这种方式有时需要用到比较特别的机器，比如分杯机，通过注入氮气或者惰性气体（氩气）来隔绝酒液与空气的接触。 在国外也可以买到样子长得像杀虫剂罐子的小气罐，里面装的通常是高压下液化的氮气、二氧化碳和氩气的混合物。 覆盖法效果最好的最多可以保存 5～6d。 不过该保存方法也存在安全问题。

(4)换小瓶装。将剩下的葡萄酒倒入较小的容器中灌满密封，来降低与空气的接触，最后放冰箱里保存。 最方便的就是用小号的矿泉水瓶子来充当这样的容器，倒满之后拧紧盖子，要喝的时候就一次把一整瓶喝掉。 这种方法简单易行，成本低廉，保存的效果也不比真空法和覆盖法差。 如果觉得外观不够优雅，可以考虑一些利用类似的原理但外观设计更为优雅的器具。

267. 不同年份的同款葡萄酒价格为何存在差异？

由于不同年份气候条件不同，导致葡萄果实的品质和产量存在差异，因此不同年份的葡萄酒价格不同。

(1)葡萄酒的年份是什么？

葡萄从采摘到酿造再到最后的陈年装瓶，很可能要经历几年甚至十余年的时间。我们所说的葡萄酒的年份是指葡萄采摘时的年份。年份之所以如此重要，一方面是因为代表了当年的气候条件，葡萄果实品质的高低，因此能够反映葡萄酒的质量好坏；另一方面，也表明了这款酒年龄，是否已到了最佳适饮期。

(2)为什么会有好年份和坏年份？

葡萄酒旧世界对葡萄种植、葡萄酒酿造等制订了一系列的法规，以尊重风土和产区特色。为了忠实地反应每一年的天气状况，即便是在气候十分不理想的年份，也决不允许酒庄通过人为手段来改善葡萄质量。因此，葡萄生长状况在很大程度上取决于当年的气候条件，于是好的年份也开始显得弥足珍贵。以 1982 年为例，这一年的波尔多拥有葡萄成熟的完美气候条件——夏季炎热不干燥，使葡萄拥有非常好的成熟度；采收季阳光灿烂无雨水，保障了葡萄在最好状态下被采收。这样一来，1982 年也就成了波尔多的"世纪年份"，卖得贵也是理所应当的了。

随着酿酒技术的发展，酿酒师也开始采用更多的方式来拯救坏年份。比如调整浸皮和发酵时间、调整新旧橡木桶使用比例、增加搅桶等，这些方式都能在一定程度上提升葡萄酒质量。在气候变化非常大的波尔多，葡萄混酿也是挽救坏年份的方法之一。如果哪一年气候实在不好，晚熟的'赤霞珠'达不到相应的成熟度，可以根据年份调整'赤霞珠'与'美乐'混酿的比例，使葡萄酒达到最佳状态。这种混酿方式最初只是波尔多酒农的一种抗风险方式，但如今已经风靡全球，不少产区纷纷效仿。

在新世界，年份就显得不那么重要了。新世界产区大多数位于干燥温和的环境下，每个年份之间差异不大。况且法律对新世界的酒宽容度更高，允许灌溉和其他更多的人工介入，通常来说大多数年份酒的表现都不错，遇到好年份可能会更加精彩。

(3)对于普通消费者，年份意味着什么？

首先，年份对不同产区和酒庄有十分大的差异，全世界的天气不可能一模一样，1982 年对于波尔多来说是个极佳的好年份，对于勃艮第就未必了，不能将所有产区的好年份一概而论。

其次，有的酒并没有看年份的必要。对于一些简单易饮的中低端葡萄酒，通常看中的是这款酒新鲜的果香和易饮性，并不过多考虑它们的陈年能力。这类酒的年份并不招摇，但是要注意不要买太老年份的酒（太老的酒丧失了果香，又没有陈年潜力，整款酒就失去了饮用价值）。虽然不同年份的酒之间有一定差异，但对于大批量的葡萄酒而言，酿造过程并不是非常精细，年份之间的差异也可以忽略不计。

最后，在葡萄酒的世界里，好年份未必都是好酒，坏年份也未必全是差酒。当预算有限时，挑一款不好年份的名庄酒，感受下名庄的风采也是划算的。

268. 怎样挑选葡萄酒杯？

葡萄酒杯的挑选要依据葡萄酒的类型而定，从而使各类葡萄酒的优势达到充分发挥。一般来说，葡萄酒杯的类型有以下几种：

(1)波尔多红葡萄酒杯。杯子较长，杯口较窄。将酒的气味聚集在杯口，杯壁的弧度可以调整葡萄酒在嘴里的扩散方向，香气四溢。波尔多红葡萄酒杯一般也适用于除勃艮第红酒外的其他新旧世界红酒。

(2)勃艮第红葡萄酒杯。杯身较矮，被大家称为酒杯里面的矮胖子。其杯肚较胖，能使酒体和空气的接触面积增大，让酒体通过酒杯散发出更多的香味。这种大肚子杯身还可以满足葡萄酒先到舌尖之后的扩散，令酒的果味和酸味充分交融，宽大的杯口适合鼻子闻香。

(3)白葡萄酒杯。相对红葡萄酒杯它的开口会小一些，杯身和杯肚都较瘦，它就像一朵待放的郁金香，也因为白葡萄酒杯更瘦一些，减少了酒和空气的接触，令香气更持久一点。

(4)香槟杯/笛型杯。其最大的特点是杯身细长，像一朵纤细的郁金香，纤长的杯身是为了让气泡有足够的上升空间。标准的香槟杯在杯底有一个尖的凹点，使得气泡更丰富、更漂亮，仿佛所有的小气泡都是从这个小圆点里面冒出来的。

除了这些大类，还有波特酒杯、雪梨酒杯、雷司令杯、霞多丽杯、丹魄杯、桑娇维赛杯等。这些按酒种或品种命名的酒杯，只是产区当地的人在使用，使用范围有限。

所有葡萄酒和烈酒，在专业人士品评的时候，都可以用到一种杯型，即ISO品酒杯（ISO Standard Wine Tasting Glass）。它1974年由法国设计，不会突出酒的任何特点，直接展现葡萄酒原有风味，被全世界各个葡萄酒品鉴组织推荐和采用。无论哪种葡萄酒在ISO品酒杯里都是平等的。既然有这样万能的杯子，我们为何还要花费心思去买和使用其他杯型呢？

作为普通爱好者，需要了解酒杯的材料和质地。简单、轻盈、透亮、干净、符合标准造型的酒杯，就是一只好酒杯。使用杯壁更薄、外观透亮度更好的水晶酒杯，比使用厚重、粗糙的玻璃酒杯，在心理和生理上感受到的愉悦会更多一些。

269. 怎样正确手持葡萄酒杯？

持杯的方式直接影响品酒的效果。正确的持杯姿势应该是用拇指、食指和中指夹住高脚杯杯柱（图 5-4），其原因是：首先，夹住杯柱便于透过杯壁欣赏酒的色泽，便于摇晃酒杯去释放酒香。如果握住杯壁，则手指挡住了视线，也无法摇晃酒杯；其次，饮用葡萄酒讲究一定适饮温度，如果用手指握住杯壁，手温将会把酒温热，影响葡萄酒的品质。

图 5-4　正确的持杯姿势

如果仔细考究持杯姿势，根据不同的鉴赏时段，还可分出另外两种姿势：

在观察酒色、欣赏酒香阶段，用拇指和食指夹住杯柱底端——拇指竖起垂直倚在杯柱上，食指弯曲卡在杯座上面，其余手指以握拳形式垫在杯座底下起固定作用。这样，无论是向外倾斜 45° 去观察酒色，还是向内倾斜 45° 来探询酒香，都能控制自如。

在宴会上，如果需要走动，需要拿着酒杯与别人交谈时，请直接用拇指和食指握住杯柱，拇指在上，食指在下，其余手指以握拳形式支撑在食指下面。这样拿酒杯，有暂停、期待和聆听的意思。

270. 我们常说的 AOC 葡萄酒是什么意思？

葡萄酒中的 AOC 全称是 Appellation d'Origine Controlée，是法国葡萄

酒的最高等级，代表"法定产区葡萄酒"，在法国葡萄酒总产量中大约占 35%。

法国葡萄酒分为 4 个等级，由高到低的顺序是，法定产区葡萄酒 AOC、优良地区餐酒 VDQS、地区餐酒 VIN DE PAYS、日常餐酒 VIN DE TABLE。

(1)日常餐酒。只要这些酒原产地是法国，不论是用来自同一地区还是几个产区的酒调配而成的，都可称为"法国日常餐酒"。如果是由源于欧盟不同国家的酒调配而成，则被称为"来自欧盟不同国家的调配酒"。调配欧盟以外国家的葡萄酒是禁止的。这种酒并不需要特殊允许，但是，它需符合欧盟有关章程所规定的最低生产要求。在通常的情况下，这些日常餐酒以某个牌子在市场上销售。

(2)地区餐酒。这些是由于产地来源不同而个性化的普级餐酒。地区餐酒必须产自所标示的产区；必须符合所规定的产品条件，譬如，每公顷最高产量、最低酒精度、葡萄品种以及严格的分析标准。

(3)优良地区餐酒。这些酒的生产由全国法定产区名称管理局（INAO）严格规定和核准。这一规定还考虑到由有关葡萄酒生产工会授予标签的问题。这些酒必须符合所规定的某些条件：原产地区、葡萄品种、最低酒精含量、最高产量、种植技术、分析标准以及感官品尝检验。优良地区餐酒构成了连接地区餐酒和法定产区葡萄酒的中间环节。

(4)法定产区葡萄酒。这些酒必须满足由全国法定产区名称管理局所规定并由法令正式宣布的所有生产条件。法定产区葡萄酒建立在尊重"地方的、忠诚和不变的习俗"的基础之上，它们都产自最享有盛名的地区。法定产区酒的生产规定比优良地区餐酒还要严格，包括以下标准：原产地区、最高限产量、葡萄品种、最低酒精含量、种植方法、分析标准，甚至还要加上老化成熟的条件。所有这些称之为法定产区的葡萄酒都要经过分析和品尝检验，并由全国法定产区名称管理局正式批准。

271. 葡萄酒的保质期是多久？

葡萄酒本身是没有保质期的，而酒标上的保质期是因为我国规定食品类商品必须标注保质期。因此在我国销售的葡萄酒酒标上有 2~10 年的保质期限，而市面上的葡萄酒，一般上架后 1~2 年内饮用最好。

国际上，葡萄酒没有保质期的说法，人们完全可以根据经验和知识来估量葡萄酒的最佳饮用期。葡萄酒经过一系列的酿造工艺后，一般还需要熟成一段时间才能到达最佳饮用期，随后慢慢进入衰老期。当葡萄酒进入衰老期，并不代表它变质或过了保质期，只是其香气、风味、口感正在慢慢丧失，不值得品尝。所以我们要在达到最佳饮用期时品尝，而不应该以保质期为准。因为保质期是为了表明饮用这瓶葡萄酒对健康不会有多大的影响，即使在保质期内你也可能享用的是一瓶失去"魅力"的葡萄酒。

为了尊重中国的传统，并且相关法律规定必须在标签上注明保质期，同时考虑我国消费者的购买习惯，很多进口葡萄酒都被标上 10 年保质期。然而，从 2006 年 10 月 1 日起，我国正式实施的《预包装饮料酒标签通则》规定，葡萄酒和其他酒精含量超过 10% 的酒精饮料可不用标示保质期。所以近年来，部分进口葡萄酒已经不再标注保质期了。

272. 白兰地是葡萄酒吗？

白兰地最初是从荷兰文 Brandewijn 而来，它的意思是"可燃烧的酒"。白兰地是一种蒸馏酒，以水果为原料，经过发酵、蒸馏、贮藏后酿造而成。白兰地可分为水果白兰地和葡萄白兰地两大类。通常，用葡萄做的白兰地，往往直接称为白兰地；其他水果做的白兰地在水果名后加白兰地，如苹果白兰地。

世界上生产白兰地的国家很多，但以法国出品的白兰地最为驰名。而在法国产的白兰地中，尤以干邑地区生产的最为优美，其次为雅文邑（亚曼涅克）地区。除了法国白兰地以外，其他盛产葡萄酒的国家，如西班牙、意大利、葡萄牙、美国、秘鲁、德国、南非、希腊等国家，也都有生产一定数量、风格各异的白兰地。独联体国家生产的白兰地，质量也很优异。

273. 白兰地是如何分级的？

根据我国最新的白兰地分级标准（GB/T 11856—2008），主要从感官要求和理化要求方面将白兰地划分为以下四个等级。

(1)感官要求

项目	要求			
	特级(XO)	优级(VSOP)	一级(VO)	二级(VS)
外观	澄清透明、晶亮，无悬浮物、无沉淀			
色泽	金黄色至赤金色	金黄色至赤金色	金黄色	浅黄色至金黄色
香气	具有和谐的葡萄品种香，陈酿的橡木香，醇和的酒香，幽雅浓郁	具有和谐的葡萄品种香，陈酿的橡木香，醇和的酒香，幽雅	具有和谐的葡萄品种香，橡木香及酒香，香气协调、浓郁	具有原料品种香、酒香及橡木香，无明显刺激感和异味

项目	要求			
	特级(XO)	优级(VSOP)	一级(VO)	二级(VS)
口味	醇和、甘洌、沁润、细腻、丰满、绵延	醇和、甘洌、丰满、绵柔	醇和、甘洌、完整、无杂味	较纯正、无邪杂味
风格	具有本品独特的风格	具有本品突出的风格	具有本品明显的风格	具有本品应有的风格

(2)理化要求

项目	要求			
	特级(XO)	优级(VSOP)	一级(VO)	二级(VS)
酒龄/年　　　　　　　≥	6	4	3	2
酒精度①(%vol)　　　　≥	36.0			
非酒精挥发物总量(挥发酸＋酯类＋醛类＋糠醛＋高级醇)/[g/L(100%vol乙醇]　　≥	2.50	2.00	1.25	-
铜/(mg/L)　　　　　　≤	6.0			

① 酒精度实测值与标签标示值允许差为±1.0%vol。

274. 葡萄酒的瓶封为什么会有小孔?

在葡萄酒的瓶口处,一般都包裹了一层锡箔纸,这层锡箔纸叫做"瓶封"。 传统上,瓶封一般是用金属材质制造,不过现在也普遍使用玻璃纸和其他材料。 瓶封有两大作用:一是保护软木塞免受污染,二是让酒瓶看起来更美观。 在瓶封顶端,往往会有几个小孔,它们的存在有什么作用呢?

(1)排气。这些小孔可作套帽时排气用。 在机械套帽的过程中,如果没有小孔排气,瓶帽和瓶口之间会有空气形成气垫,使得酒帽下落缓慢,影响流水线的生产速度,而且在滚帽(锡箔帽)和加热(热塑帽)的时候,残余空气会被封闭在酒帽当中,影响封帽外观。

(2)换气。这些小孔还是葡萄酒的透气孔,可以方便陈年的进行。 少量的氧气对于葡萄酒来说是有好处的,而这些透气孔就是为了帮助葡萄酒在完全密封的情况下,能有机会接触到空气。 这种缓慢的氧化作用不仅能使葡萄酒发展出更复杂的风味,还能延长其寿命。

(3)保湿。葡萄酒的保存除了要注意光线、温度、摆放方式外,还有湿度的要求。 这是因为软木塞具有收缩性,如果湿度太低,软木塞会变得很干燥,密闭性变差，可能会导致大量的空气进入酒瓶使酒液加速氧化，影响葡萄酒的品质。 瓶封上的小孔，可以使软木塞的上半部保持一定的湿度，保持它的密闭性能。

275. 葡萄酒加工时为什么要添加二氧化硫？

二氧化硫是葡萄酒酿造过程中必不可少的添加剂。 简单来说，二氧化硫在葡萄酒中的作用有以下6种。

(1)终止发酵。葡萄酒发酵一旦启动后，酵母菌就会在糖分的作用下不断进行发酵。 但在某些时候，葡萄酒需要保留一定的糖分，这时就需要酿酒师提前终止发酵，即对葡萄酒进行灭菌处理。 然而，传统食品的高温灭菌法会损坏葡萄酒的口感。 这时，酿酒师往往会向酒液中加入一定剂量的二氧化硫，在硫的作用下杀死酵母菌，从而终止发酵。

(2)杀菌。二氧化硫具有非常良好的选择性杀菌性能。 酵母菌对二氧化硫的耐受力比其余微生物强，因此，在低剂量二氧化硫存在时，酵母菌仍然可以保持活力，而其余细菌则早已消亡。

(3)抗氧化。葡萄酒中对人体有益的多酚类物质在接触氧气后，十分容易被氧化，这时就需要抗氧化剂的存在了。 除了多酚类物质，葡萄酒中负责香气的芳香物质也易被氧化，使酒产生酱油、熟苹果的不良气味，二氧化硫的抗氧化性可以防止这些不良风味的产生。 二氧化硫是非常常见的抗氧化剂，既便宜又高效，还不会产生附属不良物质。

(4)保持葡萄酒稳定性。即使是酿造结束已经装瓶的葡萄酒，二氧化硫仍然是必不可少的。 一方面，葡萄酒中仍然含有糖分，可能会成为细菌的乐园；另一方面，终止发酵不能保证酵母菌中没有劫后余生的幸存者。 它们的继续生长，会改变葡萄酒的风味，将酒精继续转化为醋酸。 这时，二氧化硫利用其杀菌性能，可以保证葡萄酒的稳定性。 此外，如果葡萄酒的贮存环境不当，二氧化硫也可以与进入瓶中的氧气抗衡，防止葡萄酒的氧化。

(5)增酸。二氧化硫本身是酸性物质，溶于水中可转化为亚硫酸，同时也可以促进葡萄酒中的可溶酸性物质溶解。 另外，二氧化硫可以抑制乳酸菌的活动，阻止苹乳发酵的产生，从而增加葡萄酒的酸度。

(6)提高色素和酚类物质含量。在葡萄压榨和浸渍过程中，二氧化硫可以起到促进浸渍的作用，提高色素和酚类物质的溶解量。

276. 葡萄酒加工过程中如何添加二氧化硫？

在葡萄酒的酿制及贮藏过程中要加的二氧化硫，通常是二氧化硫的水溶液即亚硫酸溶液，浓度为6%（因此，以下的操作中都要进行换算），二氧化硫的添加时间和浓度如下：

① 葡萄除梗破碎之后，加二氧化硫20～30mg/L；

② 酒精发酵之后，如果不进行苹果酸乳酸发酵，要加二氧化硫终止发酵，一般加50～60mg/L；

③ 葡萄酒在贮藏过程中，要定期进行测量，夏季比冬季频繁，要始终使酒中的游离二氧化硫保持在25～30mg/L，如不够，要进行添加；

④ 在葡萄酒装瓶之前，要加入二氧化硫10mg/L。

红葡萄酒和白葡萄酒有些不同，白葡萄酒要比红酒中加的多，这与白葡萄酒易氧化，并要保持的口感特点有关。

277. 葡萄酒添加了二氧化硫，喝起来安全吗？

葡萄酒加工时添加二氧化硫，喝起来是安全的。

关于葡萄酒在二氧化硫中的含量，各个国家都有不同的法规。在中国，根据GB 2760—2014食品添加剂使用标准，葡萄酒中二氧化硫的使用上限是最大残留量不超过250mg/L，甜葡萄酒不超过400mg/L。此外，二氧化硫还是酵母发酵过程中的副产物，因此，从严格意义上来说，不存在绝对无硫的葡萄酒。

美国曾做过统计，绝大多数葡萄酒的二氧化硫含量在100mg/L左右。况且葡萄酒在开瓶后，其中的二氧化硫会挥发一部分。再摇一摇杯，30%～40%的二氧化硫又会挥发，真正进入体内的更是微乎其微了。国际食品添加剂联合专家委员会（JECFA）制订的二氧化硫安全摄入限为每天每千克体重0.7mg，即对于一个60kg的成年人，在长期且不间断的条件下，每天有42mg二氧化硫进入体内，都是安全的。假如按照葡萄酒中残留二氧化硫100mg/L的平均值来算，那么400mL葡萄酒中就含有40mg，接近"最高摄入量"了。

278. 为什么有些类型的葡萄酒饮用前需要提前将其放在冰上？

葡萄酒的温度对酒香及味觉影响很大，酒温的标准依各类的特性而异，适当地调整酒温，不仅可以让葡萄酒发挥它的特性，而且还可以修正葡萄酒的不足和缺陷。不同类型的葡萄酒最适饮用温度如下：新年份的干型白葡萄酒9～10℃；老年份的半干与半甜型白葡萄酒12～14℃；桃红酒12～15℃；红葡萄酒15～18℃；起泡酒8～12℃；甜酒10～16℃。因此，桃红、甜型与起泡酒饮用前要将其放在冰上，红葡萄酒一般常温饮用。

279. 葡萄酒酿造过程中的"压帽"是什么意思？

葡萄酒发酵过程中产生的二氧化碳会使皮渣悬浮在酒液上。这些含葡萄皮、葡萄籽和果梗（有些酒庄不去梗也不去籽以增加酒中单宁的含量）等的皮渣被称为酒帽（Cap）。而压帽顾名思义就是将酒帽往下压，以使果皮与汁液充分接触。

压帽方式可分为人工和机械两种。压帽工具能将酒帽压到容器底部，随后酒帽会再次浮上酒液表面，在这一过程中酒液与果皮能得到更多的接触。人工压帽不仅费力，而且对于酿酒工作者而言存在二氧化碳中毒的风险。因此，越来越多的酒庄采用机械的桨式搅拌器来达到压帽的效果，通常一天进行2~3次压帽。

此外，淋皮也可以达到浸皮的效果。淋皮是指酒庄采用机器将发酵罐底部的液体抽出来，然后喷洒到酒帽上，将酒帽压到液体底下。一般情况下，淋皮分为两种。第一种是用一根软管接到发酵桶底部的水龙头槽口，然后利用抽水泵将葡萄汁抽到第二根软管，紧接着第二根软管将葡萄汁撒在酒帽上，循环此过程。第二种是让葡萄汁从发酵桶底部流入另一个桶中，这样一来这些汁液（酒液）就会接触到氧气，发酵桶被抽干后，再用一根软管连接到抽水泵上，将另一个桶中的液体抽上来淋到酒帽上，循环此过程。

280. 葡萄酒加工包括哪些工艺流程？

从葡萄到葡萄酒大致要经过如下工艺流程，如图 5-5 所示。

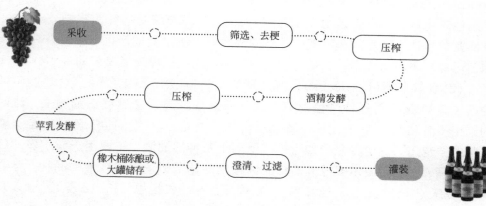

图 5-5　葡萄酒的加工工艺流程

281. 常用发酵罐有哪几种类型？

常用发酵罐有如下几种类型（图5-6）：不锈钢发酵罐、橡木发酵罐、水泥发酵罐等。葡萄酒发酵罐现在一般用10～20m³的304号以上食品级不锈钢罐，里面装有蛇形循环冷却设备。

(a) 橡木发酵罐

(b) 水泥发酵罐

(c) 不锈钢发酵罐

(d) 橡木桶

图 5-6　不同类型的葡萄酒发酵罐

282. 葡萄酒瓶有哪几种类型？

如图5-7所示，葡萄酒瓶可分为如下5种类型：

(1)勃艮第瓶(Burgundy)。 带有优雅"肩部"线条，是'黑比诺'（Pinot Noir）的经典搭配。通常要比其他类型更厚实和坚固一些。发明于19世纪，这种酒瓶问世后，勃艮第的葡萄酒生产商就开始用于盛装'霞多丽'（Chardonnay）白葡萄酒和'黑比诺'红葡萄酒了。与勃艮第临近的产区，比如博若莱也常用这种瓶形封装用'佳美'（Gamay）品种酿制的红葡萄酒。因为，勃艮第总是让人联想到小产量，优雅的葡萄酒，所以其他产区很多酒庄希望展示自己葡萄酒具有优雅、细腻特质时，也会用这种瓶形来盛装红葡萄酒。

(2)波尔多瓶(Bordeaux)。 圆柱形瓶身，有很明显的"肩膀"，是波尔多地区经典的瓶形。各种颜色都有，通常棕色或者墨绿色装红白葡萄酒，透明的则用于装甜酒。它的出现仅稍晚于勃艮第酒瓶。一经问世，就成为全球酿酒师的"宠儿"。这种瓶形如今被广泛用于各种葡萄酒，主要用于波尔多的红白葡萄酒，以及用波尔多经典葡萄品种酿出的葡萄酒，比如红葡萄品种'赤霞珠''美乐''马尔贝克''佳美娜'；白葡萄品种'长相思'和'赛美蓉'，以及各种贵腐甜酒都优先选择这种瓶形。

(3)罗纳河谷瓶(Rhone)。 最早发源于罗纳河谷地区，瓶形与勃艮第型相似，但腰身更加苗条，显得稍瘦稍高。 在法国南部和澳大利亚采用'西拉''歌海娜'等法国南部传统葡萄酿出的红葡萄酒和桃红酒，以及用'维欧尼'酿出的白葡萄酒，都喜欢使用这类酒瓶。 在罗纳河谷地区，传统上还喜欢在酒瓶上压印雕花纹章图案。 所以看到有印压纹章的基本可以判断是罗纳河谷地区的酒。

(4)莱茵瓶(Rhine)。纤长，轻薄，传统上是棕色或者红棕色。 来自德国一个叫霍克海姆（Hockheim）的小镇，所以它也叫霍克瓶（Hock Bottle）。广泛使用于法国阿尔萨斯（Alsace）地区、德国、奥地利，以及其他国家用德系葡萄品种酿制的白葡萄酒。 这种瓶子主要用于白葡萄酒，就是各种甜度的'雷司令'（Riesling）。 另外，阿尔萨斯的其他葡萄品种也会使用这种酒瓶，比如非常受中国消费者喜爱的'麝香'（Muscat）、'琼瑶浆'（Gewurztraminer）和'灰皮诺'（Pinot Gris）。

(5)摩泽尔瓶/阿尔萨斯瓶(Mosel/Alsatian Wine Bottle)。晚于波尔多瓶出现，瓶身纤细轻薄，瓶颈很长，线条流畅，比其他风格的瓶型更窄更高，十分精致优雅。 传统颜色是绿色，用于'雷司令''米勒图高'等白葡萄酒。 这种酒瓶的平底几乎没有凹槽，主要是因为当时葡萄酒主要的运输渠道为莱茵河。 河流上的运输比海上运输的船只小，装的也少，所以要求酒瓶更加纤长，才能尽可能多地增加运量。 莱茵瓶和摩泽尔瓶/阿尔萨斯瓶长得几乎一模一样，可能因为阿尔萨斯曾经属于德国，又在莱茵河旁边，有人说摩泽尔瓶/阿尔萨斯瓶是莱茵瓶的变形。 德国的传统是莱茵葡萄酒装入棕色瓶，而摩泽尔酒则装入绿色瓶，但是现在已经不能完全以酒瓶颜色作为分辨的依据了。

勃艮第瓶　　波尔多瓶　　罗纳河谷瓶　　莱茵瓶　　阿尔萨斯瓶

图 5-7　不同类型的葡萄酒瓶

283. 山葡萄品种可以用于葡萄酒酿造吗？

山葡萄（*Vitis amurensis* Rupr.）是葡萄属植物中抗寒能力最强的种，产自中国黑龙江、吉林、辽宁等地，果可生食或酿酒。

我国东北地区冬季严寒，无霜期短，有效积温不足，欧亚种酿酒品种如'赤霞珠''美乐''品丽珠''雷司令'等品种果实不能充分成熟，因此东北地区生产的葡萄酒大多为甜型山葡萄酒。选育出适应寒带地区土壤和气候条件、酿造干红或干白山葡萄酒新品种，是我国东北寒带地区葡萄酒产业发展的前提条件。1973～2001年间，我国以抗寒、抗病、产量高、酿造全汁葡萄酒、酒质好为育种目标，用抗寒山葡萄种质资源（优良单株）与不抗寒著名酿酒葡萄品种'赤霞珠''美乐''小红玫瑰''白玉霓''威代尔'等进行种间杂交和重复杂交，先后选育出酿造干红山葡萄酒的葡萄新品种'左优红'、酿造冰红葡萄酒的葡萄新品种'北冰红'。

284. 我国与世界 2006～2016 年间葡萄酒产量及进出口情况如何？

根据国际葡萄与葡萄酒组织（OIV）的数据，2006～2016年十年期间，中国葡萄酒产量相对稳定，占世界葡萄酒产量的 4%～5%。而葡萄酒进口量持续增加，出口量从 2014～2016 年期间迅速增加（图 5-8）。

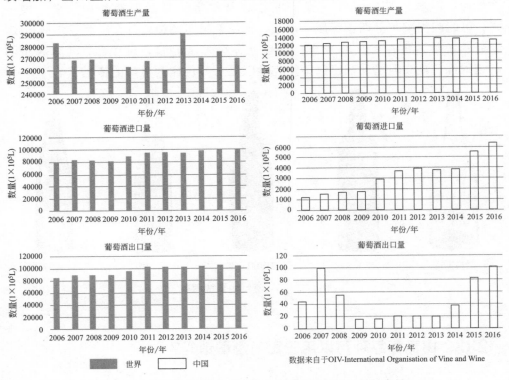

图 5-8　中国与世界 2006～2016 年葡萄酒进出口量与产量

285. 葡萄酒的成分有哪些？

葡萄酒成分一般有 3 种来源，即葡萄、酿造过程产物及添加物。以干红葡萄酒为例，主要成分如表 5-3 所示。

表 5-3　葡萄酒的成分

化合物	葡萄浆/%	干葡萄酒/%
水	70～85	80～90
糖类（糖≥90%）	15～25	0.1～0.3
醇类	0.0	8～15
有机酸	0.3～1.5	0.3～1.1
酚类化合物	0.05～0.15	0.05～0.35
含氮化合物	0.03～0.17	0.01～0.19
羰基化合物	0.0	0.001～0.050
无机化合物	0.3～0.5	0.15～0.40

286. 葡萄酒有哪些功效？

"葡萄酒作为饮料最有价值，作为药最可口，在食品中最令人快乐"。适量饮用葡萄酒具有如下功效：

(1)**有助消化**。葡萄酒属碱性食品，可以中和食入的大量酸性食物，促进消化。

(2)**延缓衰老**。葡萄酒中含大量的抗氧化物质，如花色苷、白藜芦醇、单宁等多酚类化合物，能消除自由基，起到延缓衰老的作用。

(3)**预防心血管病**。葡萄酒中的花色苷通过降低血管壁透性，可防止动脉硬化，白藜芦醇具有抑制血小板凝集的作用，对脑血栓有预防作用。

(4)**预防癌症**。葡萄酒中的白藜芦醇可防止正常细胞癌变，并能抑制癌细胞扩散，从而有效预防癌症。

(5)**美容养颜**。葡萄酒可抑制肠道对脂肪的吸收，葡萄皮、种子中的多酚类物质具有抗氧化、清除氧自由基的作用，从而起到美容养颜的功效。

287. 葡萄酒酿造过程中为什么要使用橡木桶？

陈酿葡萄酒是指葡萄酒在发酵之后经过一段时间的陈酿所得到的葡萄酒。

在自然陈酿过程中，酒液通过自身的氧化、还原、酯化及加成等反应协调各成分的比例，加强氢键的缔合程度，生成新的有效成分，除去不愉快的气味，使酒液色泽鲜亮、醇厚悠长，达到壮年期葡萄酒的品质和口感。 葡萄酒的醇熟和陈酿是从苹乳发酵结束，并进行第一次倒桶开始，一直延续到装瓶后和出库上市销售前。 其间主要借助不锈钢贮酒罐、地下酒窖、橡木桶等，使其缓慢熟化，并穿插关键的后期处理工艺，如下胶澄清、过滤、稳定处理、勾兑调配等，最终获得澄清透亮、稳定平衡、色香、质量上乘的佳酿。

在橡木桶中，葡萄酒表现出深刻的变化，其香气发育良好，并且变得更为馥郁，橡木桶可给予葡萄酒很多特有的性质，橡木桶的通透性可保证葡萄酒的控制性氧化，并可带给葡萄酒橡木单宁，使得葡萄酒发生一系列缓慢的多种变化。 橡木桶对葡萄酒感官质量的影响主要有 3 个方面：澄清和通气作用，对澄清度的影响；胶体现象，对稳定性及口感的影响；控制性氧化和酚类物质结构的改变，对味感和颜色的影响。

葡萄酒在橡木桶中陈酿时，很多橡木成分会溶解在葡萄酒中，这些成分与来源于葡萄原料的成分有着不同的结构和特性。 进入葡萄酒的橡木桶的成分有：①橡木内脂，又叫威士忌内脂，具有椰子和新鲜木头的气味，它代表了新鲜木头的大部分芳香潜力。 在橡木自然干燥或烘干的过程中，橡木内脂的含量略有升高。 ②丁子香酚，具有香料和丁香气味，在橡木的干燥和烘干过程中，丁子香酚的含量有时会升高。 ③香草醛，又叫香兰素，具香草和香子兰的气味，香草醛在新鲜橡木中的含量很少，其含量在橡木的干燥和烘干过程中大幅度上升。 不同的橡木种类和加工方式，都会影响进入葡萄酒中的橡木成分。

288. 葡萄酒酿造使用的酵母是专用的吗？

酵母菌广泛存在于自然界，有糖的地方就可能存在酵母菌。 在传统葡萄和葡萄酒产区，酵母菌多年繁殖生长，逐渐适应了当地的气候条件、土壤条件和葡萄品种，并且由于自然选择的作用而形成了适应于不同类型葡萄酒的株系。 但在新开辟的葡萄园或少量种植葡萄的地区，土壤中的酵母菌数量不多，而且质量也较差。 除此之外，葡萄酒生产区、酿酒设备、贮酒橡木桶、酒窖等也是酵母菌的聚集地。 凡与葡萄汁有过接触的厂区环境，包括运输工具、发酵罐、灌装设备、生产车间和前处理设备等，甚至生产区的排水通道、地沟，以及葡萄酒皮渣堆积处都有大量的酵母菌存在。

酵母菌是子囊菌、担子菌等几个科单细胞真菌的通称，一般泛指能发酵糖类物质的各种单细胞真菌。 迄今为止，发现与葡萄酒相关的酵母菌共 18 个属，70 多个种。

（1）酿酒酵母。在葡萄酒发酵过程中起主导作用，它不仅可以通过代谢活动产生多种香气活性化合物，如醇类、酯类、硫化物、挥发酸、挥发性酚等，而且还能释放葡萄中的一些非香型前体物质，产生挥发性香气物质。 此外，酿酒酵母还可吸附葡萄汁组分，如吸附葡萄汁中的花色苷，从而对葡萄酒的外观品质产生影响。

（2）非酿酒酵母。非酿酒酵母的酒精耐受力较差，产醇能力不如酿酒酵母，但是非酿酒酵母比酿酒酵母能产生更多的甘油、琥珀酸、醋酸和酯类。 其中，星形假丝酵母可以产生大量的甘油、琥珀酸和乙酸，不仅赋予葡萄酒柔和性、圆润感和黏稠度，而且使葡萄酒具有强烈的蜂蜜、杏和乙酸乙酯香。 柠檬克勒克酵母可以产生大量的甘油，同时也产生大量的酯类，产酯高的酵母还包括有孢汉逊酵母、异常汉逊酵母、毕赤酵母和异常毕赤酵母。 酒香酵母既可以产生水果香和咖啡香，也可以产生鼠尿和药的苦味，其代谢物若少量存在会增加葡萄酒的复杂感，过多则会破坏酒的风味。 因此，非酿酒酵母在一定程度上能够提高葡萄酒结构、香气和风味的复杂性。

289. 各国最具代表的酿酒葡萄品种有哪些？

俗话说，一方水土养育一方人；同理，一方水土也培育了一方葡萄。 各产酒国不同的风土特点成就了不少经典葡萄品种，于是酿制出了反映当地风土特色的葡萄酒。

（1）法国，'赤霞珠'（Cabernet Sauvignon）和'美乐'（Merlot）。'赤霞珠'是波尔多的重要红葡萄品种，它能够赋予葡萄酒较深的颜色，充足的单宁和酸度，以及浓郁的香气。 '美乐'酿出的酒细腻而优雅，非常圆润，具有无与伦比的果香和丝绒般的顺滑口感。 与'赤霞珠'酒比起来，'美乐'酒的香气显得清淡一些，单宁和酸度也略低一些，但是通常具有更重的酒体和更高的酒精度。

（2）意大利，'桑娇维塞'（Sangiovese）。'桑娇维塞'是意大利种植面积最广、最古老的葡萄品种。 '桑娇维塞'起名于 sanguis Jovis，在意大利语中是"丘比特之血"的意思。 该品种的葡萄酒以其高酸和高单宁著名。

（3）智利，'佳美娜'（Carmenere）。'佳美娜'是智利最具特色的葡萄品种，曾在波尔多广泛种植，19 世纪中期由于根瘤蚜的危害在法国绝迹，智利的气候恰好适合它的生长。 与其他品种相比，'佳美娜'酿造的葡萄酒口感更柔顺，充满浓郁的果香。

（4）南非，'比诺塔吉'（Pinotage）。1925 年以'黑比诺'（Pinot Noir）为

父本，'神索'（Cinsaut）为母本杂交而成。'比诺塔吉'是一个耐寒的红葡萄品种，是南非对世界酿酒葡萄做出的重要贡献。 它得益于南非理想的地理环境以及种植者和酿酒师精湛的技术，成为南非备受瞩目的当红明星葡萄。'比诺塔吉'酿成的葡萄酒颜色深浓靓丽，香气口感介于'黑比诺'和'西拉'之间，果味丰沛甜美。

（5）阿根廷，'马贝克'（Malbec）。'马贝克'为中熟品种，果皮比较薄，颜色很深，单宁含量高，是波尔多六大红葡萄品种之一。 1868 年被引入阿根廷。'马贝克'在阿根廷葡萄果粒更小更紧实、果穗也小、单宁柔软细致了很多、颜色很深、果香集中，成为阿根廷的标志性品种。

（6）澳大利亚，'西拉'（Shiraz）。'西拉'虽然是原产于法国的葡萄品种，不过它在老家的表现并不十分突出。 而到了澳大利亚，在当地的炎热气候下'西拉'表现得近乎完美，融入了澳大利亚的热情和奔放。

（7）德国，'雷司令'（Riesling）。据德国相关史料记载，'雷司令'葡萄绝对是德国最早记录在案的葡萄品种，可以说德国是'雷司令'葡萄的故乡。'雷司令'比较偏爱阴凉的气候，漫长的成熟期造就了'雷司令'葡萄在香味方面的突出表现。 由'雷司令'葡萄酿造的酒风格多样，从干酒到甜酒，从优质白葡萄酒、贵腐型酒到顶级冰葡萄酒。 此外，酒精含量较低的特点也使得'雷司令'葡萄酿造的酒在酒杯中呈现出悦人的光泽和丰富的香味。

（8）美国，'增芳德'（Zinfindel）。'增芳德'原产于克罗地亚，经意大利传播到美国加州。'增芳德'很适宜加州温暖又不炎热的气候条件，尤其是像索诺玛和纳帕谷这样的地区。 它是红葡萄品种里的芳香型品种，用其酿造的葡萄酒，酒香浓郁迷人，富有香料、黑莓、红莓、樱桃及土壤的风味。

290. 葡萄籽油的化学组成与功效是什么？

葡萄籽油属半干性油脂，含有大量不饱和脂肪酸，其中亚油酸含量最高，另外还含有一定量的亚麻酸、生育酚、植物甾醇等生物活性物质。 葡萄籽油的高不饱和脂肪酸含量和抗氧化成分的含量（如黄烷-3-醇、酚酸和低聚原花青素等），对人类健康极为有益。

① 亚油酸具有防治高血压、动脉硬化、心脏病和血栓形成的功能；对植物性神经功能紊乱和人体血清胆固醇过高患者具有显著功效。

② 酚类化合物可以用来中和生物系统中的自由基，具有抗衰老、抗癌等作用。

③ 葡萄籽油中含有多种维生素和钙、锌、铁、镁等多种微量元素，对急慢性维生素缺乏症者均有一定的功效。

④ 还能有效保护视力、抗氧化、平衡血脂、有助于青少年生长发育、预防血管硬化、降低血液黏度和防止血栓形成等。

291. 葡萄常见加工产品有哪些？

葡萄常见加工产品有葡萄酒、葡萄干、葡萄汁、葡萄果醋、葡萄果脯、葡萄果酱、多味葡萄、葡萄糖水罐头、葡萄籽油等。

292. 葡萄干、葡萄汁、葡萄罐头等对葡萄品种有要求吗？

不同加工产品对葡萄品种有不同要求。

① 葡萄干宜选择固形物含量高、风味色泽好、酶褐变不严重、果粒皮薄、肉质硬、含糖量高的无核品种。不过现在只要有籽葡萄制干后不影响食用感受，有些瘪子葡萄品种也可制成优质葡萄干。主要制干品种有'无核白''长粒无核白''马奶子''无核白鸡心''无核紫'等。

② 制红葡萄汁的品种要求含糖量高（17%～20%），含酸量较低（0.5%～0.7%），汁红而鲜艳，出汁率高，果香浓郁。美洲种'康克''卡托芭'最适宜制作葡萄汁，在我国种植较少。目前，国内用于制汁的品种有'巨峰''玫瑰香''玫瑰露'等。

③ 葡萄制罐品种要求粒大、肉厚、肉质硬脆，无核或少核或小核，果皮韧性强、易剥离，果肉白色或浅白色，可溶性固形物含量高、水分低，香味浓郁，如'红地球''白玫瑰'等。

第六章

其他问答

293. 国际上重要的葡萄主题会议有哪些？

表 6-1　国际葡萄主题会议

会议名称	主办机构和组织	举办周期	近期举办年份
国际葡萄遗传与育种会议（International Conference on Grapevine Breeding and Genetics）	国际园艺学会、中国农业部	4 年	2018
国际葡萄生理与生物技术会议（International Symposium on Grapevine Physiology and Biotechnology）	国际园艺协会	4 年	2020
葡萄和葡萄酒联合研讨会（Unqufied Wine and Grape Symposium）	美国葡萄与葡萄栽培学会（ASEV）与加州葡萄种植者协会（CAWG）共同组织	每年	2020
全球葡萄峰会（Global Grape Summit）	Yenzten 集团、农产品商业杂志		2019（首届）
世界七大葡萄海岸国际研讨会（International Conference on Seven Coasts of the Grape）	中国食品工业协会、中国酒业协会	2 年	2019
国际葡萄与葡萄酒高级研讨班（International Grape and Wine Advanced Workshop）	西北农林科技大学	3 年	2018
国际葡萄酒技术高峰论坛（International Wine Technology Summit）	中国酒业协会、中国食品发酵工业研究院等	每年	2020（今年取消）

294. 国际上葡萄与葡萄酒杂志有哪些？

表 6-2　国际上葡萄与葡萄酒杂志

国际上主要葡萄与葡萄酒杂志	举办国家	周期
Vitis	德国	季刊
Australian Journal of Grape and Wine Research	澳大利亚	三年一次
American Journal of Enology and Viticulture	美国	季刊
Wine Spectator	美国	月刊
Wine Enthusiast	美国	月刊
中外葡萄与葡萄酒杂志	中国	双月刊

295. 中国有关葡萄酒的记载最早出现在什么年代？

考古研究表明，中国葡萄酒最早大约出现在公元前 7000 ~ 前 5500 年间。 史书关于葡萄种植的记录最早出现在周朝，但有关葡萄酒的文字记载，直到距今 2000 多年的西汉才出现。《史记·大宛列传》写道："宛左右以蒲陶为酒……汉使取其实来，于是天子始种苜蓿、蒲陶肥饶地……"。 由此可见，直至西汉，中原地区还没有真正意义的葡萄酒生产，葡萄栽种才刚刚开始。

296. 中国哪些高校开设有葡萄酒专业？

全国共有 21 所高校开设了葡萄与葡萄酒工程专业，这些院校有：

西北农林科技大学葡萄酒学院、中国农业大学食品科学与营养工程学院、上海交通大学农业与生物学院、宁夏大学葡萄酒学院、石河子大学食品学院、山东农业大学食品科学与工程学院、甘肃农业大学食品科学与工程学院、沈阳药科大学功能食品与葡萄酒学院、新疆农业大学葡萄与葡萄酒学院、山西农业大学食品科学与工程学院、云南农业大学食品科学技术学院、河北农业大学食品科技学院、河北科技师范学院食品科技学院、楚雄师范学院化学与生命科学学院、河西学院农业与生物技术学院、泰山学院生物与酿酒工程学院、茅台学院酿酒工程系、滨州医学院药学院（葡萄酒学院）、济南大学泉城学院蓬莱葡萄酒学院、宁夏葡萄酒与防沙治沙职业技术学院葡萄酒工程技术系、鲁东大学生命科学学院葡萄与葡萄酒工程。

297. 《葡萄学》是我国出版最早的葡萄学书籍吗？

是的，我国出版较早的果树志学术著作如表6-3所示。

表6-3 我国出版较早的果树志学术著作

书籍	出版时间/年	主编
《葡萄学》	1994	贺普超
《苹果学》	1999	束怀瑞
《梨学》	2013	张绍玲
《柑橘学》	2013	邓秀新　彭抒昂

298. 国家标准、行业标准、地方标准和企业标准有何差异？

按照适用范围将标准划分为国家标准、行业标准、地方标准和企业标准 4 个层次。各层次之间有一定的依从关系和内在联系，形成一个覆盖全国又层次分明的我国标准体系。具体的制定要求、制定部门、监管部门、编号等差异见下表（表6-4）。

表6-4 国家标准、行业标准、地方标准和企业标准的差异

标准类型	国家标准	行业标准	地方标准	企业标准
制定要求	需要在全国范围内统一的技术标准	对没有国家标准而又需要在全国某个行业范围内统一的技术要求，可以制定行业标准	对没有国家标准和行业标准而又需要在省、自治区、直辖市范围内统一的技术要求，可以制定地方标准	企业生产的产品没有国家标准和行业标准的，应当制定企业标准，作为组织生产的依据
制定部门	国务院标准化行政主管部门制定	国务院有关行政主管部门制定，并报国务院标准化行政主管部门备案	省、自治区、直辖市标准化行政主管部门制定，并报国务院标准化行政主管部门和国务院有关行政主管部门备案	企业自行制定
管理部门	国务院标准化行政主管部门	国务院有关行政主管部门分工管理	省、自治区、直辖市标准化行政主管部门	企业的产品标准须报当地政府标准化行政主管部门和有关行政主管部门备案
编号	GB（/T）顺序号—年份，例：GB/T 25504—2010 冰葡萄酒。/T代表推荐性标准	行业代号（/T）顺序号—年份，例：NY 5087—2002 无公害食品鲜食葡萄产地环境条件。/T代表推荐性标准	DB地方代号（/T）顺序号—年份，例：DB14/T 1585—2018 葡萄绿枝嫁接技术规程。/T代表推荐性标准	Q/企业代号四位顺序号 S—年号

标准类型	国家标准	行业标准	地方标准	企业标准
备注		在公布国家标准之后，该项行业标准即行废止	在公布国家标准或者行业标准之后，该项地方标准即行废止	国家鼓励企业制定严于国家标准或者行业标准的企业标准，在企业内部适用

299. 葡萄产业相关标准可分为哪几类?

葡萄产业相关标准化的对象包括产品、种子的品种、规格、质量、等级、安全、卫生要求；试验、检验、包装、贮存、运输、使用方法；生产技术、管理技术、术语、符号、代号等。内容也十分广泛，包括种子、种苗标准，产品标准，方法标准，环境保护标准，卫生标准，农业工程和工程构件标准 6 个方面，具体如下表（表 6-5）。

表 6-5　葡萄产业相关标准分类

标准分类	具体内容
种子、种苗标准	主要包括农、林、果、蔬等种子、种苗、种畜、种禽、鱼苗等品种种性和种子质量分级标准、生产技术操作规程、包装、运输、贮存、标志及检验方法等
产品标准	是指为保证产品的适用性，对产品必须达到的某些或全部要求制订的标准。主要包括农林牧渔等产品品种、规格、质量分级、试验方法、包装、运输、贮存、农机具标准、农资标准以及农业用分析测试仪器标准等
方法标准	是指以试验、检查、分析、抽样、统计、计算、测定、作业等各种方法为对象而制订的标准。包括选育、栽培、饲养等技术操作规程、规范、试验设计、病虫害测报、农药使用、动植物检疫等方法或条例
环境保护标准	是指为保护环境和有利于生态平衡，对大气、水质、土壤、噪声等环境质量、污染源检测方法以及其他有关事项制订的标准。例如水质、水土保持、农药安全使用、绿化等方面的标准
卫生标准	是指为了保护人体和其他动物身体健康，对食品饲料及其他方面的卫生要求而制订的农产品卫生标准。主要包括农产品中的农药残留及其他重金属等有害物质残留允许量的标准
农业工程和工程构件标准	是指围绕农业基本建设中各类工程的勘察、规划、设计、施工、安装、验收，以及农业工程构件等方面需要协调统一的事项所制订的标准。如塑料大棚、种子库、沼气池、牧场、畜禽圈舍、鱼塘、人工气候室等
管理标准	是指对农业标准领域中需要协调统一的管理事项所制订的标准。如标准分级管理办法、农产品质量监督检验办法及各种审定办法等
地理标志	是指鉴别原产于某一个地区或地点的产品的标志

300. 我国葡萄产业标准发布现状如何？

我国现行的葡萄产业国家、行业和地方标准 328 项，其中国家标准 30 项，地方标准 298 项，行业标准 71 项，另外还有大量的企业标准。 30 项国家标准可分为方法标准、地理标志产品、产品标准和管理标准 4 类，分别有 16、7、6、1 项。 71 项行业标准中 43 项为出入境检疫行业标准，其中 32 项为出口葡萄酒中成分测定的方法标准，另外 11 项为葡萄中病虫害检疫相关的标准。 12 项轻工行业标准中葡萄酒和葡萄罐头相关标准各占 10 项和 2 项。 8 项农业行业标准中除"葡萄苗木"标准（NY 469—2001）外，其他 7 项均与鲜食葡萄相关。 此外，国内贸易行业现行标准有 5 项，包装、供销合作、认证认可行业各有 1 项标准。

26 个省、市、自治区发布了 298 项葡萄产业相关的地方标准。 全国葡萄产量与栽培面积领先的新疆维吾尔自治区发布数量最多，累计发布了 54 项地方标准，现行标准 46 项，占全国现行地方标准总数的 15.4%。 宁夏回族自治区的葡萄栽培面积与产量在全国范围内并不出众，但其现行标准数有 35 项，位列全国第二。 江苏省发布了 32 项地方标准，位列第三。 第四至十位依次是甘肃、河北、山东、山西、内蒙古、安徽和河南，前十中仅有江苏和安徽为南方省份。 广东、福建、江西、海南和重庆未发布相关的地方标准。 此外，辽宁、陕西、云南和浙江四个省份的葡萄栽培面积均在全国前列，但相关地方标准数量相对较少。

综上，我国葡萄产业现行标准主要以地方标准为主，现有标准包括葡萄标准育苗、栽培技术、建园规划、病虫害防治、地理标志等多个方面，这些标准内容基本涵盖了葡萄产业的各个生产环节，基本满足了葡萄栽培与加工等方面的需求。

301. 我国近十年葡萄产业发展情况如何？

我国葡萄种植面积和产量总体呈现出逐年增长的趋势（图 6-1），但葡萄酒总产量先增长后下降（图 6-2），近十年来我国葡萄产业不断增长，2018 年底我国葡萄种植面积及产量分别达到 725.1 千公顷和 1366.68 万吨，位居世界前列，为世界葡萄产业发展做出了巨大贡献。 我国面积大、产量高的格局已经形成，奠定了大宗水果的地位，已真正成为世界葡萄生产大国。 我国是以鲜食葡萄为主的生产国，改革开放 40 年来，葡萄产业得到快速发展，鲜食葡萄产量遥遥领先于世界其他国家，葡萄种植技术不断创新，经济效益不断提高。

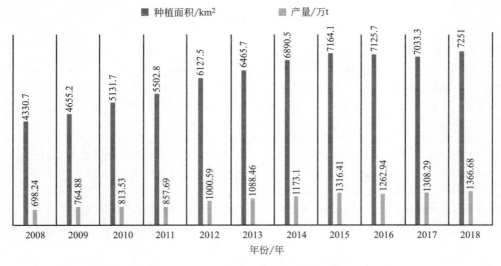

图 6-1　2008～2018 年我国葡萄种植面积和产量变化

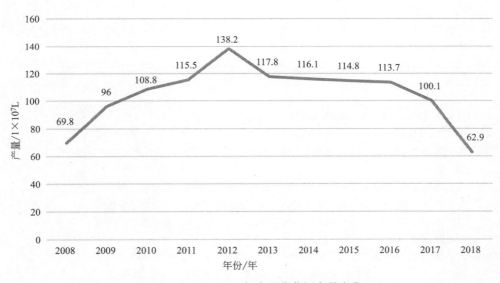

图 6-2　2008～2018 年我国葡萄酒产量变化

302. 葡萄酒庄这一名称的来源

　　"Chateau"原指法国封建时代的城堡、别墅和庄园，由于法国酒庄内一般会有一个城堡存在，后来"Chateau"在葡萄酒领域普遍使用，特指酒庄。葡萄酒庄是一个集葡萄的种植，葡萄酒的酿造、贮存和罐装等为一体的场所，同时酒庄还可以开发旅游以及度假休闲功能。

参考文献

[1] 阿不列孜·热合曼. 葡萄根腐病的发生与防治[J]. 西北园艺(果树),2018,256(5):27-28.

[2] 蔡明. 冰葡萄Ⅴ形叶幕栽培模式[J]. 落叶果树,2016,48(2):47-49.

[3] 蔡之博,赵常青,康德忠. 北方日光温室葡萄树体平茬更新管理[J]. 中外葡萄与葡萄酒,2014(2):49-50.

[4] 曹亚平. 葡萄杂交后代主要经济性状遗传规律的研究[D]. 洛阳:河南科技大学,2014.

[5] 曹翰文. 葡萄水肥一体化关键技术及应用效果[J]. 河南农业,2019(25):28.

[6] 曹尚银,谢深喜,房经贵,等. 中国葡萄地方品种图志[M]. 北京:中国林业出版社,2014.

[7] 曹雪,杨光,王晨,等. 藤稔葡萄不同节位芽的发育及结果能力分析[J]. 中外葡萄与葡萄酒,2011(1):24-26,30.

[8] 曹振领. 介绍深坑覆盖地膜[N]. 牡丹江科技报,1987-4-12(2).

[9] 晁无疾. 葡萄关键节点病虫害综合治理方案[J]. 营销界(农资与市场),2015(5):35-36.

[10] 晁无疾,单涛,张燕娟. 彩图版实用葡萄设施栽培[M]. 北京:中国农业出版社,2017.

[11] 程大伟,陈锦永,顾红,等. 葡萄设施栽培类型简介[J]. 果农之友,2017(1):18-20.

[12] 程建徽,魏灵珠,李琳,等. 葡萄"三膜"覆盖早熟促成栽培技术[J]. 中国南方果树,2012(1):95-97.

[13] 陈建红,赵明,方仁,等. 不同架式对'北字号'酒葡萄生长及果实品质的影响[J]. 南方园艺,2009,20(1):14-15.

[14] 崔腾飞,王晨,吴伟民,等. 近10年来中国葡萄新品种概况及其育种发展趋势分析[J]. 江西农业学报,2018,30(3):41-48,53.

[15] 董天宇,金豪春,孔祥菊,等. 葡萄硬枝机械嫁接及技术要点[J]. 中外葡萄与葡萄酒,2018(3):45-48.

[16] 段长青,刘崇怀,刘凤之,等. 新中国果树科学研究70年——葡萄[J]. 果树学报,2019,36(10):1292-1301.

[17] 范丽华,郑铭西. 南方葡萄设施栽培前景与栽培技术[J]. 中国南方果树,2004,33(6):95-96.

[18] 范武刚,杨和平,崔晓莉,等. 葡萄蔓枯病的发生与防治[J]. 西北园艺(果树),2010(1):53.

[19] 樊绍刚,吴胜,朱明涛,等. 葡萄冬芽生理休眠机理研究进展[J]. 东北农业大学学报,2019,50(10):88-96.

[20] 房经贵,刘崇怀. 葡萄分子生物学[M]. 北京:科学出版社,2014.

[21] 房经贵,刘崇怀. 葡萄遗传育种与基因组学[M]. 南京:江苏凤凰科学技术出版社,2014.

[22] 房经贵,徐卫东,范培格,等. 中国葡萄自育品种[M]. 北京:中国林业出版社,2019.

[23] 房经贵. 葡萄分子耕田[M]. 北京:中国林业出版社,2019.

[24] 房经贵,章镇,陶建敏,等. 江苏发展葡萄的条件和策略[J]. 中外葡萄与葡萄酒,2001(3):7-8.

[25] 房玉林,李华,宋建伟,等. 葡萄产期调节的研究进展[J]. 西北农业学报,2005,14(3):98-101.

[26] 傅伟红,魏新科,葛孟清,等. 基于SSR标记的MCID法鉴定72个酿酒葡萄品种[J]. 中外葡萄与葡萄酒,2019(5):1-7.

[27] 付亚群,潘秋红. QTL定位在葡萄数量性状研究中的应用[J]. 分子植物育种,2018,16(8):2555-2562.

[28] 符晓敏,耿新丽. 无核葡萄人工杂交授粉的关键技术[J]. 安徽农业科学,2014,42(10):2900-2901,2903.

[29] 古贺守. 葡萄酒的世界史[M]. 天津:百花文艺出版社,2007.

[30] 郭光爱,李双林,万贵成. 葡萄工厂化育苗技术[J]. 新疆农业科技,2009(1):49.

[31] 郭荣荣,王博,成果,等. 我国葡萄一年两收栽培的区划研究进展[J]. 南方农业学报,2016,47(12):2091-2097.

[32] 郭景南,刘崇怀,冯义彬,等. 《葡萄种质资源描述规范和数据标准》概述及使用讨论[J]. 果树学报,

2010,27(5):784-789,857.

[33] 龚兴国.盐碱地如何种葡萄[J].西北园艺(果树),2006(2):53.

[34] 贺普超.葡萄学[M].北京:中国农业出版社,1999.

[35] 贺普超,程国礼.酿酒葡萄不同整形方式的研究[J].果树科学,1994,11(1):14-18.

[36] 贺普超,雷慧英,王永熙,等.葡萄"闭花受精"与去雄自交结实问题的研究[J].西北农学院学报,1983 (1):33-39.

[37] 胡建芳.鲜食葡萄优质高产栽培技术[M].北京:中国农业大学出版社,2002.

[38] 景士西.园艺植物育种学总论[M].北京:中国农业出版社,2000.

[39] 金仲鑫.不同砧木对葡萄果实品质的影响及机理初探[D].泰安:山东农业大学,2017.

[40] 姜建福,李川,战非,等.葡萄种质资源数据库系统的构建[J].山东农业科学,2015,47(1):119-123.

[41] 姜建福,樊秀彩,张颖,等.中国葡萄品种选育的成就与可持续发展建议[J].中外葡萄与葡萄酒,2018 (1):60-67.

[42] 姬利洁,王振平,丁小玲,等.摘叶处理对酿酒葡萄果实品质影响的研究进展[J].中外葡萄与葡萄酒, 2016(1):40-43.

[43] 姜春华,窦宗信,庞勇.日光温室葡萄整形修剪应注意的问题[J].西北园艺:果树专刊,2004(12): 46-47.

[44] 孔庆山.中国葡萄志[M].北京:中国农业科学技术出版社,2004.

[45] 刘崇怀.中国葡萄属(Vitis L.)植物分类与地理分布研究[D].郑州:河南农业大学,2012.

[46] 刘崇怀,潘兴,郭景南,等.葡萄品种浆果成熟期多样性及归类标准评价[J].果树学报,2004,21(6): 535-539.

[47] 刘崇怀.葡萄技术100问[M].北京:中国农业出版社,2009.

[48] 刘会宁.葡萄生产关键技术100问[M].北京:中国农业出版社,2015.

[49] 李阿英,王西成,刘丹,等.4个鲜食葡萄品种生长发育过程中各器官白藜芦醇含量的变化[J].果树学 报,2014,31(6):1079-1085,1199.

[50] 李大元.葡萄生产上波尔多液使用中存在的误区[J].中外葡萄与葡萄酒,2011(9):35.

[51] 李大元.葡萄使用石硫合剂存在的几个问题[J].西北园艺(果树),2016(2):41-42.

[52] 李华,王华.一种适应我国埋土防寒区可持续葡萄栽培模式[J].中外葡萄与葡萄酒,2018(6):68-73.

[53] 李华.中国冬季埋土防寒区葡萄种植模式"爬地龙"的整形与修剪[M].杨凌:西北农林科技大学出版 社,2015.

[54] 李蕊蕊,赵新节,孙玉霞.葡萄和葡萄酒中单宁的研究进展[J].食品与发酵工业,2016,42(4):260-265.

[55] 李顺雨,潘学军,张文娥,等.葡萄属种质资源多样性及利用[J].种子,2010,29(1):61-64,75.

[56] 李婷,安迪,鲍金平,等.基于果实质地参数的葡萄贮藏特性评价[J].核农学报,2018,32(11): 2155-2161.

[57] 李晓艳,杨义明,范书田,等.山葡萄种质资源收集、保存、评价与利用研究进展[J].河北林业科技,2014 (Z1):115-121.

[58] 冷翔鹏,慕茜,房经贵,等.葡萄浆果中的糖成分以及相关代谢研究的进展[J].江苏林业科技,2011,38 (2):40-43,48.

[59] 梁振昌.葡萄果皮花色苷构成特点、遗传规律及其在果实成熟过程中的变化[D].北京:中国科学院研究 生院,2008.

[60] 李坤,郭修武,谢洪刚,等.葡萄自交与杂交后代果皮色素含量的遗传[J].果树学报,2004,21(5): 406-408.

[61] 李秀贞.葡萄杂交育种方法和流程[J].陕西农业科学,2013(3):86-89.

[62] 李志瑛.无核葡萄胚挽救育种研究[D].杨凌:西北农林科技大学,2018.

[63] 雷世俊,赵兰英.葡萄栽培详尽典范读本[M].北京:中国农业出版社,2014.

[64] 李必芝.葡萄修剪时卷须、花序和果穗的处理[J].现代农业科技,2006(9):71.

[65] 李杰,易君文,赵婷,等.不同材质果袋套袋对葡萄果实品质的影响[J].中国南方果树,2018,47(1):121-124.

[66] 李金华.露地葡萄栽培管理技术[J].现代农业科技,2020(2):75,77.

[67] 李文超,马文婷,王振平.摘叶处理对贺兰山东麓葡萄酒产区低龄赤霞珠葡萄及葡萄酒品质的影响[J].宁夏农林科技,2018,59(6):5-7.

[68] 林力鑫.智能化控制在温室大棚中的应用[J].自动化技术与应用,2017,36(5):116-118,129.

[69] 刘博洁.葡萄大小粒现象发生的原因及对策[J].现代农村科技,2018(3):34.

[70] 刘昌岭,任宏波,朱志刚,等.土壤中营养元素对葡萄产量与品质的影响[J].中外葡萄与葡萄酒,2005(4):17-20.

[71] 刘俊,晁无疾,亓桂梅,等.蓬勃发展的中国葡萄产业[J].中外葡萄与葡萄酒,2020(1):1-8.

[72] 刘林昌,陈立柱,刘国旗,等.葡萄嫁接育苗技术[J].农业与技术,2015,35(21):97-98.

[73] 刘凤之.中国葡萄栽培现状与发展趋势[J].落叶果树,2017,49(1):1-4.

[74] 刘捍中.葡萄栽培技术[M].北京:金盾出版社,2008.

[75] 刘雅坤.葡萄育苗技术[J].农业开发与装备,2014(11):119-120.

[76] 刘照亭,郭建,任俊鹏,等.葡萄棚架"飞鸟型"树形的整形修剪技术[J].浙江农业科学,2014(9):1375-1377.

[77] 陆晓英,白明第,孔维喜,等.云南葡萄架式和树形应用调查分析[J].热带农业科学,2016,36(12):80-82.

[78] 鲁雅楠,诸葛雅贤,裴清圆,等.葡萄种质资源果穗穗形调查与综合评价[J].园艺学报,2019,46(8):1593-1603.

[79] 吕宝殿,李惠生,蒋德新,等.葡萄压条育苗法[J].落叶果树,2001(6):49.

[80] 穆维松,李程程,高阳,等.我国葡萄生产空间布局特征研究[J].中国农业资源与区划,2016,37(2):168-176.

[81] 孟聚星,姜建福,张国海,等.我国育成的葡萄新品种系谱分析[J].果树学报,2017,34(4):3-19.

[82] 皮埃尔·卡萨梅耶.葡萄酒品鉴完全指南[M].北京:化学工业出版社,2014.

[83] 裴丹,葛孟清,董天宇,等.208个葡萄品种染色体倍性的流式细胞分析[J].中外葡萄与葡萄酒,2019(5):21-28.

[84] 葡讯.葡萄出现大小粒的几种原因[J].农家之友,2017(8):56.

[85] 任洪春,张志昌,解振强,等.葡萄高接技术及其应用[J].中外葡萄与葡萄酒,2018(3):49-51.

[86] 任国慧,吴伟民,房经贵,等.我国葡萄国家级种质资源圃的建设现状[J].江西农业学报,2012(7):14-17.

[87] 施文骁,王洪凯,郭庆元.葡萄根癌病研究进展[J].浙江农业科学,2013(11):43-46.

[88] 邵则夏.鲜食葡萄小拱棚促成早熟栽培[J].致富天地,2003(3):27.

[89] 商佳胤,田淑芬,王丹,等.适合设施葡萄栽培的架型与树形[J].河北林业科技,2014(Z1):132-134.

[90] 孙强.葡萄嫩枝全光自控-弥雾扦插育苗技术[J].烟台果树,2009(2):55.

[91] 孙欣,李洪艳,李晓鹏,等.广西葡萄一年两收栽培模式及栽培技术[J].中外葡萄与葡萄酒,2015(3):45-47.

[92] 孙欣,韩键,房经贵,等.葡萄浆果着色分子机理的重要研究进展[J].植物生理学报,2012,48(4):333-342.

[93] 孙占育,孙志强,蒋宝,等.葡萄叶面施肥技术[J].陕西农业科学,2013,59(6):262-263.

[94] 田智硕,姜建福,张国海,等.国外主要葡萄种质资源数据库简介[J].中外葡萄与葡萄酒,2012(1):

59-62.

[95]　汤兆星.新疆葡萄加工品质评价和基础数据库建立[D].北京:中国农业科学院,2010.

[96]　陶然,王晨,房经贵,等.我国葡萄育种研究概况[J].江西农业学报,2012,24(6):24-30,34.

[97]　唐文龙,阮仕立,孔令红.中国葡萄酒文化[M].北京:中国轻工业出版社,2012.

[98]　田淑芬.中国葡萄产业与科技发展[J].农学学报,2018(1):135-139.

[99]　佟汉林.葡萄温室大棚早熟促成栽培技术[J].农家顾问,2015(2):87.

[100]　温鹏飞.葡萄的起源与传播[J].农产品加工,2008(10):12-14.

[101]　王军,段长青,何非,等.葡萄学:解剖学与生理学[M].北京:科学出版社,2016.

[102]　魏新科,樊秀彩,王晨,等.基于SSR标记的MCID法鉴定中国自主选育的葡萄品种[J].中外葡萄与葡萄酒,2019(5):12-20.

[103]　王跃进,江淑萍,刘晓宁,等.假单性结实无核葡萄胚败育机理研究[J].西北植物学报,2007,27(10):65-71.

[104]　王勤彪.葡萄无核化技术研究[D].南京:南京农业大学,2006.

[105]　万怡震,翟龙飞,李庆勇,等.葡萄花型(性别)基因型的研究[J].河北科技师范学院学报,2001(4):21-22.

[106]　王静波,罗尧幸,桂英,等.我国葡萄染色体倍性鉴定研究进展[J].果农之友,2016(S1):3-5.

[107]　王庆莲,吴伟民,赵密珍,等.GA3处理对欧亚种葡萄种子发芽的影响[J].江苏农业科学,2015,43(11):244-246.

[108]　万建民.超级稻的分子设计育种[J].沈阳农业大学学报,2007,38(5):652-661.

[109]　王红梅,陈玉梁,石有太,等.中国作物分子育种现状与展望[J].分子植物育种,2020,18(2):507-513.

[110]　王博.根域限制促进鲜食葡萄果皮花色苷合成的机制研究[D].上海:上海交通大学,2013.

[111]　王嘉斌,王振萍,王娟,等.葡萄园的建园与土壤肥水管理技术要点[J].吉林蔬菜,2019(3):3-4.

[112]　王超萍,胡文效,董兴全,等.山东省葡萄酒产业现状及发展趋势[J].中国酿造,2019,38(11):205-208.

[113]　王宏安,李记明,姜文广,等.土壤质地对蛇龙珠葡萄酿酒品质的影响[J].中外葡萄与葡萄酒,2013(4):24-27.

[114]　王艳玲.葡萄新优品种及栽培技术问答[M].兰州:甘肃科学技术出版社,2015.

[115]　王田利.葡萄建园注意事项[J].北方果树,2018(2):33-34.

[116]　王田利.温室促成栽培葡萄的关键技术措施[J].河北果树,2019(2):28-31.

[117]　王海波,王孝娣,史祥宾,等.葡萄不同品种对设施环境的适应性[J].中国农业科学,2013,46(6):1213-1220.

[118]　王世平.葡萄根域限制栽培技术的应用及优势[J].中外葡萄与葡萄酒,2015(4):74.

[119]　王军,段长青,何非.葡萄酒生产与质量(原著第二版)[M].北京:科学出版社,2019.

[120]　王世平.葡萄根域限制栽培技术[J].河北林业科技,2004(5):82-84.

[121]　王世平,李勃.中国设施葡萄发展概况[J].落叶果树,2019,51(1):1-5.

[122]　王涛.葡萄冬季修剪技术[J].现代农业,2010(8):14-16.

[123]　王艳.葡萄优质栽培和施肥技术[M].天津:天津科技翻译出版公司,2010.

[124]　王瑜,于素珍,王安妮,等.摘叶处理对酿酒葡萄果实及葡萄酒品质影响的研究进展[J].烟台果树,2019(1):3-4.

[125]　武术杰,杨霞.容器育苗问题综述[J].长春大学学报,2009,19(12):27-29.

[126]　伍国红,李玉玲,孙锋,等.吐鲁番葡萄干的种类及制干品种发展趋势[J].西北园艺(果树),2018(3):49-51.

[127] 许敖奎,韩国良.葡萄幼树增施石灰效果好[J].葡萄栽培与酿酒,1984(2):40.

[128] 郗荣庭.果树栽培学总论[M].3版.北京:中国农业出版社,1995.

[129] 邢军.葡萄苗木的运输与贮藏方法[J].农村科学实验,1994(11).

[130] 肖丽珍,鲁会玲,覃杨.寒地设施葡萄水平龙干形整形技术要点[J].北方园艺,2015(15):201-20.

[131] 肖佩刚,师建华.叶面肥的分类及使用技术[J].中国农业信息,2011,7:27-29.

[132] 项殿芳,董存田,张立彬.葡萄架式与修剪技术改进[J].河北果树,1996(2):13-14.

[133] 解冬梅.浅析我国葡萄种植发展现状及发展趋势[J].农业与技术,2019,39(16):106-107.

[134] 运秀琴.民勤县酿酒葡萄修剪技术[J].甘肃农业,2016(14):50-51.

[135] 许领军.葡萄休眠期的特点及管理技术[J].果农之友,2019(1):14-15.

[136] 许瀛之,张文颖,上官凌飞,等.葡萄种质资源花序的调查与分析[J].植物遗传资源学报,2018,19(3):488-497.

[137] 许政良,刘海珍.谈谈葡萄硬枝嫁接快速育苗的关键技术措施[J].果农之友,2010(12):19.

[138] 杨亚蒙,姜建福,樊秀彩,等.葡萄属野生资源分类研究进展[J].植物遗传资源学报,2020,21(2):275-286.

[139] 杨振锋,毋永龙,徐国锋.我国葡萄的重点产区及适栽品种[J].果农之友,2007(4):39.

[140] 杨治元,陈哲.阳光玫瑰葡萄规模种植情况调查初报[J].中外葡萄与葡萄酒,2017(1):59-60.

[141] 杨治元.台风对浙江沿海地区葡萄危害的调查与减灾措施[J].中外葡萄与葡萄酒,2013(2):41-42.

[142] 尤超,刘海,沈虹,等.温室葡萄育种技术的研究进展及展望[J].黑龙江农业科学,2017(2):131-133.

[143] 鄢华捷,卢梦玲,王友海,等.葡萄容器扦插育苗关键技术[J].果农之友,2017(3):24-25.

[144] 严大义.葡萄栽培技术200问[M].沈阳:辽宁科学技术出版社,1985.

[145] 严大义,赵常青,才淑英.葡萄生产关键技术百问百答[M].北京:中国农业出版社,2012.

[146] 杨全课.小棚架红地球葡萄枝蔓引绑技术[J].西北园艺(果树专刊),2003(2):21.

[147] 杨天仪.根域限制葡萄树氮素与碳素代谢机制研究[D].上海:上海交通大学,2007.

[148] 杨艳香,吕艳霞,郑小妹.葡萄的需肥特点与施肥技术研究[J].农业技术与装备,2019(11):97-98.

[149] 杨治元.用石灰氮打破大棚葡萄休眠试验[J].果农之友,2001(3):40.

[150] 杨国顺.葡萄避雨限根栽培技术[J].湖南农业,2015(8):40-41.

[151] 左倩倩,纠松涛,王晨,等.葡萄品种资源果刷性状及果粒褐化调查与分析[J].植物遗传资源学报,2018,19(6):1092-1099.

[152] 左倩倩,郑婷,纪薇,等.中国地方葡萄品种分布及收集利用现状[J].中外葡萄与葡萄酒,2019(5):76-80.

[153] 张虎,张平,张小栓,等.不同机械损伤对葡萄果实质地的影响[J].保鲜与加工,2018,18(6):25-30.

[154] 张昱.采用电子鼻和GC-MS技术研究慕萨莱思葡萄酒中呈香物质的变化[D].阿拉尔:塔里木大学,2017.

[155] 张军翔,顾沛雯,马永明.宁夏银川地区酿酒葡萄采收期的研究[J].宁夏农学院学报,2001(3):24-26.

[156] 张德安,刘众杰,张克坤,等.国际葡萄品种目录数据库的使用与分析[J].植物遗传资源学报,2018,19(1):10-20.

[157] 张克坤,樊秀彩,王晨,等.葡萄新品种登记与新品种权的申请流程[J].中外葡萄与葡萄酒,2018(3):72-75.

[158] 战吉宬,李德美.酿酒葡萄品种学[M].北京:中国农业大学出版社,2010.

[159] 张培安,张文颖,纠松涛,等.葡萄(Vitis spp.)果皮颜色及果实着色性状分析[J].植物资源与环境学报,2017,26(4):8-17.

[160] 赵胜建,郭紫娟.三倍体无核葡萄育种研究进展[J].果树学报,2004,21(4):360-364.

[161] 赵伟,高美英,罗尧幸,等.田间鉴定结合分子标记筛选葡萄抗白粉病材料[J].核农学报,2018,32(8):

1483-1491.

[162]　张演义,宋长年,房经贵,等.鲜食葡萄品种资源果实性状分析及育种目标的制定[J].浙江农业学报, 2012,24(4):567-573.

[163]　赵雅楠.无核抗寒葡萄胚挽救育种与分子标记辅助选择应用[D].西北农林科技大学,2018.

[164]　张金会.设施葡萄破眠技术[J].北京农业,2015(14):181-182.

[165]　张明成,何洪光.葡萄需肥特点与施肥技术[J].吉林农业,2013(6):53.

[166]　张克俊.葡萄整形修剪和病虫防治技术[M].北京:中国林业出版社,1995.

[167]　张兴旺.石灰氮在打破葡萄休眠上的应用[J].农村实用技术,2005(6):33.

[168]　张艳红,秦贵,张岚,等.设施温室智能化平台技术研究[J].蔬菜,2019(4):54-60.

[169]　张彦苹,慕茜,李晓鹏,等.葡萄卷须及其相关研究[J].植物生理学报,2013,49(3):234-240.

[170]　张万勇,曹广勇.日光温室葡萄栽培促成技术[J].农业工程技术(温室园艺),2014(7):80,82.

[171]　赵占周.葡萄花期套袋前病虫防控指南[J].营销界(农资与市场),2018(9):63-66.

[172]　赵亚蒙,陈黄曌,乐小凤,等.摘叶处理对酿酒葡萄果实酚类物质的影响[J].中国酿造,2019,38(6): 83-89.

[173]　赵君全,王海波,王孝娣,等.设施栽培条件下'夏黑'葡萄花芽分化规律及环境影响因子研究[J].果树 学报,2014,31(5):842-847.

[174]　周芬林.葡萄绿枝嫁接技术[J].现代园艺,2018(23):68.

[175]　周步海,耿荣庆,王兰萍,等.牧草—鹅—鲜食葡萄循环生态种养模式的构建与实践[J].家畜生态学 报,2013,34(12):73-75.

[176]　兹拉利.世界葡萄酒全书[M].海口:南海出版公司,2011.

[177]　Azuma A,Ban Y,Sato A,et al. MYB diplotypes at the color locus affect the ratios of tri/di-hydrox-ylated and methylated/non-methylated anthocyanins in grape berry skin[J]. Tree Genetics & Genomes,2015,11:31.

[178]　Azuma A,Kobayashi S,Goto-Yamamoto N,et al. Color recovery in berries of grape (Vitis vinifera L.)'Benitaka',a bud sport of'Italia',is cause by a novel allel at the VvmybA1 locus[J]. Plant Science,2009,176:470-478.

[179]　Azuma A,Udo Y,Sato A,et al. Haplotype composition at the color locus is a major genetic deter-minant of skin color variation inVitis × labruscana grapes [J]. Theoretical and Applied Genet-ics,2011,122:1427-1438.

[180]　Abdel-Ghany SE,Hamilton M,Jacobi JL,et al. A survey of the sorghum transcriptome using sin-gle-molecule long reads[J]. Nature Communications,2016,7:11706.

[181]　Minio A,Massonnet M,Figueroa-Balderas Rosa,et al. Iso-Seq allows genome-independent tran-scriptome profiling of grape berry development[J]. G3-Genes Genomes Genetics,2019,9(3): 755-767.

[182]　Amrine KCH,Blanco-Ulate B,Riaz S,et al. Comparative transcriptomics of Central AsianVitis vinifera accessions reveals distinct defense strategies against powdery mildew[J]. Horticulture Research,2015,(2):15037.

[183]　Barker C L,Donald T,Pauquet J,et al. Genetic and physical mapping of the grapevine powdery mildew resistance gene,Run1,using a bacterial artificial chromosome library[J]. Theoretical and Applied Genetics,2005,111:370-377.

[184]　Chin CS,Peluso P,Sedlazeck FJ,et al. Phased diploid genome assembly with single-molecule real-time sequencing[J]. Nature Methods,2016,13(12):1050.

[185]　Creasy GL,Creasy LL."Grapes:crop production science in horticulture."Wallingford,UK:CABI,

2009:295.

[186] Daspute A, Fakrudin B. Identification of coupling and repulsion phase DNA marker associated with an allele of a gene conferring host plant resistance to pigeonpea sterility mosaic virus (PPSMV) in pigeonpea (Cajanus cajan L. Millsp.) [J]. Plant Pathology Journal, 2015, 31: 33-40.

[187] Da Silva C, Zamperin G, Ferrarini A, et al. The high polyphenol content of grapevine cultivar tannat berries is conferred primarily by genes that are not shared with the reference genome[J]. The Plant Cell, 2013, 25(12): 4777-4788.

[188] Di Genova A, Almeida A M, Muñoz-Espinoza C, et al. Whole genome comparison between table and wine grapes reveals a comprehensive catalog of structural variants[J]. BMC Plant Biology, 2014, 14(1): 7.

[189] Doligez A, Audiot E, Baumes R, et al. QTLs for muscat flavor and monoterpenic odorant content in grapevine (Vitis vinifera L.)[J]. Molecular Breeding, 2006, 18(2): 109-125.

[190] Fang J, Jogaiah S, Guan L, et al. Coloring biology in grape skin: A prospective strategy for molecular farming[J]. Physiologia Plantarum, 2018, 164(4): 429-441.

[191] Fournier-Level A, Le CL, Gomez C, et al. Quantitative genetic bases of anthocyanin variation in grape (Vitis vinifera L. ssp. sativa) berry: a quantitative trait locus to quantitative trait nucleotide integrated study[J]. Genetics, 2009, 183(3): 1127-1139.

[192] Fröbel S, Zyprian E. Colonization of different grapevine tissues by Plasmopara viticola-A histological study[J]. Frontiers in Plant Science, 2019, 10: 951.

[193] Gambino G, Dal Molin A, Boccacci P, et al. Whole-genome sequencing and SNV genotyping of 'Nebbiolo' (Vitis vinifera L.) clones[J]. Scientific Reports, 2017, 7(1): 17294.

[194] Jackson RS. Wine science: principles and applications[M]. Cambridge: Academic press, 2008.

[195] Jaillon O, Aury JM, Noel B, et al. The grapevine genome sequence suggests ancestral hexaploidization in major angiosperm phyla[J]. Nature, 2007, 449(7161): 463.

[196] Kennedy J. Understanding grape berry development[J]. Practical winery & vineyard, 2002, 4: 1-5.

[197] Khalil-Ur-Rehman M, Sun L, Li CX, et al. Comparative RNA-seq based transcriptomic analysis of bud dormancy in grape[J]. BMC Plant Biology, 2017, 17(1): 18.

[198] Lodhi M A, Daly M J, Ye G N, et al. A molecular marker based linkage map of Vitis[J]. Genome, 1995, 38(4): 786-794.

[199] Minio A, Massonnet M, Figueroa-Balderas R, et al. Diploid genome assembly of the wine grape Carmenere [J]. G3-Genes Genomes Genetics, 2019, 9(5): 1331-1337.

[200] Mortazavi A, Williams BA, McCue K, et al. Mapping and quantifying mammalian transcriptomes by RNA-Seq[J]. Nature Methods, 2008, 5(7): 621.

[201] Perl A, Lotan OAM, Holland D. Establishment of an Agrobacterium-mediated transformation system for grape (Vitis vinifera L.): the role of antioxidants during grape-Agrobacterium interactions [J]. Nature Biotechnology, 1996, 14(5): 624-628.

[202] Roach MJ, Johnson DL, Bohlmann J, et al. Population sequencing reveals clonal diversity and ancestral inbreeding in the grapevine cultivar Chardonnay [J]. PLoS Genetics, 2018, 14 (11): e1007807.

[203] Rohan L, Neil S, Mark B, et al. Transcriptomics technologies[J]. PLOS Computational Biology, 2017, 13(5): e1005457.

［204］ Rohde A，Bhalerao R P. Plant dormancy in the perennial context［J］. Trends in Plant Science，2007，12（5）：217-223.

［205］ Shanrong Z，Wai-Ping FL，Anton B，et al. Comparison of RNA-Seq and microarray in transcriptome profiling of activated T cells［J］. Plos One，2014，9（1）：e78644.

［206］ Troggio M，Malacarne G，Coppola G，et al. A dense single-nucleotide polymorphism-based genetic linkage map of grapevine（Vitis vinifera L.）anchoring Pinot Noir bacterial artificial chromosome contigs［J］. Genetics，2007，176（4）：2637-2650.

［207］ Vezzulli S，Troggio M，Coppola G，et al. A reference integrated map for cultivated grapevine（Vitis vinifera L.）from three crosses，based on 283 SSR and 501 SNP-based markers［J］. Theor Appl Genet，2008，117（4）：499-511.

［208］ Vuylsteke M，Peleman JD，Van Eijk MJ. AFLP-based transcript profiling（cDNA-AFLP）for genome-wide expression analysis［J］. Nature Protocols，2007，2（6）：1399-1413.

［209］ Venturini L，Ferrarini A，Zenoni S，et al. De novo transcriptome characterization of Vitis vinifera cv. Corvina unveils varietal diversity［J］. BMC Genomics，2013，14（1）：41.

［210］ Waalewijn-Kool PL，Rupp S，Lofts S，et al. Effect of soil organic matter content and pH on the toxicity of ZnO nanoparticles to Folsomia candida［J］. Ecotoxicology and Environmental Safety，2014，108：9-15.

［211］ Wang Z，Gerstein M，Snyder M. RNA-Seq：a revolutionary tool for transcriptomics［J］. Nature Reviews Genetics，2010，10（1）：57-63.

［212］ Wang B，Tseng E，Regulski M，et al. Unveiling the complexity of the maize transcriptome by single-molecule long-read sequencing［J］. Nature Communications，2016，7：11708.

［213］ Xu X，Zhang Y，Williams J，et al. Parallel comparison of Illumina RNA-Seq and Affymetrix microarray platforms on transcriptomic profiles generated from 5-aza-deoxy-cytidine treated HT-29 colon cancer cells and simulated datasets［J］. BMC Bioinformatics，2013，14（9）：S1.

［214］ Yan JY，Zhao WS，Chen Z，et al. Comparative genome and transcriptome analyses reveal adaptations to opportunistic infections in woody plant degrading pathogens ofBotryosphaeriaceae［J］. DNA Research，2018，25（1）：87-102.

［215］ Yin L，An Y，Qu J，et al. Genome sequence of Plasmopara viticola and insight into the pathogenic mechanism［J］. Scientific Reports，2017，7：46553.

［216］ Zenoni S，Ferrarini A，Giacomelli E，et al. Characterization of transcriptional complexityduring berry development in Vitis vinifera using RNA-seq［J］. Plant Physiology，2010，152（4）：1787-1795.

［217］ Zheng C，Halaly T，Acheampong AK，et al. Abscisic acid（ABA）regulates grape bud dormancy，and dormancy release stimuli may act through modification of ABA metabolism［J］. Journal of Experimental Botany，2015，66（5）：1527-1542.